全国水利行业"十四五"规划教材
高等职业教育水利类新形态一体化数字教材

水文分析与计算

主　编　段树萍　郭　飞　梁学和
副主编　李建茹　王平霞　魏学敏　斯庆高娃
主　审　张瑞麟

中国水利水电出版社
www.waterpub.com.cn
·北京·

内 容 提 要

本书是全国水利行业“十四五”规划教材（职业技术教育），是按照教育部对高职高专的教学基本要求和水利专业课程标准，整合传统纸质教材内容和富媒体数字资源的新型教材。全书共分3个学习项目，主要有水文资料整编、水利工程设计来水分析计算、水利工程调节计算等。

本书具有较强的实用性与通用性，不仅可作为高职高专水利类专业的教材，也可作为从事水利工程管理工作的技术人员的参考书。

图书在版编目（CIP）数据

水文分析与计算 / 段树萍，郭飞，梁学和主编. --北京：中国水利水电出版社，2022.6
全国水利行业“十四五”规划教材 高等职业教育水利类新形态一体化数字教材
ISBN 978-7-5226-0734-4

Ⅰ. ①水… Ⅱ. ①段… ②郭… ③梁… Ⅲ. ①水文分析－高等职业教育－教材②水文计算－高等职业教育－教材 Ⅳ. ①P333

中国版本图书馆CIP数据核字(2022)第088340号

书　　名	全国水利行业“十四五”规划教材 高等职业教育水利类新形态一体化数字教材 **水文分析与计算** SHUIWEN FENXI YU JISUAN
作　　者	主　编　段树萍　郭　飞　梁学和 副主编　李建茹　王平霞　魏学敏　斯庆高娃 主　审　张瑞麟
出版发行	中国水利水电出版社 （北京市海淀区玉渊潭南路1号D座　100038） 网址：www.waterpub.com.cn E-mail：sales@mwr.gov.cn 电话：（010）68545888（营销中心）
经　　售	北京科水图书销售有限公司 电话：（010）68545874、63202643 全国各地新华书店和相关出版物销售网点
排　　版	中国水利水电出版社微机排版中心
印　　刷	天津嘉恒印务有限公司
规　　格	184mm×260mm　16开本　13印张　316千字
版　　次	2022年6月第1版　2022年6月第1次印刷
印　　数	0001—1500册
定　　价	**58.00**元

前言

本书是全国水利行业“十四五”规划教材（职业技术教育），是高等职业院校水利类各专业的一门重要的专业基础课。本书以学生能力培养为主线，体现实用性、实践性、创新性的教材特色，是按照教育部对高职高专的教学基本要求和水利专业课程标准，整合传统纸质教材内容和富媒体数字资源的新型教材。

本书针对高等职业教育对学生培养目标的要求，结合“水文分析与计算”课程的特点，全书以中小型水利水电工程项目的建设工作过程中涉及的水文工作任务构建课程内容体系，以工作任务为导向，贯彻工程规范要求，突出工学结合。

本书知识构建图文并茂，内容简繁得当，同时将大量图片、音频、视频、3D动画等教学素材与纸质教材内容相结合，用以辅助教学。该书不仅可作为高职高专水利类专业的教材，也可作为从事水利工程管理工作的技术人员的参考书。

全书共分3个学习项目，主要有水文资料整编、水利工程设计来水分析计算、水利工程调节计算等。本书由内蒙古机电职业技术学院段树萍、内蒙古自治区水利水电勘测设计院郭飞、林同棪国际工程咨询（中国）有限公司梁学和担任主编，由段树萍负责全书项目规划与统稿；由内蒙古机电职业技术学院李建茹、王平霞、魏学敏、斯庆高娃担任副主编；四川水利职业技术学院杨易参与编写；由内蒙古机电职业技术学院张瑞麟负责主审。在本书编写过程中引用了大量有关专业的文献和资料，未能一一详尽。在此一并致谢！

由于编者水平和时间关系，书中难免存在不足之处，恳请读者给予批评指正。

编者

2022年1月

“行水云课”数字教材使用说明

“行水云课”水利职业教育服务平台是中国水利水电出版社立足水电、整合行业优质资源全力打造的“内容”+“平台”的一体化数字教学产品。平台包含高等教育、职业教育、职工教育、专题培训、行水讲堂五大版块，旨在提供一套与传统教学紧密衔接、可扩展、智能化的学习教育解决方案。

本套教材是整合传统纸质教材内容和富媒体数字资源的新型教材，将大量图片、音频、视频、3D动画等教学素材与纸质教材内容相结合，用以辅助教学。读者登录“行水云课”平台，进入教材页面后输入激活码激活，即可获得该数字教材的使用权限。可通过扫描纸质教材二维码查看与纸质内容相对应的知识点多媒体资源，完整数字教材及其配套数字资源可通过移动终端APP“行水云课”微信公众号或中国水利水电出版社“行水云课”平台查看。

内页二维码具体标识如下：

- · 为动画
- · 为微课
- · 为试题
- · 为概念及术语
- · 为学习任务单
- · 为知识拓展
- · 为音频

扫描获取本书课件及部分习题答案：

课件　　部分习题答案　　CAD图

数字资源索引

续表

续表

续表

续表

目录

绪　论

【导语】

水是自然界的重要组成物质，是环境中最活跃的要素。它不停地运动且积极参与自然环境中一系列物理的、化学的和生物的过程。水资源开发利用，是改造自然、利用自然的一个方面，其目的是发展社会经济，兴利除害。如公元前256年修建的都江堰就是为了解决“天府之国”的成都平原水旱灾害。最初水资源开发利用目标比较单一，以需定供，随着工农业不断发展，逐渐变为多目的、综合、以供定用、有计划有控制的开发利用，如当代建设的长江三峡工程和南水北调工程。那么，水利工程的规模尺寸、调度方案怎么确定呢？水利水电工程规划设计、施工建设及后期工程管理运行都离不开水文知识，水文分析与计算可为水利工程提供必要可靠的水文依据、确定前期规划设计和施工中水利工程规模尺寸，为后期水利工程管理运行提供合理的调度方案。

【能力目标】

让学习者初步理解水文分析与计算基本概念、原理及方法，逐步培养学习者应用水文分析与计算知识的能力。

0.1　地球上的水

0.1 概念及术语——地球上的水

0.1 课前学习任务单

0.1 课前自测

在太空中看，地球是一个蔚蓝色的星球，地球的储水量是很丰富的，共有14.5亿km^3之多，其中72%的表面积覆盖水（图0.1）。但实际上，地球上97.5%的水是咸水，又咸又苦，不能饮用和灌溉，也很难用于工业，能直接被人们生产和生活利用的淡水仅占2.5%。而在淡水中，将近70%冻结在南极和格陵兰的冰盖中，其余的大部分是土壤中的水分或是深层地下水。江河、湖泊、水库等来源的水较易于开采供人类直接使用，但其数量不足世界淡水的1%，仅占地球上全部水的0.007%。全球淡水资源短缺且地区分布极不平衡。

图0.1　地球水资源分布

随着科学技术的逐渐发展，厂房高楼的逐渐增多，水资源短缺问题越来越严重。由于人类的破坏，原来的那个蔚蓝色的“水晶球”已经不再明澈，不再蔚蓝了。地球上可被利用的水并没有人类想象的那么多，如果将地球的水比作一大桶水的话，那么我们能用的也只有一勺水，而这一勺水中的1/4或更多已经被污染；如果再让它们继续遭到人类的污染，早晚有一天，最后一滴水将会是人的眼泪。

0.1.1　水循环

水循环是指各种水体受太阳能的作用，不断地进行相互转换和周期性的循环过程。自然界中的水在太阳辐射及地球引力的作用下，处于不断循环、交替与更新的运动之中。水的自然循环过程如图 0.2 所示。

0.1
水循环

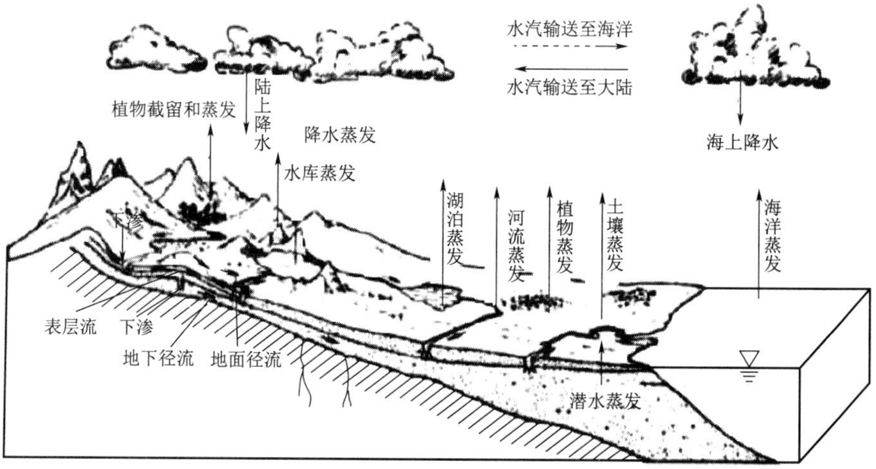

图 0.2　水的自然循环过程

在太阳辐射作用下，地球上各种形态的水从海洋、江、河、湖、陆地表面及植物叶面蒸发，变成水蒸气，上升到空中，并随大气运动至各处，水蒸气在上升和运移过程中遇冷凝结，以降水的形式回到海洋或陆地表面。降到地面的水，除植物吸收和蒸发外，一部分渗入地表以下形成地下径流；一部分沿地表流动形成地面径流，经江河汇入海洋；还有一部分重新蒸发回到空中，然后又继续蒸发、迁移、凝结形成降水。这种周而复始的水的蒸发-降水-径流的循环变化，形成了水的自然循环，通常称为水文循环。

0.1.1.1　水循环成因

形成水文循环的内因是水在通常环境条件下气态、液态、固态易于转化的特性，水在常态下的三种状态为水循环的实现提供了物质基础；外因是太阳辐射和重力作用为水循环提供了水运动和物理形态变化的能量，太阳辐射和重力作用使水循环得以实现。水文循环与气候、地理位置、地形、土壤、岩石和植被等自然因素密切相关，并受到人类活动的影响。地球上的水分布广泛，储量巨大，是水文循环的物质基础。由于地球上太阳辐射的强度不均匀，不同地区的水循环的情况也就不相同。如在赤道地区太阳辐射强度大，降水量一般比中纬地区多，尤其比高纬地区多。

0.1.1.2　水循环分类

根据水文循环过程的整体性与局部性，水文循环可分为大循环和小循环。

大循环也称为海-陆循环或外循环，是指海陆间的水分交换过程，由海陆不均匀分布及大气环流作用而形成。从海洋蒸发的水汽，被气流输送到大陆上空形成积云，然后以降水的形式降落到地面。降落到地面的水，一部分形成地面和地下径流，通过江河汇流汇入海洋；另一部分则重新蒸发返回大气。在大循环运动中，水分一方面在地面和大气之间通过蒸发和降水进行纵向交换，另一方面通过河流在海洋和陆地之间进行横向交换。

小循环是一种局部的水文循环，也称内循环，是指仅发生在海洋或陆地范围内的水文循环，包括陆地-陆地水循环和海洋-海洋水循环。陆地-陆地水循环指陆地上的水，通过蒸发作用（包括江、河、湖、水库等水面蒸发、潜水蒸发、陆面蒸发及植物蒸腾等）上升到大气中凝结后降落到陆地上。海洋-海洋水循环是指海洋上蒸发的水汽在海洋上空凝结后，以降水的方式降落到海洋里。

实际上，一个大循环包含着多个小循环，多个小循环组成一个大循环。

0.1.1.3 我国水循环的路径

我国大气水分循环路径（即海陆间水循环和陆地水循环）有太平洋海陆间水循环、印度洋海陆间水循环、南海海陆间水循环、鄂霍次克海海陆间水循环及内陆水循环等 5 个水分循环系统。它们是中国东南、西南、华南、东北及西北内陆水汽的来源。西北内陆地区还有盛行西风和气旋东移而来的少量大西洋水汽。

0.1 TZ
内陆水循环

水循环是自然界中最主要的物质循环之一，是联系地球水圈、岩石圈、大气圈和生物圈及各种水体的纽带。通过形态的变化，水循环在地球上起到输送热量和调节气候的作用。水循环是地表物质迁移的强大动力和主要载体，通过侵蚀、搬运和堆积，塑造了丰富多彩的地形。水循环使海洋不断地向陆地输送淡水，补充和更新陆地上的淡水资源，从而使水资源成为可再生资源。总之，水循环是陆地淡水资源形成、存在和永续利用的基本条件，对地球环境的形成、演化和人类的生存都有着重大的作用和影响。

0.2 TZ
水循环路线图

0.1.2 水资源及其特点

0.1.2.1 水资源

水资源的定义有多种。《不列颠百科全书》中的水资源是指“自然界一切形态（液态、固态和气态）的水”。联合国教科文组织和世界气象组织对水资源的定义为“可供利用或有可能被利用，具有足够数量和可用质量，并可适合某地对水的需求而能长期供应的水源”。《中国大百科全书》将水资源定义为“地球表层可供人类利用的水”。综上所述，可将水资源分为广义水资源和狭义水资源。广义水资源是指以海洋水、河流水、大气水、地下水、冰雪含水等各种形态存在的水体总量。狭义水资源则仅指被人类开发利用的淡水资源。水资源是发展国民经济不可缺少的重要自然资源。在世界许多地方，对水的需求已经超过水资源所能负荷的程度，同时有许多地区也濒临水资源利用之不平衡。

0.1.2.2 水资源的特点

水是自然界的重要组成物质，是环境中最活跃的要素。它不停地运动着，积极参与自然环境中一系列物理的、化学的和生物的作用过程，在改造自然的同时，也不断地净化自身的物理、化学与生物学特性，由此表现出水作为自然资源所独有的性质特征。

1. 有限性

地球表面约3/4的面积为海洋所覆盖，但人类可直接利用或有潜力开发的水资源却十分有限。陆地上的淡水资源储量本身就少，其中南北两极固体冰川又占淡水资源总量的大部分；而液体形式的淡水水体中，深层地下水又占有很大比例，受技术条件的限制，对其开发利用较少。因此，目前可供人类利用的淡水资源很少，其储量约占全球总储水量的十万分之七。

2. 不均衡性

全球淡水资源不仅短缺而且地区分布极不平衡。按地区分布，巴西、俄罗斯、加拿大、中国、美国、印度尼西亚、印度、哥伦比亚和刚果9个国家的淡水资源占了世界淡水资源的60%。约占世界人口总数40%的80个国家和地区约15亿人口淡水不足，其中26个国家约3亿人极度缺水。更可怕的是，预计到2025年，世界上缺水人口将增长1倍，40个国家和地区将面临淡水匮乏。我国人口众多，是世界第一人口大国，虽然我国也是水资源大国，但人均淡水资源只占世界人均淡水资源的四分之一。

3. 可再生性

水资源可以通过水圈进行自身循环，在循环过程中，水资源不断进行自身恢复和更新。水循环是指大自然的水通过蒸发、水汽输送、降水、下渗、地下径流等环节，在水圈、大气圈、岩石圈、生物圈中进行连续运动的过程。海洋和陆地之间的水交换是水循环的主线。在太阳能的作用下，海洋表面的水蒸发到大气中形成水汽，水汽随大气环流运动，一部分进入陆地上空，在一定条件下形成雨雪等降水；大气降水到达地面后转化为地下水、土壤水和地表径流，地下径流和地表径流最终又回到海洋，由此形成淡水动态循环。水循环使水资源具有可再生性，但在一定时间内所更新的数量是有限的。

4. 应用广泛性

首先，水作为生命之液哺育着人类和天地间万千生物。地球上的一切动物、植物都离不开水。其次，水资源具有生活资料和生产资料的双重属性，在生产、生活中具有广泛的应用，如日常生活、农业灌溉、工业生产、水路运输、水产养殖。

5. 利害的两重性

水资源与其他固体矿产资源相比，最大区别是水资源具有既可造福人类又可危害人类生存的两重性。水资源质、量适宜，且时空分布均匀，将为区域经济发展、自然环境的良性循环和人类社会进步做出巨大贡献。但水资源开发利用不当，又可制约国民经济发展，破坏人类的生存环境，如水利工程设计不当、管理不善，可造成垮坝事故，引起土壤次生盐碱化。水量过多或过少的季节和地区，往往又产生各种各样的自然灾害。水量过多容易造成洪水泛滥、内涝渍水；水量过少容易形成干旱等自然灾害。适量开采地下水，可为国民经济各部门和居民生活提供水源，满足生产、生活的需求。无节制、不合理地抽取地下水，往往引起水位持续下降、水质恶化、水量减少、地面沉降，不仅影响生产发展，而且严重威胁人类生存。正是由于水资源的两重性，在水资源的开发利用过程中尤其应强调合理利用、有序开发，进而达到兴利除害的目的。

0.1.3 我国水资源的特点

（1）水资源总量多，人均亩均占有量少。据《2016 年中国水资源公报》，全国水资源总量为 32466.4 亿 m^3，年平均降水量 730.0mm。全国地表水资源量 31273.9 亿 m^3，折合年径流深 330.3mm。就水资源总量而言，我国仅次于巴西、俄罗斯、加拿大、美国、印度尼西亚，居第六位，但因我国人口基数大，人均淡水占有量仅 2240m^3，只是世界平均水平的 1/4，美国的 1/5，加拿大的 1/48。按照国际公认的标准，人均水资源低于 3000m^3 为轻度缺水，人均水资源低于 2000m^3 为中度缺水，人均水资源低于 1000m^3 为严重缺水，人均水资源低于 500m^3 为极度缺水。目前我国有 16 个省（自治区、直辖市）人均水资源量（不包括过境水）低于严重缺水线，有 6 个省、自治区（宁夏、河北、山东、河南、山西、江苏）人均水资源量低于 500m^3，为极度缺水。

（2）水资源地区分布不均，水土资源不平衡。我国水资源的总的分布趋势是东南多、西北少，由东南向西北逐渐递减。全国淡水资源中，黑龙江、辽河、海滦河、黄河、淮河及内陆诸河等北方七片总计 5493 亿 m^3，长江流域为 9600 亿 m^3，珠江流域为 4739 亿 m^3，浙闽台诸河为 2714 亿 m^3，西南诸河为 4648 亿 m^3。南方四片合计为 4701 亿 m^3。南方多数地区年降水量大于 800mm，北方及西北地区中大多数地方年降水量少于 400mm，新疆的塔里木盆地、吐鲁番盆地和青海的柴达木盆地中部，年降水量不足 25mm。这也造成了全国水土资源不平衡现象，如长江流域和长江以南耕地只占全国的 36%，而水资源量却占全国的 80%；黄、淮、海三大流域，水资源量只占全国的 8%，而耕地却占全国的 40%，水土资源相差悬殊。

（3）水资源年内、年际变化大，且旱涝灾害频繁。我国降水受季风气候影响，年内变化很大，一般长江以南（3—6 月或 4—7 月）的降水量约占全年的 60%，长江以北地区 6—9 月的降水量常常占全年的 80%，冬春缺少雨雪。北方干旱、半干旱地区的降水量往往集中在一两次历时很短的暴雨中降落。由于降水量过于集中，大量降水得不到利用，使可用水资源量大大减少。我国年际降水变化也很大，七大江河普遍具有连续性丰水年或枯水年的周期性变化，丰水年与枯水年水资源量的比值南方水资源区为 3.0～5.0，北方水资源区最大可达 10.0。这给水资源的充分利用和合理利用带来很大困难，加重了一些地区的水资源危机。

（4）水污染问题仍较为严重。随着城市规模的不断扩大，同时排出的污水数量也不断增多，水质发生恶化，水体遭受污染，从而影响水资源的可持续利用。《中国水资源公报》（2016）数据表明，2016 年Ⅰ～Ⅲ类水河长占 76.9%，劣Ⅴ类水河长占 9.8%，主要污染项目是氨氮、总磷、化学需氧量。全年总体水质为Ⅰ～Ⅲ类的湖泊有 28 个，Ⅳ～Ⅴ类湖泊 69 个，劣Ⅴ类湖泊 21 个，分别占评价湖泊总数的 23.7%、58.5%和 17.8%。主要污染项目是总磷、化学需氧量和氨氮。湖泊营养状况评价结果显示，中营养湖泊占 21.4%，富营养湖泊占 78.6%。在富营养湖泊中，轻度富营养湖泊占 62.0%，中度富营养湖泊占 38.0%。全年总体水质为Ⅰ～Ⅲ类的水库有 825 座，Ⅳ～Ⅴ类水库 88 座，劣Ⅴ类水库 30 座，分别占评价水库总数的 87.5%、9.3%

和3.2%。主要污染项目是总磷、高锰酸盐指数、氨氮等。其中大型水库Ⅰ～Ⅲ类及劣Ⅴ类的比例分别是87.9%和2.5%。水库营养状况评价结果显示，中营养水库占71.2%，富营养水库占28.8%。在富营养水库中，轻度富营养水库占86.3%，中度富营养水库占12.9%，重度富营养水库占0.8%。2104个测站监测数据地下水质量综合评价结果显示：水质优良的测站比例为2.9%，良好的测站比例为21.1%，无较好测站，较差的测站比例为56.2%，极差的测站比例为19.8%。主要污染指标除总硬度、溶解性总固体、锰、铁和氟化物可能由于水文地质化学背景值偏高外，“三氮”污染情况较重，部分地区存在一定程度的重金属和有毒有机物污染。

（5）水土流失和泥沙淤积严重。随着人口的膨胀，过度砍伐树木、放牧、山坡垦田和不合理的耕作使地面植被遭到严重破坏，水土流失严重。据2015年《中国水利年鉴》统计，2014年全国水土流失面积达到294.91万km^2，占全国陆地面积的30.7%，其中水力侵蚀面积占43.85%，风力侵蚀面积占56.15%。全国平均每年进入河流的悬移质泥沙约35亿t，其中有20亿t淤泥在外流区的水库、湖泊、河流中下游河道和灌区内。水土流失不但造成土壤瘠薄、农业低产、生态环境恶化，而且造成河道、湖泊淤泥严重，使其行洪、防洪能力减小，防洪难度加大。例如，1998年长江大洪水的洪峰流量比1954年的小，而洪水位却超过1954年。泥沙淤泥还使水库库容减少，效益降低。此外，从多沙河流引水灌溉、供水，泥沙处理也是个难题。

（6）地下水开采过量。城市用水需求持续增长，而城市水资源的量是有限的，多数城市的当地水资源已接近或达到开发利用的极限，部分城市的地下水已处于超采状态。当地下水开采量超过补给量时，水资源质与量的状态便失去平衡，同时还会引起一系列环境工程地质问题。大量开采利用水资源的同时，会增大生活污水和工业废水的排放，使地表水和地下水体遭受不同程度的污染。过量开采地下水导致地下水位逐年下降，单井出水量减少，供水成本增加，水资源逐渐枯竭，从而产生地面沉降、塌陷、地裂缝等问题。

0.2　水文分析与计算的研究方法

0.2
概念及术语——水文分析与计算的研究方法

0.2.1　水文分析与计算的研究对象——水文现象

水文现象是自然现象的一种，是由自然界中各种水体在循环变化中形成的，如降水、蒸发，河流中的洪水、枯水。通过人们对水文现象的长期观察、观测、分析和研究，水文现象有如下基本特征。

0.2
课前学习任务单

1. 周期性

水文现象的周期性是指其在随着时间推移的过程中具有周期变化的特征。河、湖水体因受气象因素影响总是呈现以年为周期的丰水期、枯水期交替的变化规律，如一年四季中的降水有多雨季和少雨季的周期变化，河流中来水则相应呈现丰水期和枯水期的交替变化。不仅如此，河、湖水文由于受长期气候变化的影响还表现出多年变化的周期性特征。

2. 确定性和随机性

水文现象在某个时刻或时段由于其确定的客观原因而表现出确定性的特征，一个流域上降落暴雨，一段时间该流域必然产生洪水。同时，水文现象受到各种复杂因素的影响，因而各因素不断变化、各因素之间相互作用，因此表现出随机性的特征。例如，某河流断面下一个年份的最大流量、最高水位及最小流量、最低水位等数值及其发生时刻是不能够完全确定的，具有一定的随机性。水文特征的随机性，无疑增大了水资源保护的难度和复杂性。

0.2 Ⓣ
课前自测

3. 地区性

由于气象因素和地理因素具有地区性变化规律，因此，受其影响的水文现象在一定程度上也具有地区性的特征。若自然地理因素相近似，则水文现象的变化规律具有近似性。同一自然地理区的两个流域，只要流域面积相差不悬殊，则其水文现象在时空分布上的变化规律较为近似。如我国南方湿润地区的河流，水量普遍比较充沛，年内各月水量分配比较均匀；而北方干旱地区的大多数河流，水量不足，年内分配不均匀。

0.1 ▶
水文现象及研究方法

0.2.2 水文分析与计算的常用研究方法

根据水文现象的基本特点，以实际观测资料为依据，对水文现象进行分析研究。按不同目的要求，水文分析与计算常用的研究方法可归纳为成因分析法、数理统计法、地理综合法。

1. 成因分析法

由于水文现象与其影响因素之间存在着比较确定的因果关系，因此可通过对实测资料或实验资料分析建立某一水文要素与其主要影响因素之间的定量关系，根据其当前影响因素预报、预测未来水文情势，这种方法称为成因分析法，多用于水文预报，如降雨径流预报法、河流洪水演算法预报等。成因分析法在实际应用上受到一定的限制，目前并不能完全满足实际需要。

2. 数理统计法

根据水文现象的随机性规律，把水文现象当作随机变量，运用概率论和数理统计的理论方法，分析水文特征值实测资料系列的统计规律，对未来的水文情势作出概率预估，为工程的规划设计和施工提供基本数据解决水文问题。这种方法称为数理统计法，是目前广泛应用的基本方法之一，不过数理统计法注重水文现象随机性特点的研究，所得出的统计规律并不能揭示水文现象的本质和内在联系，在实际应用中必须与成因分析法结合。

3. 地理综合法

水文现象主要受气候因素的影响，而气候因素在地理分布上是有规律的，因此，可以分析综合出某一地区水文现象的地区规律，找出经验公式或画出等值线图，用于解决缺乏资料流域的水文计算问题。这种方法称为地理综合法。

以上三种方法相辅相成，互为补充。在实际运用中应结合工程所在地的地区特点及水文资料情况，遵循“多种方法，综合分析，合理选用”的原则，为工程的规划设计和施工提供必要可靠的水文数据。

0.3　水文分析与计算的主要内容和研究任务

0.3 概念及术语——水文分析与计算的研究任务

大气中的水汽，地面上的江河、湖泊、海洋和地下水等，统称为水体，水体就是水的集合体。水文学就是研究各种水体的存在、循环和分布、物理与化学特性，以及水体对环境的影响和作用，包括对生物特别是对人类的影响。

0.3.1　水文分析与计算的主要内容

从水文学的研究对象来看，水文学是地球物理科学的一部分。根据研究对象不同，水文学可分为水文气象学、陆地水文学、海洋水文学和地下水文学。与人类关系最为密切的是陆地水文学，它又分为河流水文学、湖泊水文学、沼泽水文学、冰川水文学等。根据应用对象不同，又分为工程水文学、农业水文学、土壤水文学、森林水文学、城市水文学等。

0.3 课前学习任务单

水文分析与计算就是根据长期实测和调查的水文资料，运用数理统计法，并结合成因分析法、地理综合法，推估未来长期的水文情势，为水利水电工程规划设计和施工提供必要可靠的水文依据，为后期工程管理运行提供服务。

0.3.2　水文分析与计算的研究任务

0.3 课前自测

进入20世纪特别是第一次世界大战以后，大量兴起的防洪、灌溉、水电、航运工程和农业、林业及城市建设，向水文科学提出了许多新的课题。解决这些新课题的方法也由经验的、零碎的知识逐渐理论化和系统化，水文科学的应用特色也逐渐显现出来，应用于水利水电能源工程、城市工矿用水、修建铁路、公路、桥梁、国防建设等方面。

每一项水利工程在其实施过程中，都可划分为规划设计、施工建设及管理运营三个阶段。在不同阶段，水文分析与计算的研究任务有所不同。

0.2 规划设计阶段水文分析与计算任务

规划设计阶段，水文分析与计算的主要任务是确定工程规模。规模过大，造成工程投资上的浪费；过小，又使水资源不能充分利用，也是一种浪费。对于防洪措施，如标准过低，还可能导致工程失事，造成工程本身和下游人民生命财产的巨大损失。水利工程的使用期限一般为几十年甚至上百年，规划设计时，必须知道控制水体在使用期间的水文情势。水文分析与计算就是提供用于确定工程规模的设计洪水或设计径流。

施工建设阶段，其任务就是将规划设计的工程付诸实施。因而在施工期间必须对水文情势有所了解。水利工程工期一般较长，往往需要一个季度甚至长达几年。对水文情势的了解应包括两个方面：一方面，为了临时性建筑物如围堰、引水隧洞或渠道等，须预报整个施工期的天然来水情势，而通常的水文和气象预报，往往不能提供如此长期的预报，仍需通过水文分析与计算来解决这个问题；另一方面，为了安排日常工作也必须了解近期更确切的水情，这就需要提供短期的水文预告。水文预报是为解决这一类问题服务的。

0.3 施工建设阶段水文分析与计算任务

管理运营阶段，其主要任务在于使建成的工程充分发挥作用。为此需要未来一定时期的水文情况，以便确定最经济合理的调度方案。此时需要由水文分析与计算得到的长期平均情势结合水文预报的短期水情，从而提供最佳的调度运行方案。

规划设计水利工程大体可分为两大环节。水文计算为第一环节，其输入为基本水文气象资料，输出是当地可能出现的水文情势。水文计算的输出则是后继环节——水利计算的输入，水利计算由当地的水文情势、自然情况和国民经济对水资源开发的需求，研究各种设计方案的经济效益，从中选出最优方案。

0.4 Ⓣ

课后自测

专 项 能 力 训 练

一、填空题

1. 水文循环的外因是________和________，内因是__________。

2. 水文循环的重要环节有________、________、下渗和________。

3. 水是自然界的重要组成物质，是环境中________的要素。狭义水资源是指目前技术经济条件下可被人类开采利用的________，具有________、________、________和应用广泛性、________。

4. 水文现象是自然现象的一种，是由自然界中各种水体在________中形成的，具有周期性、________性、________性和________性。

5. 依据水文现象的基本规律，其研究方法对应为__________法、__________法和__________法。

6. 人们开发利用水资源的基本要求可大致归纳为以下三方面：__________、__________、保护水环境。

7. 工程水文学的内容，根据在工程规划设计、施工、管理中的作用，基本可分为两个方面：______________和______________。

二、判断题

1. 水文现象的必然性起次要作用。(　　)

2. 我国水土流失和泥沙淤积严重。(　　)

3. 我国的河川径流量居世界首位。(　　)

4. 我们现所学的水文学主要为河流水文学。(　　)

5. 自然界中的水位、流量、降雨、蒸发、泥沙、水温、冰情、水质等，都是通常所说的水文现象。(　　)

6. 水文现象的变化，如河道某一断面的水位、流量过程，常常具有某种程度的多年变化周期、年变化周期等。(　　)

7. 水文现象的产生和变化，都有某种程度的随机性，因此，都要应用数理统计法进行水文计算和水文预报。(　　)

8. 小循环是一种局部的水文循环，也称内循环，是指仅发生在海洋或陆地范围内的水文循环，包括陆地-陆地水循环和海洋-海洋水循环。(　　)

9. 水资源可以通过水圈进行自身循环，在循环过程中，水资源不断进行自身恢复和更新。(　　)

10. 水资源与其他固体矿产资源相比，最大区别是水资源具有既可造福人类又可

危害人类生存的两重性。(　　)

三、选择题

1. 中国水资源总量约为(　　)。

A. 2.45 万亿 m^3　　B. 3.18 万亿 m^3　　C. 2.72 万亿 m^3　　D. 2.95 万亿 m^3

2. 地球上的水因蒸发成为水汽、经输送、上升、冷却、凝结，并在适当条件下降落到地面，这种不断的运动过程，称为(　　)。

A. 水文循环　　B. 自然循环　　C. 物质运动　　D. 大循环

3. 以下水文现象的基本特点不正确的是(　　)。

A. 水文现象的确定性　　B. 水文现象的偶然性

C. 水文现象的随机性　　D. 水文现象的地区性

4. 水循环的途径及循环的强弱，决定了水资源的(　　)。

A. 地区分布　　B. 量与质　　C. 时程变化　　D. A+C

5. 中国人均水资源占有量约为世界人均占有量的(　　)。

A. 1/2　　B. 1/3　　C. 1/4　　D. 1/5

6. 水资源是一种(　　)。

A. 取之不尽、用之不竭的资源　　B. 再生资源

C. 非再生资源　　D. 无限的资源

7. 从海洋上蒸发出来的一部分水汽，被气流带到大陆上空，冷凝后降落到陆地表面。其中一部分重新蒸发又回到大气中，一部分从地面和地下汇入河流，最后注入海洋。这种海陆间的水循环称为(　　)。

A. 大循环和小循环　B. 海、陆循环　　C. 海、陆、空循环　D. 大循环

8. 使水资源具有再生性的原因是自然界的(　　)。

A. 径流　　B. 水循环　　C. 蒸发　　D. 降水

9. 水文分析与计算，是预计水文变量在(　　)的概率分布情况。

A. 任一时期内　　B. 预见期内

C. 未来很长很长的时期内　　D. 某一时刻

10. 水文现象的发生(　　)。

A. 完全是偶然性的　　B. 完全是必然性的

C. 完全是随机性的　　D. 既有必然性也有随机性

四、综合题

1. 水循环形成的原因有哪些?

2. 水文现象的基本特点是什么? 相应的研究方法有哪些?

3. 什么是水资源? 简述我国水资源的特点。

4. 水文分析与计算的主要内容有哪些?

5. 由于水资源具有再生性，所以水资源是取之不竭，用之不尽的，这种说法对吗? 为什么?

6. 总结水利工程的实施过程及对应的水文分析与计算研究任务。

项目1 水文资料整编

【导语】

进行任何一项与水有关的工程建设，如水利水电工程、道路工程等，都需要了解和掌握与河流有关的水文要素资料，了解水文要素资料收集的方法，掌握水文要素资料的计算整编方法。只有掌握了水文资料整编的方法、原理，后期才能用水文方法去处理，为工程建设的规划、设计、施工及后期的管理运行提供必要、可靠的数据依据。

【能力目标】

让学习者初步掌握水文资料整编的方法，为后期工程建设的各个阶段的水文分析与计算做准备，培养学习者扎实的水文资料整编能力及后期资料纠错的能力。

任务1.1 水 文 要 素

1.1 概念及术语——水文要素

1.1 课前学习任务单

1.1 课前自测

1.1.1 河流与流域

中华文明的中心部位和起点是大河文明，在中国的大河文明中，黄河文明是最为源远流长的，而长江则是中国生态最主要的命脉。中国人类最早记载的文明活动与留下的痕迹全部在黄河流域。很多让人难忘的战争、很多建功立业的帝王都在黄河流域留下了遗迹或身影，最早的几个朝代也在黄河流域建都。宋代对黄河的盲目治理，使黄河的“母亲河”作用失去后，其文化魅力也随之消退并逐渐向长江流域转移。

1.1.1.1 河流

河流是水循环的一个重要环节，地表水沿天然槽道沟谷运动形成的水体称为河流，由流动的水体和容纳水流的河槽两个要素构成。习惯上按此类水体的大小分别称为江、河、川或溪等，但事实上，对它们并无严格、准确的划定。流入海洋的河流称为外流河，如黄河、长江以及海河等；流入内陆湖泊或消失于沙漠之中的河流称为内流河，如新疆的塔里木河以及青海的格尔木河等。

河流是地球上的重要水体之一，在陆地表面分布广泛。与其他地表水体相比，河流的水面面积和水量相对较小，但它与人类的关系最为密切。从传说中的大禹治水开始，几千年来对河流兴利除害，斗争不息。因此，河流也就成为水文学研究的主要对象。

一条河流按其流经区域的自然地理和水文特点划分为河源、上游、中游、下游及河口五段。河源是河流的发源地，可以是溪涧、泉水、冰川、湖泊或沼泽，而河口是河流的终结处即河流汇入海洋、湖泊或其他河流处。通常将一个水系中长度最大或水量最大的槽道沟谷及其中的水流视为干流。例如，长江发源于唐古拉山主峰格拉丹东雪山西南侧，源头为沱沱河；河源到湖北宜昌为上游段；宜昌到江西湖口为中游段；湖口至入海处为下游段；河口处有崇明岛，江水最后流入东海。长江干流的长度为6300km，是我国最长的河流，居世界第三位。黄河发源于青海省青藏高原的巴颜喀拉山脉查哈西拉山的扎曲、北麓的卡日曲和星宿海西的约古宗列曲，呈“几”字形。自西向东分别流经青海、四川、甘肃、宁夏、内蒙古、陕西、山西、河南及山东9个省（自治区），最后流入渤海。

1.1 河流与流域

1.1 黄河

1.2 长江

汇入干流的称为一级支流，汇入一级支流的称为二级支流，其余以此类推。由干流与各级支流所构成脉络相通的泄水系统称为水系、河系或河网。

根据干支流的分布形状，一般将水系划分如下：

（1）扇形水系：河流的干支流分布形如扇骨状，如海河。

（2）羽状水系：河流的干流由上而下沿途汇入多条支流，好比羽毛状，如红水河。

（3）平行水系：河流的干流在某一河岸平行接纳几条支流，如淮河。

（4）混合水系：一般大的江河多为以上2～3种水系组成，混合排列。

水系形状如图1.1.1所示。不同形状的河系，会产生不同的水情。

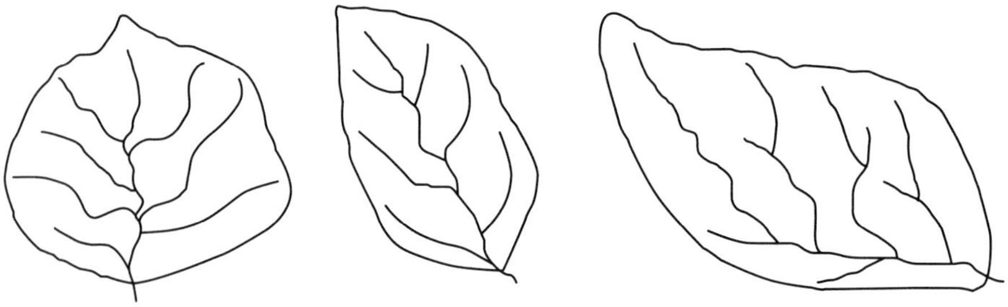

（a）扇形水系　（b）羽状水系　（c）平行水系

图1.1.1　水系形状示意图

划分河流上、中、下游时，有的依据地貌特征，有的着重水文特征。上游直接连着河源，在河流的上段，它的特点是落差大，水流急，下切力强，河谷狭，流量小，河床中经常出现急滩和瀑布。中游是河道比降变缓，河床比较稳定，下切力量减弱而旁蚀力量增强，因此河槽逐渐拓宽和曲折，两岸有滩地出现。下游段一般进入平原，坡降更为平缓，水流缓慢，泥沙淤积，常有浅滩出现，河曲发育，河流多叉。

1. 河流的特征

（1）河流的纵横断面。河流某处垂直于水流方向的断面称为横断面，又称过水断面。当水流涨落变化时，过水断面的形状和面积也随之变化。河槽横断面有单式断面和复式断面两种基本形状，如图1.1.2所示。

河流各个横断面最深点的连线称为中泓线或溪线。假想将河流从河口到河源沿中泓线切开并投影到平面上所得剖面称为河槽纵断面。实际工作中常以河槽底部转折点的高程为纵坐标，以河流水平投影长度为横坐标绘出的河槽纵断面图如图1.1.3所示。

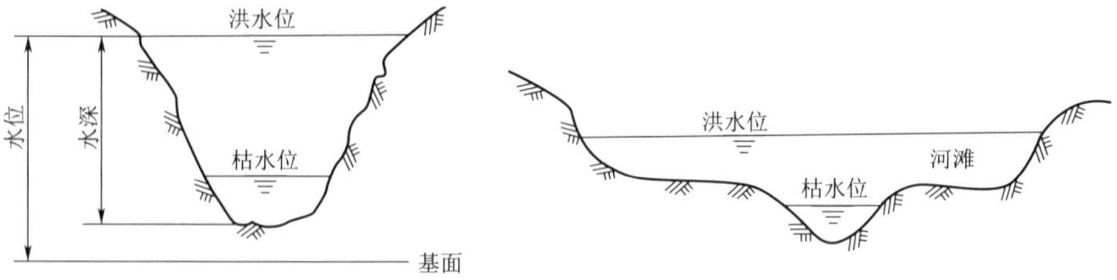

(a) 单式断面　　　　(b) 复式断面

图 1.1.2 河槽横断面图

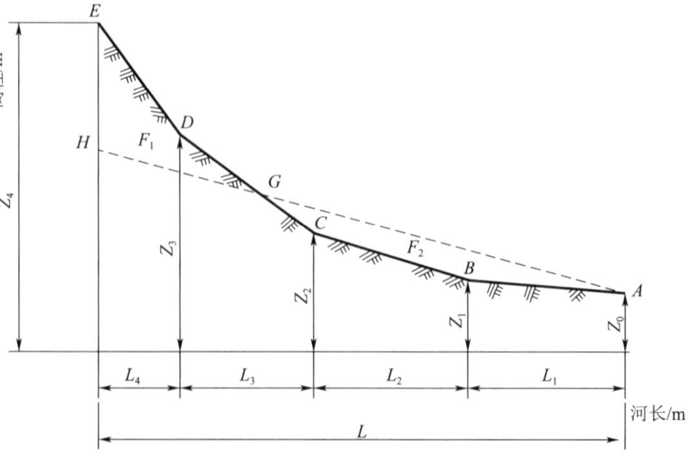

图 1.1.3 河槽纵断面图

河槽的平面形态较为复杂。山区河流，急弯、卡口、跌水很多，河岸常有岩石突出，岸线极不规则，水面宽度变化较大。平原河流，在各种不同外界条件作用下，形成有微细的、蜿蜒的多种形态，而常见是蜿蜒性的河槽。在河道弯曲的地方，由于水流的冲刷和淤积作用，使河槽的凸岸形成浅滩，凹岸形成深槽。

河槽内水流除因重力作用向下流动外，还成螺旋形流动，这种现象称为水内环流。在河湾处，水由顺直段渡过弯道时，受到弯道的阻挡而产生离心力，使凹岸水面高于凸岸。凹岸水流又从河底流向凸岸，由于这种水内环流的影响，而形成凸岸浅滩，凹岸深槽。

(2) 河流长度。由河口至河源沿中泓线量计的平面曲线长度称为河长。在大比例尺的地形图上用曲线仪或分规量计，在数字化地形图上可以应用有关专业软件量计。

(3) 河道纵比降。河段两端的河底高程之差称为河床落差，河源与河口的河底高程之差称为河床总落差。单位河长的河床落差称为河道纵比降，通常以千分数或小数表示。当河段纵断面近似为直线时，比降可按下式计算。

1.3 TZ 世界十大河流

$$J=\frac{Z_{上}-Z_{下}}{L}=\frac{\Delta Z}{L} \tag{1.1.1}$$

式中　J——河段的纵比降；

$Z_{上}$、$Z_{下}$——河段上、下断面的河底高程；

L——河段的长度。

当河段的纵断面为折线时，可用面积包围法计算河段的平均纵比降。它的推求方法是将河道干流底部地形变化的转折点进行分段，如图1.1.3所示，并按下式计算河道平均纵比降。

$$J=\frac{(Z_0+Z_1)l_1+(Z_1+Z_2)l_2+\cdots+(Z_{n-1}+Z_n)l_n-2Z_0L}{L^2} \tag{1.1.2}$$

式中　J——河道干流平均纵比降；

L——自出口断面起河道干流总长度，m；

Z_0、Z_1、Z_2、…、Z_n——自出口断面起，向上沿干流底部各转折点的高程，m；

l_1、l_2、…、l_n——各转折点间的距离，m。

1.1.1.2　流域

流域是指河流某断面汇集水流的区域。一般不指明断面时，流域系指河口断面而言。流域内的各种特征直接影响河流的径流变化。任一河流两岸高处的两侧，各向不同方向倾斜，这就使降水分别汇集到位于两侧不同河系中去，所以，山脊或高地岭脊的连线，起着分水的作用，称为分水线，又叫分水岭，它与地形等高线呈垂直关系，如图1.1.4所示。例如，我国秦岭以南的水流归入长江，以北的水流归入黄河，所以秦岭山脊的连线即为长江和黄河的分水线。分水线除地面分水线之外，还有地下分水线。当地面分水线与地下分水线两者上下重合，位于一条铅直线上，则称为闭合流域。若两者不重合时则称为非闭合流域，如图1.1.5所示。

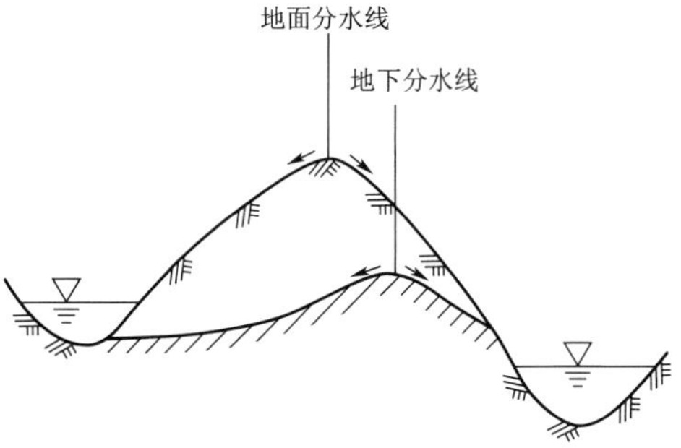

图1.1.4　地面分水线与地下分水线

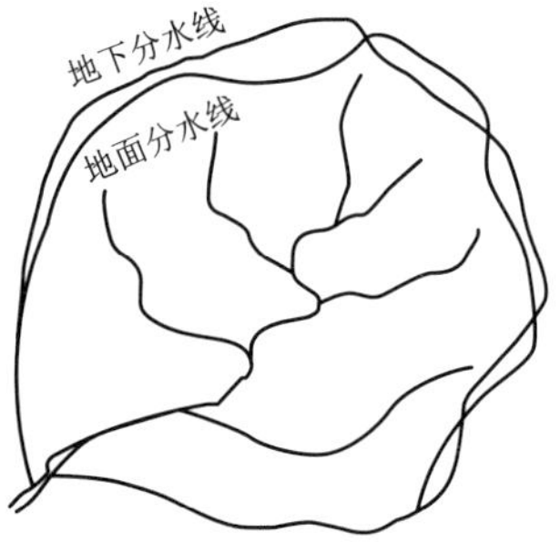

图1.1.5　分水线平面图

1. 流域的几何特征

1.2　流域几何特征

(1) 流域面积(F)。流域面积指河流某一横断面以上，由地面分水线所包围不规则图形的面积，如图1.1.6所示。若不强调断面，则是指流域出口断面以上的面积。一般可在适当比例尺的地形图上先勾绘出流域分水线，然后用求积仪或数方格法量出其面积，当然在数字化地形图上也可以用有关专业软件量计。

(2) 流域长度(L)。流域的长度指流域的几何中心轴长。

对于大致对称的较规则流域，其流域长度接近河道长度；对于不对称流域，可用同心圆法求流域长度。

(3) 流域平均宽度(B)。流域平均宽度指流域面积与流域长度的比值。若集水面积大小相接近的两个流域，L 越长，B 越狭窄；L 越短，B 越宽广。前者河川径流难以集中，后者河川径流易于汇集。

（4）流域形状系数。流域形状系数为流域的平均宽度 B 与流域长度 L 的比值，以 K_f 表示。

$$K_f = \frac{B}{L} = \frac{F}{L^2} \tag{1.1.3}$$

K_f是一个无因次系数。当 $K_f \approx 1$ 时，流域形状则接近方形，则水流易于集中；$K_f < 1$ 时，流域形状则为狭长形，水流难以集中；$K_f > 1$ 时，流域形状则为扁形，水流也易于集中。

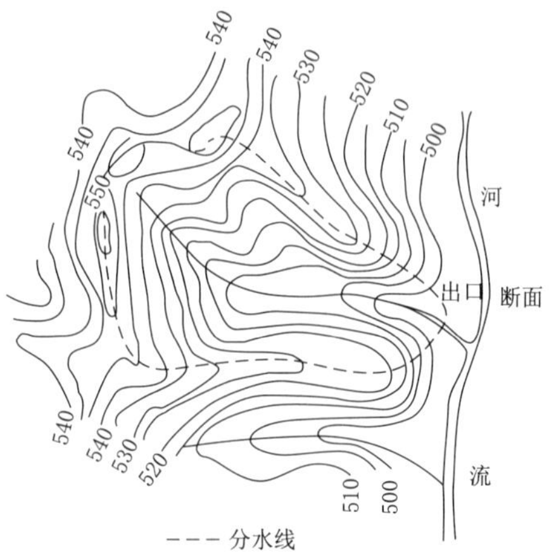

图 1.1.6 流域面积示意图

2. 流域的地形特征

流域的地形特征，一般用流域平均高程和流域平均坡度表示。

（1）流域平均高程。流域平均高程指流域范围内地表的平均高程。在地形图上用求积仪量出流域范围内相邻两等高线之间的面积 f_i，并根据两等高线的平均高程 Z_i，用下式计算流域平均高程 Z_0。

$$Z_0 = \frac{Z_1 f_1 + Z_2 f_2 + \cdots + Z_n f_n}{f_1 + f_2 + \cdots + f_n} = \frac{1}{F}\sum_{i=1}^{n} Z_i f_i \tag{1.1.4}$$

（2）流域平均坡度。流域平均坡度指流域范围内地表坡度的平均状况。若相邻两等高线的高差用 ΔZ 表示，流域范围内各等高线的长度用 L_0、L_1、…、L_n表示，则流域平均坡度 J 可用下式计算。

$$J = \frac{\Delta Z(\frac{1}{2}L_0 + L_1 + L_2 + \cdots + \frac{1}{2}L_n)}{F} \tag{1.1.5}$$

3. 流域的自然地理特征

（1）地理位置。流域的地理位置，可用流域的边界或流域中心的地理坐标经纬度表示。它间接反映了流域距离水汽源地的远近及与其他流域的关系。在分析对比不同流域时，可供研究流域径流区域性变化。

（2）气候条件。流域内长期形成的天气特征称为流域的气候，它包括降水、蒸发、温度、湿度等天气变化的要素，它们对河川径流的变化有着直接的影响。

（3）地形类别。由于水文现象的变化，随地区而异。不同地区都有各自的特殊性。首先要分清流域地形的类别，可分为高山、高原、丘陵、盆地以及平原等。

（4）地质与土壤。流域内地质与土壤的特性，对下渗水量的多少及河流含沙量的多少都有着直接的影响。如地质构造和风化的裂隙，将会增加下渗量，减少地面径流。土壤的物理性质，如沙土渗透性强，黏土渗透性弱，黄土易于冲刷等，以上这些因素都不同程度影响着河川径流的变化。

（5）植物覆盖。流域内植被能增加地面的糙度，延长地面汇流的时间，增加入渗水量，延缓洪水历时。植物的蒸发又减少了地下径流的补给，增加了森林地区上空的水汽，降水量一般比无林地区多。总之，流域内大规模的植树造林，不仅能减少风沙的危害和水土的流失，同时也可大大改变地区的水文循环条件。森林面积占流域面积的百分数为森林覆盖率，表示森林覆盖的程度。

（6）湖泊与沼泽。流域内湖泊与沼泽，对河川径流能起到调蓄作用，它可以延缓洪水、增加枯水期径流量和水面蒸发量，同时对促使水文循环、改变气候环境都起到调节的作用。

（7）人类经济活动因素。在流域地面上从事一切农业、林业、水利及矿山开采等经济活动，均对流域径流产生一定的影响，而它们的影响是复杂的，又是互为补充的。例如，修建水库后，库区原来的陆面变成了水面，从而增加了额外的水面蒸发，减少了原来的径流量，但也有减少水面蒸发以增加径流的情况存在。又如引用地面水或抽取地下水扩大灌溉面积，都将增加蒸发量而使径流量减少。总之，水库及引水工程既可影响蒸发量，又可改变径流的时空分布。

人类的经济活动不但改变了径流的时空分布，影响水平衡要素的比例，而且对河道水质的污染，也有不可忽视的影响。水污染实际上是指进入水体中的污染物的含量超过了水体的自净能力，使水质变坏，甚至严重危害人体健康。由于空气的污染，大气中含有过高的二氧化硫，致使酸雨遍及我国西南、华东一带，尤以西南地区更为严重。

人类经济活动不仅对径流的量和质产生影响，此外，还会影响人类生存的环境。例如，修建大坝和水库，不仅控制了径流的情势，还会对水质、气候、生态、地质、地貌等环境要素产生影响。不合理地开采地下水，降低了地下水位，会引发浅层水井报废、地面树木枯萎、地面下沉、咸水入侵等突出问题，现已被人们逐渐所认识，合理开发、管理、保护好水资源是现代水利建设事业必不可少的一项基本任务。

1.1.2　降水、蒸发与下渗

1.1.2.1　降水

1.2
课前学习任务单

我国位于欧亚大陆东侧，东部和南部濒临海洋，大部分地区受到来自东南和西南季风的影响，因而形成东南多雨而西北干旱的特点。在冬季，大陆受西伯利亚干冷气团控制，气候严寒，雨水较少；冬去春来，南方开始多雨，然后雨带逐渐北移；夏秋两季雨量较多。西北内陆受东西走向山脉的阻挡，季风难以深入，降水稀少，气候干燥。我国降水具有地区上分布极不平衡、季节分配很不均匀、年际变化差别很大等特点。

1.2
课前自测

1. 降水的成因

在水文循环中，水分从一个过程演变为另一个过程，如液态水蒸发为水汽，水汽凝结聚集变为云雾。再演变下去，就是由云雾变为降水的过程了。降水是指由空中降落到地面上的雨、雪、雹、霜、露等液态水和固态水的总称。

空中产生降水的现象需要两个基本条件：一是空气中要有一定量的水汽，二是空气动力上升冷却。

人们在长期生活的实践中早有体会：北京的金秋季节，白天天高云淡，风和日丽，夜里满天星斗，气爽宜人。这不仅是北京城的金秋，而且是华北一带的宜人天气。这是由于这一带地区的气温、湿度、气压和风等气象要素基本相同的大块空气处在宜人的组合状态。人们把这种物理性质比较均匀的大块空气叫作气团。气团本身是每时每刻在变化的，当气团形成以后开始移动，从源地移动到另一地方，气温、湿度等物理特性就发生了变化。不同性质的气团就必定有其不同的天气。当气团受某种外力作用作上升运动时，由于气压减小，体积膨胀，消耗热能，气温降低，使原来未饱和的空气不仅达到饱和状态，进而造成水汽凝结。当凝结物的体积越来越大，空气托浮不住时，便降落到地面而形成降水。

2. 降水的类型

按空气向上动力抬升的原因不同，降水可分为四种类型：

1.1 降雨的类型

（1）锋面雨。当物理性质不同的冷暖气团相遇时，它们的接触面叫锋面。锋面与地面的相交地带叫锋。当冷气团势力强大主动向暖气团推进时，因冷空气较重而楔进暖气团下方，于是暖气团被迫做上升运动，发生动力冷却而致雨，这种雨叫冷锋雨，如图 1.1.7（a）所示。由于冷空气与地面的摩擦作用，使冷锋面接近地面局部地区坡度大，暖空气几乎被迫垂直上升，在冷锋前形成的降雨特征：一般强度大，历时短，雨区范围不广。

当暖气团势力强大，主动向冷气团推进时，由于地面摩擦作用，上层移动速度快，使锋面坡度小。暖空气沿着这个平缓的坡面在冷气团上方滑行，并冷却致雨，叫暖锋雨，如图 1.1.7（b）所示。由于暖锋雨坡面平缓，致使暖锋雨的特性是：一般强度小，历时长，雨区范围大。

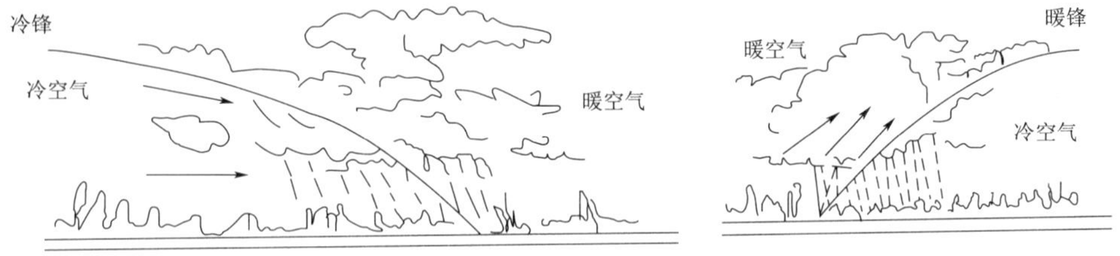

（a）冷锋雨　　（b）暖锋雨

图 1.1.7　锋面雨

（2）地形雨。地形雨指暖湿气流在运移途中，遇到山脉或高原等的阻挡而被迫做上升运动，由于动力冷却而成云致雨，叫地形雨，如图 1.1.8（a）所示。地形雨大部分在迎风坡降落，在背风坡，因气流下沉增温，水汽不饱和，所以降水量少。地形雨一般随地形高程的增加而加大，其降水历时较短，雨区范围也不大。

（3）对流雨。在盛夏季节，局部地区被暖湿空气笼罩时而产生强烈增温，影响了大气稳定性，发生热力对流作用，致使暖湿空气迅速上升而冷却致雨，叫对流雨。其特性是强度大，历时短，雨区范围小，如图 1.1.8（b）所示。

（4）热带气旋雨。大气的涡旋称为气旋。热带海洋面上形成的气旋，称为热带气旋。热带气旋雨是热带海洋面上的一团高温、高湿空气，做强烈的辐合上升运动的结果。即从热带海洋面上的风暴运移到大陆来的狂风暴雨，它又叫台风雨。我国东南沿

（a）地形雨　　（b）对流雨

图 1.1.8 地形雨与对流雨

海等省（自治区）受台风雨影响较大，经常造成不同程度的暴雨洪水灾害。如 7503 号台风登陆后，深入到河南省泌阳县林庄一带，暴雨中心处 3d 雨量达 1631.1mm，造成了我国历史上罕见的水灾。台风登陆后，若无水汽继续补给，降水量将迅速减少，台风也就随着减弱甚至消失。

我国气象部门按 1d（24h）降雨量大小，把降雨量分为七级：微量（<0.1mm）、小雨（0.1～9.9mm）、中雨（10.0～24.9mm）、大雨（25.0～49.9mm）、暴雨（50.0～99.9mm）、大暴雨（100.0～200.0mm）、特大暴雨（>200mm）。将 24h 降雪量分为四级：小雪（0.1～2.4mm）、中雪（2.5～4.9mm）、大雪（5.0～9.9mm）、暴雪（10.0mm）。按年降雨量的多少，全国可分为五个降雨分区：大于 1000mm 为多雨区，800～1000mm 为湿润区，400～800mm 为半湿润区，200～400mm 为半干旱区，小于 200mm 为干旱区。

3. 降雨的表示方法

1.3 降雨的特性

降雨量、降雨历时、降雨强度、降雨面积及降雨中心等，总称降雨基本要素。降雨量为一定时段内降落在某一测点或某一流域面积上的降水深度，通称为降雨量，以 mm 表示；降雨历时是指降雨自始至终所持续的实际时间；降雨强度是指单位时间内的降雨量，以 mm/min 或 mm/h 计，简称雨强；降雨面积是指降雨笼罩的水平面积，以 km^2 计；降雨中心又叫暴雨中心，是指降雨量最大、雨区范围小的地区。以上几种降雨基本要素，对形成洪水的大小、历时等，都有着密切的关系。

为了反映一次降雨在时间上的变化及空间上的分布，常用以下图示方法。

（1）降雨过程线。降雨过程线是表示降雨量随时间变化的过程线。常以时段雨量为纵坐标，时段时序为横坐标，采用柱状图形表示，如图 1.1.9 所示。时段可根据计算的需要选择分、小时、天、月、年等。

（2）雨量累积曲线。将各时段的雨量逐一累积，求出各累积时段的雨量值作为纵坐标，时间为横坐标，所绘制的曲线，叫雨量累积曲线，如图 1.1.10 所示。

累积曲线上某段的坡度，即为该时段的平均降雨强度。曲线坡度陡，降雨强度大；反之则小。若坡度等于零，说明该时段内没有降雨。图 1.1.9 和图 1.1.10 是根据某站实测的一场降雨记录（表 1.1.1）绘制而成。

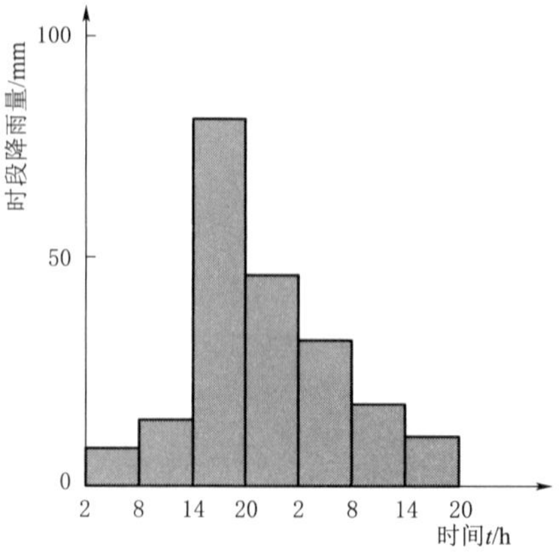

图 1.1.9　降雨过程线

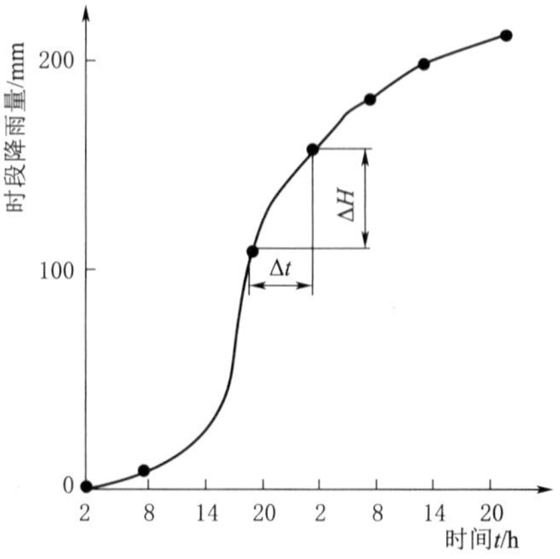

图 1.1.10　雨量累积曲线

表 1.1.1　　**某站一场降雨记录**

时间	日期	8 月 6 日				8 月 7 日		
	时	2—8	8—14	14—20	20—2	2—8	8—14	14—20
时段 Δt/h		6	6	6	6	6	6	6
时段降雨量 ΔH/mm		7.2	15.0	84.0	49.2	27.0	19.2	12.0
降雨强度 $i=\Delta H/t$		1.2	2.5	14.0	8.2	4.5	3.2	2.0
累积雨量 $\sum\Delta H$/mm		7.2	22.2	106.2	155.4	182.4	201.6	213.6

（3）雨量等值线。雨量等值线是表示某一地区的次暴雨或一定时段的降雨量在空间的分布状况。等值线图的制作与测量上的地形等高线的绘制相似。各雨量站采用同一历时的雨量，点绘在各测站的位置，并参考地形、气候特性而描绘的等雨量线。有了雨量等值线图，即可说明降雨中心位置，某一雨量值所笼罩的面积，如图 1.1.11 所示。

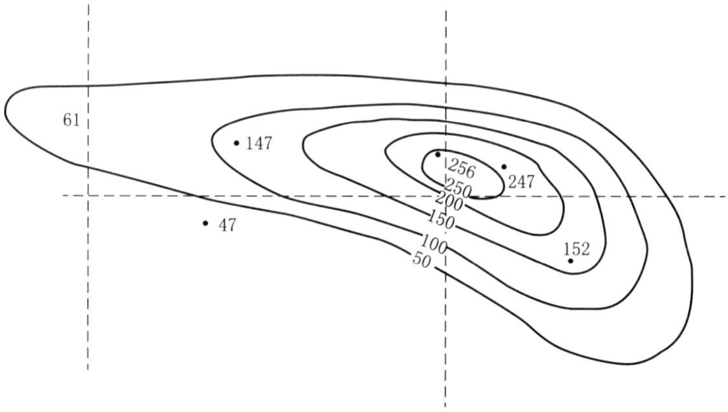

图 1.1.11　75・8 暴雨 6h 降雨量分布示意图

4. 流域平均降雨量的计算

流域内各个测站所观测的降雨量，只是代表各测站附近小范围的降雨情况，而不能说明流域内的降雨变化情况，而实际工作中往往需要推求全流域或某一区域特定时段内的平均降雨量，也称面雨量。常用的计算方法如下。

（1）算术平均法。根据各测站观测降雨量资料，取同一时段内的降雨量用算术平均法计算流域平均降雨量。算术平均法适用于流域内测站分布较为均匀、站网密度较大，且流域地形起伏不大、雨量在空间分布也较均匀的情况。

其计算公式为

$$H_F = \frac{H_1 + H_2 + \cdots + H_n}{n} = \frac{1}{n}\sum_{i=1}^{n} H_i \tag{1.1.6}$$

式中　H_F——流域平均降雨量，mm；

H_1、H_2、…、H_n——各测站同时段的雨量，mm；

n——测站个数。

1.2 泰森多边形法

（2）泰森多边形法。当测站在流域内分布不均匀或流域地形变化较大时，为了合理计算流域平均降雨量，假定流域内不同地区的降雨量由与其距离最近的雨量站代表，并用其值计算流域平均降雨量。为了求出各测站所代表的流域面积，可采用多边形作图法。具体做法是：先用直线就近连接各测站形成若干个三角形，并作各三角形每边垂直平分线，而这些垂直平分线相连组成若干个不规则的多边形，如图 1.1.12 所示。则各多边形内都有一个测站，这个测站观测的雨量值，就代表这块多边形面积 f_i 上的雨量。并以 f_i 与总面积 F 的比值为权重，计算流域平均降雨量。

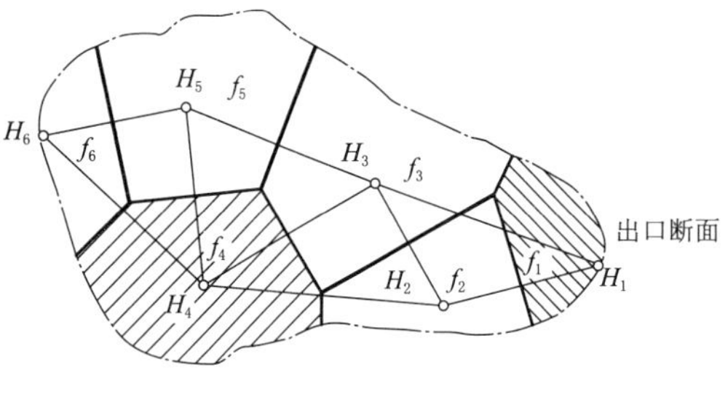

图 1.1.12　多边形法

其计算公式为

$$H_F = \frac{H_1 f_1 + H_2 f_2 + \cdots + H_n f_n}{F} = \frac{1}{F}\sum_{i=1}^{n} H_i f_i \tag{1.1.7}$$

式中　F——设计断面控制的集水面积，km^2；

f_1、f_2、…、f_n——各多边形面积，km^2；

H_1、H_2、…、H_n——各测站同时段的雨量，mm。

若站网稳定不变，采用这种方法是比较好的，且较方便，并能以计算机迅速运算。但是，若站网经常变化，如每个时期甚至每次降雨测站数目或位置有所不同，采用这种方法可能较麻烦，因为每次计算的权重均不相同。

（3）等雨量线法。该法也是用面积加权推求面雨量的一种方法。在较大流域或区域内，如地形起伏较大，对降水影响显著，且有足够的雨量站，则宜用等雨量线法推求流域平均雨量。

当采用此法时，流域内要有足够的测站和合理的分布，勾绘切合实际的等雨量线，就可用等雨量线图来计算流域平均降雨量，如图 1.1.13 所示。

其计算公式为

$$H_F=\frac{\frac{1}{2}(H_1+H_2)f_1+\frac{1}{2}(H_2+H_3)f_2+\cdots+\frac{1}{2}(H_n+H_{n+1})f_n}{F}=\frac{1}{F}\sum_{i=1}^{n}\overline{H}_i f_i \tag{1.1.8}$$

式中　H_F——流域平均降雨量，mm；

f_i——两条等雨量线间的部分流域面积，km^2；

$\overline{H}_i$——f_i 面积上等雨量的平均值 $(H_i+H_{i+1})/2$，mm。

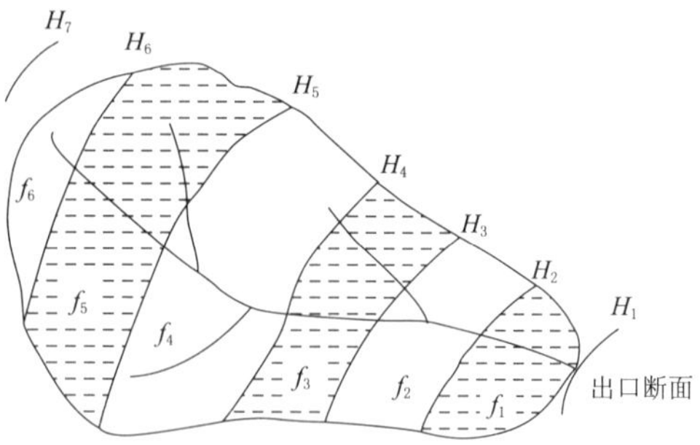

图 1.1.13　等雨量线法

（4）降雨点面关系法。当流域内雨量站较少或各雨量站观测不同步时，可用降雨的点面关系来计算面雨量。

其计算公式为

$$H_F=\alpha H_0 \tag{1.1.9}$$

式中　α——点面折算系数；

H_0——点雨量，mm。

面雨量与点雨量的比值也称点面雨量折算系数。降雨的点雨深与其不同面积上平均雨深的关系通常简称为点面关系，是指降雨中心和流域中心附近雨量站的点雨量与一定范围内的面雨量之间的关系，它又可分为动点动面关系和定点定面关系水量的点面关系。

（5）间接推估流域降雨量——雷达测雨和卫星遥感测雨。陆基雷达可被用于追踪雨云和锋面的运动。雷达装置向空中发射电磁波，波反射量和返回时间被记录下来。云层中的水分越多，反射回地表并被雷达装置探测到的电磁波就越多。反射波回到地表越快，云层离地表就越近。根据雷达回波强度，利用一定数学公式——雷达气象方程，可以推算出降雨强度。

除了利用雷达外，还可利用卫星遥感推估区域降水量。最可能产生降雨的云层的顶部极亮、极冷。LANDSAT、SPOT 和 AVHRR 是被动式传感器的常见的卫星平台。这些居于空中的被动式卫星传感器能够探测可见光和红外波段的辐射。将测得的结果与区域的点降水量的测量结果结合起来，便可以推算降雨强度。

1.1.2.2　蒸发

蒸发是指水由液体或固态转化为气态的现象，是水分子运动的结果。水文上研讨的蒸发为自然界的流域蒸发。一个流域的蒸发，包括水面蒸发、土壤蒸发和植物散发。

1.3　流域蒸发

1. 水面蒸发

水面蒸发是指由江河、湖泊、水库、沼泽等水体的某些水分子从自由水面上逸出进入空中的现象。影响蒸发量的主要因素有气温、湿度、风速、水质及水面大小等。

2. 土壤蒸发

土壤蒸发是指水分从土壤中向空气中扩散的现象，即土壤由湿向干的变化过程。由于流域陆面面积远大于水面面积，所以陆面上的土壤总蒸发量也就大于水面总蒸发量。凡是影响水面蒸发的因素都能影响土壤蒸发，而且还受地下水面、土壤含水量、土壤结构、土壤色泽、毛管上升水、地面特性、植被及降水方式等多种因素的影响。

3. 植物散发

植物散发是指土壤中水分通过植物散逸到大气中的过程。由于它绝大部分是通过植物叶片散逸的，又称为叶面散发或蒸腾。空气的温度、湿度、土壤温度、日照及植物的种类、生长期等都影响散发量的大小。

因为植物生长在土壤中，植物散发与土壤蒸发总是同时存在的，二者总称为陆面蒸发。某地区或流域的实际蒸发，一般以陆面蒸发表示。估算陆面蒸发时常用流域内多年平均降雨量与径流量之差求得。

4. 干旱指数

年蒸发能力与年降水量之比为干旱指数 γ。若 $\gamma>1.0$，则年蒸发量超过年降水量；$\gamma<1.0$，则年蒸发量小于年降水量。γ 值的大小可反映不同地区的湿润和干旱的程度，所以，干旱指数和气候的干湿分带有着密切关系。一般在多雨地带区，$\gamma<0.5$；半湿润地区，$\gamma=1\sim3$；干旱地区，$\gamma>7$。

1.1.2.3 下渗

下渗是指水分从土壤表面渗入地下的现象，又称为入渗。研究下渗的变化规律，对认识径流的形成过程具有重要的意义。

1. 下渗的物理过程

流域上空的雨水降落在流域干燥的土壤表面后，一部分雨水渗入土壤中，并不是单纯地受重力作用的影响，而是水分子力、毛管力和重力综合作用的结果。起初雨水渗入土壤表面是渗润阶段，主要受分子力作用，水被土粒表面吸附，形成薄膜水。当土壤中薄膜水得到满足后，水分通过土壤表面开始了渗漏阶段，水分主要受毛管力作用及重力作用，使水分向土壤孔隙运动，直到基本充满而达到饱和。水分继续向下运动，开始了渗透阶段，孔隙中的自由水，主要受重力作用，沿孔隙向下流动。如地下水埋藏不深，重力水可能渗过整个包气带，补充地下水，则形成地下径流。

2. 下渗的变化规律

入渗初期，土壤比较干燥，入渗水分很快为表层土壤所吸收，其单位时间的入渗量，称为下渗率。后来由于土壤湿度的增加，土壤饱和层逐渐向下延伸，入渗率也开始递减，直至趋于稳定。关于下渗率的变化过程，可通过实验求出。实验方法有同心环法和人工降雨法两种。其中最简单的方法是在地面上打入同心环，外环直径为60cm，内环直径为30cm，环高15cm。实验时，在内环及两环中间同时加水，使水深保持常值，内外水面保持齐平。因水分下渗使水面降低，而要不断加水，维持一定的水深，加水的速率就是水分下渗率。根据加水量的记录，经换算后便可绘制下渗曲线，如图1.1.14所示。

上述下渗的变化规律，可用一数学公式表示。如常用的霍顿公式为

$$f_t = (f_0 - f_c)e^{-\beta t} + f_c \qquad (1.1.10)$$

式中 f_t——t 时刻的下渗率，mm/h 或 mm/min；

f_0——初始（$t=0$）下渗率，mm/h；

f_c——稳定下渗率，mm/h；

β——反映土壤、植被等对下渗影响的系数；

e——自然对数的底。

根据实验资料，推求这些参数，就可求解上述经验公式了。

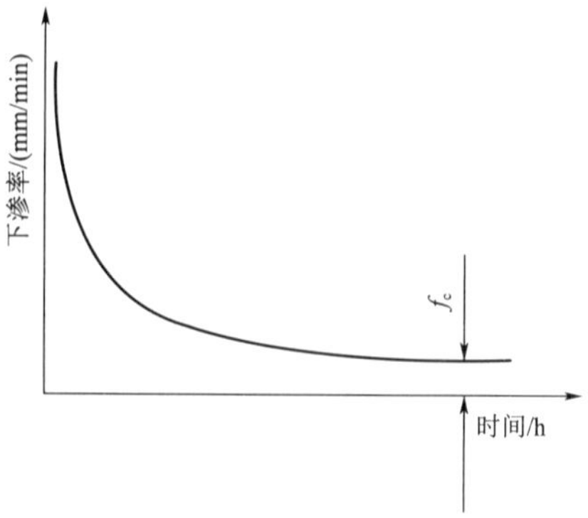

图 1.1.14 下渗曲线示意图

1.1.3 径流

1.1.3.1 河川径流的补给

1.3 课前学习任务单

1.3 课前自测

河川径流是指降落在流域表面上的降水，途经地面及地下流入河川，流出流域出口断面的水量。河流径流的补给也就是水源。我国河流的水源有雨水、冰雪融水、地下水和人工补给等。根据水源的类别，大致可分三个区：秦岭以南，主要由雨水补给，河川径流的变化受到降雨的季节影响，夏季经常发生洪水；东北、华北部分地区为雨水和季节性冰雪融水补给，每年有春、夏两次汛期；西北阿尔泰山、天山、祁连山等高山地区，河水主要由高山冰雪融水补给，这类河流水情的特点：河水随气温的变化而涨落，洪水期发生在暖季，枯水期发生在冬季。地下水补给是我国河流补给的普遍形式。影响地下水补给的因素除与该地区的降水量有关，还与该流域的地貌、地质构造、岩石性质及河床切割的程度有关。华北平原上的河流宽而浅，地下水补给量不足 10%。成为“悬河”的黄河下游，不仅完全得不到地下水补给，反而河水补给地下水。黄土高原上的河流，因黄土疏松，地下水丰富，河床下切又深，因此获得的地下水补给量可达 50%～60%。降水量多的东南沿海丘陵地区，因岩石透水性差，地下水贫乏，补给量不足 10%，特别是下切较浅的小河，甚至完全无地下水补给，成为降雨有水、雨停断流的暂时性河流。人工补给就是跨流域调水，如我国实施的南水北调工程，把长江流域水资源自其上游、中游、下游，结合中国疆土地域特点，分东、中、西三线抽调部分送至华北与淮海平原和西北地区水资源短缺地区：东线工程工程起点位于江苏扬州江都水利枢纽；中线工程工程起点位于汉江中上游的丹江口水库，供水区域为河南、河北、北京、天津四省（直辖市）；西线工程（项目处于前期论证阶段，为未建项目），是指从四川长江上游支流雅砻江、大渡河等长江水系调水，至黄河上游青、甘、宁、蒙、陕、晋等地的长距离调水工程。

就我国而言，大部分河流是以雨水补给为主，由降雨形成的河川径流为降雨径流，由季节性冰雪融水形成的河川径流称为融雪径流，降雨径流是我们研究的主要对象。

1.4 径流的形成

1.1.3.2 河川径流的形成

雨水降落在流域表面上，满足流域渗蓄后，所产生的径流量途经流域地面与地下向出口断面汇集，其中来自地面上的部分称为地面径流；来自地下部分称为地下径流。从降雨开始到径流流出流域出口断面的整个物理过程，也就是河川径流的形成过程，如图 1.1.15 所示。

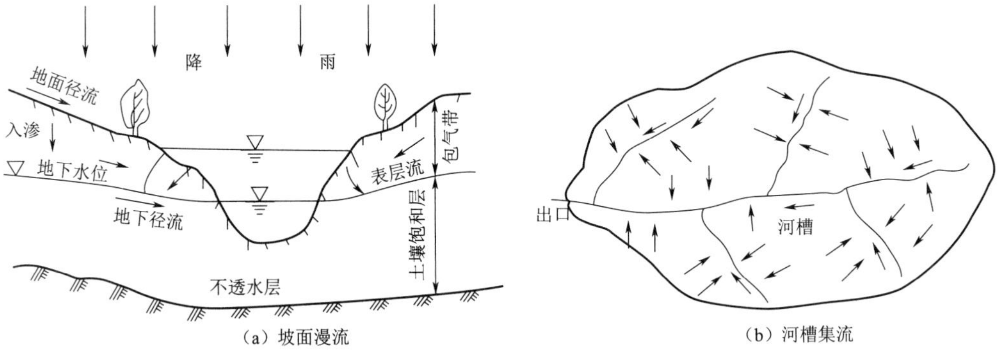

图 1.1.15 径流形成过程示意图

径流的形成过程，大致可分为如下几个阶段。

1. 流域蓄渗阶段

降雨初期，除了小部分雨水落在河槽水面上之外，大部分雨水均落在流域表面。这部分雨水在满足植物截留、下渗、填洼及雨期蒸发量之后才能产生径流。因此，植物截留、下渗、填洼及雨期蒸发造成了降雨的水量损失。在降雨开始到径流产生之前，降雨的水量损失过程称为蓄渗阶段。

(1) 植物截留。降雨被植物枝叶拦截的现象，称为植物截留。整个降雨期间，植物截留都在进行。降雨停止后，被截留的雨水消耗于蒸发，回归大气之中。

(2) 下渗。雨水降落至地表，在分子力、毛管力和重力的作用下，渗入土壤并继续向下运动的过程称为下渗。如果降雨强度小于下渗率，则经植物截留后剩余的全部雨水均渗入地下。下渗的水流先满足土壤最大持水量，使土壤水分达到饱和；多余的水分在重力作用下沿着土壤空隙向下运动，最后达到地下水面，补给地下水。

(3) 填洼。流域表面常有许多大小不一的闭合洼地。如果下渗使土壤水分达到饱和或降雨强度大于下渗率，雨水便不再全部渗入地下，未渗入地下的雨水会在地表蓄积，充填这些洼地。这一现象称为填洼。

(4) 雨期蒸发。渗入地下和滞留在地表的部分水分，也可能以蒸发的形式回到大气，这部分水分就称为雨期蒸发量。降雨期间，同样有蒸发现象存在，由于降雨空气湿润，蒸发量相对较少。

2. 坡地产流和汇流阶段

降雨满足了流域蓄渗或其强度大于下渗率之后，地表径流、壤中流和地下径流便开始出现，这一现象称为产流。

雨水不断地渗入土壤后，使表层土壤含水量首先达到饱和，后续入渗的水量往往沿着土壤饱和层坡降在土壤孔隙间流动，注入河槽而形成的径流称为表层流或壤中流。雨水继续入渗，经过整个包气带层，渗透到地下水位以下和不透水层以上的土壤中，并缓慢地渗入河流的径流，称为浅层地下径流。至于不透水层以下的深层地下水，可通过泉水或其他形式补给河流，这部分径流称为深层地下径流，它比较稳定，流动慢、流程远。

当降雨强度超过了土壤下渗能力时，则产生超渗雨。超渗雨开始形成地面积水，然后向坡面低处流动，称为坡面漫流，如图 1.1.15（a）所示。扣除降雨损失的土壤入渗、植物截留、洼地填蓄、雨期蒸发的水量，余者注入河槽，称为地面径流。由超渗雨形成的径流包括地面径流、表层流和浅层地下径流三部分，是本次降雨产生的径流，总称为径流量，也称产流量。降雨量与径流量的差值即为损失量。

1.4 蓄满产流和超渗产流

3. 河槽集流阶段

地表径流、壤中流及地下径流汇入附近的河网后，再于河槽中向下游方向流动，最终流出出口断面的过程称为河槽集流，如图 1.1.15（b）所示。当降雨和坡面漫流停止后，汇入河网的水流则逐渐消退，河水还原到涨水前的状态，即地下水维持时期。待下次降雨后又形成下次径流过程。

降雨形成径流的过程是一个复杂的过程。为了研究方便，一般将这个复杂的过程概化为产流和汇流两个过程。但必须注意，这样做只是为了简化分析计算工作，并不意味流域上一次降雨所引起的径流过程，可以截然划分为前后相继的两个不同的过程。由降水到达地表时开始，到水流流经出口断面的整个过程，称为径流的形成过程。

1.1.3.3 径流的度量单位

在分析计算径流时，为了表示径流量的大小及对不同地区河川径流的比较，常用以下单位表示。

1.4 径流度量单位换算

1. 流量 Q

某一时刻或单位时间内通过河道某一过水断面的水量称为流量，单位为 m^3/s。流量随时间的变化过程，可用流量过程线表示，如图 1.1.16 所示。图中过程线上任一点流量为相应时刻的瞬时流量。由于计算时段的不同，分为日平均流量、月平均流量及年平均流量。

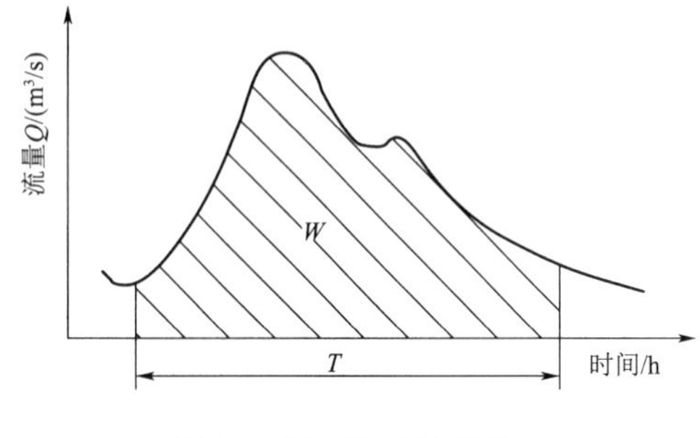

图 1.1.16 流量过程线

2. 径流总量 W

一定时段内（时、日、月、年）通过河道某过水断面的水量称为径流总量，单位为 m^3、万 m^3、亿 m^3。它与流量的关系为流量过程线与横坐标时间所包围的面积，即为径流总量 W，如图 1.1.16 所示，它们的关系式为

$$W = QT \tag{1.1.11}$$

3. 径流深 y

一定时段内径流总量均匀地平铺在该流域表面所形成的水层厚度称为径流深，单位为 mm。如时段 T 秒内的平均流量为 $\overline{Q}$，流域面积为 F，则径流深为 y，可由下式

计算：

$$y=\frac{W}{1000F}=\frac{\overline{Q}T}{1000F} \tag{1.1.12}$$

4. 径流模数 M

流域内单位面积上的流量称为径流模数，常以 $m^3/(s\cdot km^2)$ 或 $L/(s\cdot km^2)$ 计。

$$M=\frac{1000Q}{F}[L/(s\cdot km^2)] \tag{1.1.13}$$

5. 径流系数 a

一定时段内的径流深与同一时段内降水量之比称为径流系数。若时段内的降水量为 H_F（mm），相应的径流深为 y（mm），则

$$a=\frac{y}{H_F} \tag{1.1.14}$$

【例 1.1.1】 已知某水文观测站控制的流域面积 F 为 12100km²，1950—1972 年 23 年间的多年平均降水量 H_F 为 767mm，多年平均流量为 $\overline{Q}$ 为 82.2m³/s，计算相应的多年平均径流总量 $\overline{W}$、多年平均年径流深 $\overline{y}$、多年平均年径流模数 $\overline{M}$ 及多年平均年径流系数 $\overline{a}$ 值。

［**解**］ 多年平均年径流总量：$\overline{W}=\overline{Q}T=82.2\times31.54\times10^6=25.9\times10^8(m^3)$

多年平均年径流深：$\overline{y}=\frac{\overline{W}}{1000F}=\frac{25.9\times10^8}{12100\times10^3}=214(mm)$

多年平均年径流模数：$\overline{M}=\frac{1000\overline{Q}}{F}=\frac{82.2}{12100}\times10^3=6.8[L/(s\cdot km^2)]$

多年平均年径流系数：$\overline{\alpha}=\frac{\overline{y}}{H_F}=\frac{214}{767}=0.28$

1.1.3.4 我国河川径流的分布

降水是我国河川径流的主要水源，年降水量的分布基本上决定了年径流深的分布状况，但地区分布的不均匀性比降水量更为严重。按径流深的大小，可划分为丰水、多水、过渡、少水、干涸 5 个明显不同的地带。

1. 丰水带

年降水量大于 1600mm，年径流深超过 800mm，年径流系数在 0.5 以上，包括东南和华南沿海、云南西部和西藏东南部为多雨地带。其中，台湾中部及西藏东南部年径流深可达 2000mm 以上。

2. 多水带

年降水量为 800～1600mm、年径流深为 200～800mm 的地区为多水地带，分布的地区有秦岭、淮河以南、长江中下游以及云贵和广西地区，相当于湿润地带，年径流系数一般为 0.25～0.5。

3. 过渡带

年降水量为 400～800mm、年径流深为 50～200mm 的地区为过渡带，分布的地区有黄淮海平原以及东北大部、四川西北和西藏东部，相当于半湿润地带，年径流系

数一般为 0.1～0.25。

4. 少水带

年降水量为 200～400mm、年径流深为 10～50mm 的地区为少水带，分布的地区有新疆西部和北部、东北西部、内蒙古、宁夏、甘肃大部，相当于半干旱地带，一般年径流系数在 0.1 以下。

5. 干涸带

年径流深不足 10mm 的地区为干涸带，分布的地区有内蒙古、宁夏、甘肃的沙漠、青海柴达木盆地、新疆塔里木和准噶尔盆地，相当于干旱地带，大部分地区年径流深近于零或为无流区。

径流的年内分配取决于径流的补给。以雨水补给为主的河流，年内分配不均匀，洪水期河水暴涨，容易泛滥成灾；枯水期水量少，水源补给不足。以冰雪水补给为主的河流，由于流域内热量的变化小，年内分配比较均匀。地下水补给是河川基流量的来源，地下水占的比例大的河流，其年内分配较为均匀。所以，一般大河流的比起小河流的年内分配要均匀一些。

径流的年际变化，也是北方大于南方，在缺水地区，丰、枯年间的水量相差越大。长江以南河流的历年最大与最小流量的比值一般小于 3 倍；淮河、海河各支流可达 10～20 倍，部分平原河流甚至更大。

上述河川径流的年际变化和年内分配的不均，给社会生产和人们的生活带来很大的影响。因此，必须对河川径流进行调余补缺，在时间上给予重新分配，才能充分利用河川径流。

1.1.4 流域水量平衡

1.1.4.1 水量平衡概述

参加水循环的水量，从长期来看，大体上是不变的。

根据物质不灭定律可知，对于任意水文系统，在一定时段内水的收入量与支出量之差等于该区域（或水体）的蓄水量的变化量，这就是所谓的“水量平衡”或“水文平衡”。

1.4 课前学习任务单

水量平衡是水文现象和水文过程分析研究的基础，也是水资源数量和质量计算及评价的依据。

1.1.4.2 通用水量平衡方程

1.4 课前自测

根据上述水量平衡原理，对于处在任意时段的任意水文系统，有

$$I - O = W_2 - W_1 = \Delta W \tag{1.1.15}$$

式中 I——区域时段内的来水量；

O——区域时段内的出水量；

W_1——时段初区域内的蓄水量；

W_2——时段末区域内的蓄水量；

ΔW——时段内区域蓄水量的变化量。

式（1.1.15）为水量平衡方程式的最基本形式。对于不同的区域，可进一步细化 I 和 O 的具体组成。

若以任一区域为研究对象，进入该区域的水量包括时段内区域平均降水量 H、时段内凝结量 E_1、地面径流流入量 Y_1 及地下径流流入量 U_1。流出该区域的水量包括时段内区域总蒸发量 E_2、地面径流流出量 Y_2、地下径流流出量 U_2 及区域内用水量 q。时段初、末区域内蓄水量分别为 W_1、W_2，差值为 $\Delta W = W_2 - W_1$，代入水量平衡方程得

$$(H + E_1 + Y_1 + U_1) - (E_2 + Y_2 + U_2 + q) = W_2 - W_1 \tag{1.1.16}$$

或

$$H + E_1 + Y_1 + U_1 + W_1 = E_2 + Y_2 + U_2 + q + W_2$$

若令 $E = E_2 - E_1$，称为净蒸发量，则上式改写为

$$H + Y_1 + U_1 + W_1 = E + Y_2 + U_2 + q + W_2 \tag{1.1.17}$$

1.1.4.3 闭合流域的水量平衡方程

1.5 ⓕ 闭合流域水量平衡方程

对于一个天然流域，若是一个闭合流域，即地表分水线和地下分水线重合且无河流流入的流域，并没有水分从地表和地下流入，因此，$Y_1 = U_1 = 0$；此外，在这一流域中，若河道的下蚀深度足够大，地下水则主要汇入河道而流出，便可以令 $Y = Y_2 + U_2$，以代表总的河川径流量；再假设工农业生产和生活耗水量很小，可以忽略，即 $q = 0$，则闭合流域水量平衡方程式为

$$H = E + Y + \Delta W \tag{1.1.18}$$

1.5 Ⓣ 课后自测

对多年平均情况来说，上式中蓄水变量项的多年平均值趋近于零，即 $\sum_1^n \Delta W \to 0$，因而水量平衡方程式可简化为

$$\overline{H} = \overline{E} + \overline{Y} \tag{1.1.19}$$

式（1.1.19）就称为闭合流域多年水量平衡方程。

任务1.2 水文要素观测及资料整理

1.2 ⓐ 概念及术语——水文要素观测及资料整理

1.2.1 水文测站与布设

1.2.1.1 水文测站的任务及分类

水文测站是指为收集水文监测资料在江河、湖泊、渠道、水库和流域内设立的各种水文观测场所的总称，水文测站是进行水文观测获取基本水文资料的基层单位。水文测站在地理上的分布网称水文站网，它必须按照统一的规划，合理布局，既要能收集到大范围内的基本水文资料，满足水利水电工程建设、环境保护及其他国民经济建设的需要，又要做到经济合理。

1.5 Ⓜ 课前学习任务单

1. 水文测站的任务

水文测站的任务是按照统一标准，对指定地点的水位、流量、泥沙、降水、蒸发、水温、冰清、水质、地下水位等水文要素进行系统观测并对观测资料进行计算分析和整编。

2. 水文测站的分类

国家对水文测站实行分类分级管理。水文测站分为国家基本水文测站和专用水文测站。国家基本水文测站又分为国家重要水文测站和一般水文测站。国家基本水文测

站是指为公益目的统一规划设立的对江河、湖泊、渠道、水库和流域基本水文要素进行长期连续观测的水文测站。国家重要水文测站是指对防灾减灾或者对流域和区域水资源管理等有重要作用的基本水文测站。专用水文测站是指为特定目的设立的水文测站。

1.6 Ⓣ 课前自测

按目的和作用又分为基本站、实验站、专用站和辅助站。基本站是为综合需要的公用目的，经统一规划而设立的水文测站。基本站应保持相对稳定，在规定的时期内连续进行观测，收集的资料应刊入《水文年鉴》或存入数据库长期保存。基本水文站按观测项目可分为流量站、水位站、泥沙站、雨量站、水面蒸发站、水质站、地下水观测井等。实验站是为深入研究某些专门问题而设立的一个或一组水文测站，实验站也可兼作基本站。专用站是为特定的目的而设立的水文测站，不具备或不完全具备基本站的特点。辅助站是为帮助某些基本站正确控制水文情势变化而设立的一个或一组站点。辅助站是基本站的补充，弥补基本站观测资料的不足。计算站网密度时，辅助站不参加统计。

1.2.1.2 水文测站的设立

1.6 ⓕ 水文测站的设立

1. 选择测验河段

水文测站的设立，首先应按照规定要求选择顺直的测验河段，它选择的是否恰当，对测验工作影响很大。

《河流流量测验规范》（GB 50179—2015）规定：①测验河段宜选在石梁、急滩、弯道、卡口和人工堰坝等易形成断面控制的上游河段。其中石梁、急滩、弯道、卡口的上游河段宜离开断面控制的距离为河宽的 5 倍，山溪性河流断面控制的距离可放宽至河宽的 3 倍；或选在河槽的底坡、断面形状、糙率等因素比较稳定和易受河槽沿程阻力作用形成河槽控制的河段；河段内应无巨大块石阻水，无巨大漩涡、乱流等现象。②当断面控制和河槽控制发生在某河段的不同位置时，应选择断面控制的河段作为测验河段；在几处具有相同控制特性的河段上，应选择水深较大的窄深河段作为测验河段。③中小河流测验河段如难以满足本条第①款的要求，可适当放宽，但应满足测验方法的使用条件。

2. 布设测验断面

水文站只有布设测验断面，才能观测各种水文要素。测验断面可分为基本水尺断面、流速仪测流断面、浮标测流断面、比降水尺断面。依据《河流流量测验规范》（GB 50179—2015）规定：浮标测流断面包括上、中、下三个断面，上、下浮标断面应平行于浮标中断面并间距相等，且其间河道地形的变化小；上、下浮标断面的距离应大于最大断面平均流速值的 50 倍，当受条件限制时，可适当缩短，但不得小于最大断面平均流速值的 20 倍；在比降水位观测河段布设上、中、下三个比降断面，应使上、中断面间距与中、下断面间距相等，比降中断面宜与流速仪测流断面或浮标中断面重合；上、下比降断面的间距应使水面落差远大于落差观测误差。各种测验断面的关系如图 1.2.1 所示。

3. 布设基线

为了水文测验和断面测量的需要，在岸上应布设基线，作为基本测量线段。基

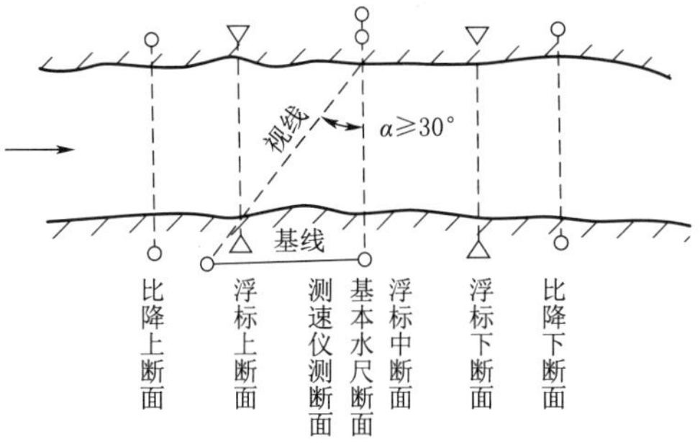

图 1.2.1 水文测站各种断面布设

线宜垂直于测流断面，基线起点应设置在断面上。当受地形条件限制时，基线可不垂直于断面［详见《河流流量测验规范》（GB 50179—2015）］。基线长度宜取 10m 的整数倍，用钢尺或校准过的其他量具往返测量两次的不符值不应超过 1/1000。此外，还应按要求设置水准点，作为水文站日常水准测量的高程基点。高程基点应设在坚固的岩石或标桩上，其高程应采用四等水准测定；当基点高程与最高洪水位的高差小于 5m 时，应采用三等水准测量高程。

1.2.1.3 水文站的日常工作内容

水文测站的日常工作包括四方面的内容：根据测站的性质和类型，对要观测的水文要素按要求进行定时观测，获取实测水文资料；对实测水文资料按统一的方法和格式进行计算和整理；在汛期及时上报有关实测水情资料；进行水文调查，以弥补实测资料的不足。

各种水文测站测得的原始数据，都要按科学的方法和统一的格式整理、分析、统计、提炼成为系统、完整的，且有一定精度的水文资料，供水文水资源部门和有关国民经济部门应用。这个水文数据的加工、处理过程，称为水文数据处理。

水文数据处理的工作内容包括收集校核原始数据，编制实测成果表，确定关系曲线，推求逐时、逐日值，编制逐日表及洪水水文要素摘录表，合理性检查和编制处理说明书。

1.6 课前学习任务单

1.2.2 降水与蒸发的观测

降水是地表水和地下水的来源，它与人民生产、生活、建设关系极为密切。蒸发是江河湖库水量损失的一部分，水利工程的水利计算，湖库的水量平衡研究等需要蒸发资料，特别是水资源合理开发和利用要研究蒸发的时空变化。因此，应通过降水、蒸发观测积累资料。

1.2.2.1 降水观测

1.7 课前自测

观测场地尽量选在四周空旷、地形平坦的地方，避开局部地形地物影响，如有障碍物，它与仪器距离不得小于障碍物顶部与器口高差的 2 倍。场地面积不小于 4m×4m。上空不应有高压线、通信线路通过。

1. 降水观测仪器

雨量观测的常用仪器有 20cm 口径的雨量器和自记雨量计。此外，我国在一些重点防洪地区还建成了雷达测雨系统。

1.1 降水观测

（1）雨量器。20cm 口径的雨量器是一个圆柱形金属筒，如图 1.2.2 所示，在降雨时雨水由漏斗进入储水瓶，降雨后，把储水瓶中的雨水倒入特制的量杯可直接读出雨量深度，并记录。

用人工雨量筒测雨一般采用分段定时观测，常用两段制（每日 8 时、20 时）观测，雨季采用四段制（每日 8 时、14 时、20 时、2 时）、八段制（每日 8 时、11 时、

14 时、17 时、20 时、23 时、2 时、5 时)，甚至雨大时还需增加观测次数。若用人工雨量筒观测降雪，可将漏斗和储水瓶取出，只留外筒作为承雪器具。

(2) 自记雨量计。自记雨量计多采用虹吸式自记雨量计（图 1.2.3）或翻斗式自记雨量计等。虹吸式自记雨量计的工作原理为：雨水由承雨器进入浮子室后将浮子升起并带动自记笔在自记钟的外围的记录纸上做出记录。当浮子室内雨水储满时，雨水通过虹吸管排出到储水瓶，同时自记笔又下降到起点，继续随雨量增加而上升，这样降雨过程便在自记纸上绘出。

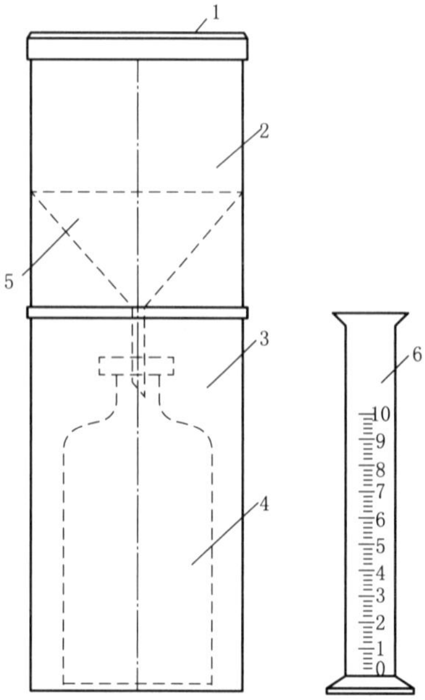

图 1.2.2　雨量器示意图

1—器口；2—承雨器；3—雨量筒；4—储水瓶；5—漏斗；6—量雨杯

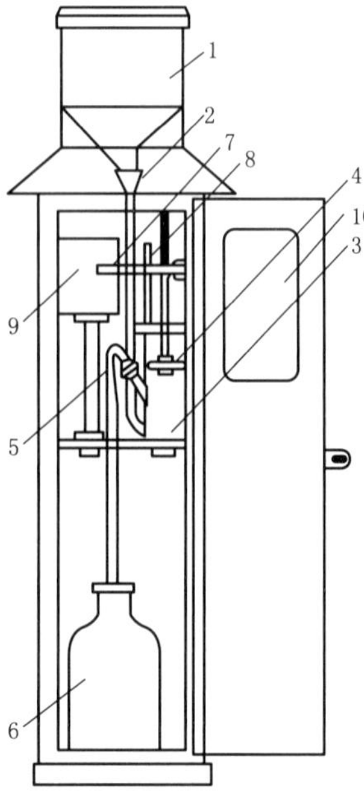

图 1.2.3　虹吸式自记雨量计

1—承雨器；2—小漏斗；3—浮子室；4—浮子；5—虹吸管；6—储水瓶；7—自记笔；8—笔档；9—自记钟；10—观测窗

(3) 固态存贮装置。目前雨量观测已发展到建立自动测存算的系统，即 UZJ 数据测存算系统，利用固体存储器收集雨量资料。再经微机处理，进行整编，效率很高。如福建省南平水文水资源勘测分局 2000 年自行开发研制的 WJF－2 型系列水位雨量数据采集仪，已在全省 320 个报汛站安装运行，并实现自动化报汛。该仪器集水文数据采集、存储、传输、自动化报汛等功能于一体，采用有线、短信、GPRS 三种途径传输数据，性能稳定可靠，功能齐全，确保了采集资料和水情报汛的可靠性、准确性、时效性。

2. 降水资料整理

取得降水资料后，应对资料整理。主要内容包括：编制汛期降水量摘录表；统计不同时段最大降水量；计算日、月、年等降水量等，日降水量以 8 时为分界，即以昨日 8 时至今日 8 时的降水量作为昨日的日降水量。

1.2.2.2 蒸发观测

1.2 蒸发观测

流域蒸发包括水面蒸发、土壤蒸发和植物散发，其中后两项之和称为陆面蒸发。由于三者关系错综复杂，实际上常常将它们综合在一起进行计算，常用的方法有水量平衡法、流域蒸发模型法。植物散发是植物的一个纯生理过程，实测比较困难且精度低，下面只对水面蒸发和土壤蒸发观测做简要阐述。

1. 水面蒸发观测

水面蒸发是水面的水分由液态转化为气态向大气扩散、运移的过程。单位时间蒸发的水深，称为蒸发率或蒸发强度，以 mm/d 计。水面蒸发观测资料较多，比较可靠，常是其他蒸发计算的基础。

蒸发观测场与降水量观测场合二为一，设有气象辅助项目的场地应不小于 16m（东西向）×20m（南北向）；没有气象辅助项目的场地应不小于 12m×12m，四周必须空旷平坦，以保证气流畅通。观测场附近障碍物所造成的遮挡率应小于 10%。

水面蒸发按蒸发场地的设置方式分为陆上水面蒸发场和漂浮水面蒸发场两种。观测仪器有 Φ－20 型、Φ－80 套盆式、E－601 型蒸发器、水上漂浮蒸发器、$20m^2$ 及 $100m^2$ 大型蒸发池等。E－601 型蒸发器性能稳定、可靠，器测值很接近实际的大水体蒸发量，是水文部门普遍采用的设备，仪器结构如图 1.2.4 所示。一般每天 8 时观测一次，得每天观测的日蒸发量。这些资料整编后，刊载在每年发布的《水文年鉴》中。

需要注意的是，在使用《水文年鉴》中的蒸发资料时，应注意蒸发器类型和口径的不同，以便折算；蒸发量计算中会出现负值，空气水汽凝结量可能大于水面蒸发量，也可能由于其他原因造成，应查明原因。出现这种情况一律作“0”处理，并在记载表中说明。

2. 土壤蒸发观测

土壤蒸发比水面蒸发复杂，除受水面蒸发因素影响外，还与土壤含水量、土质组成有关。常用的观测仪器有称重式土壤蒸发器和水力蒸发器。称重式土壤蒸发器是将整段土柱放入底部有较密金属网的铁筒中，将金属铁筒放回挖土柱的孔中，这样使得铁筒中的土壤在同一环境条件下。经过 24h 后，称取土柱重量，通过土柱重量变化，并考虑降水和渗漏水量，计算土壤蒸发量。由于铁桶的存在，破坏了土柱与周围土壤的正常热交换，同时在挖土时难免破坏土壤原来结构，因此所测结果有一定误差。

3. 蒸发资料整理

蒸发资料的整理是指对观测值进行日、月、年蒸发量的计算，并对有关特征值进行统计。对于用蒸发器皿测得的水面蒸发，由于蒸发器的水体条件、风力影响与天然水体有显著区别，测得的蒸发量偏大，所以，对大量的小型蒸发器所观测的数据需要再乘一折算系数 k 才符合实际。折算系数 k 因仪器类型、地方环境和气候条件而异，在实际工作中要根据当地实验成果选用。

1.7 课前学习任务单

1.2.3 水位与流量观测

水位与流量是反映河流水情变化的重要水文要素，与人类社会生活和生产关系密切。水利工程的规划、设计、施工和管理需要水位、流量资料。防汛抗旱中，水位资

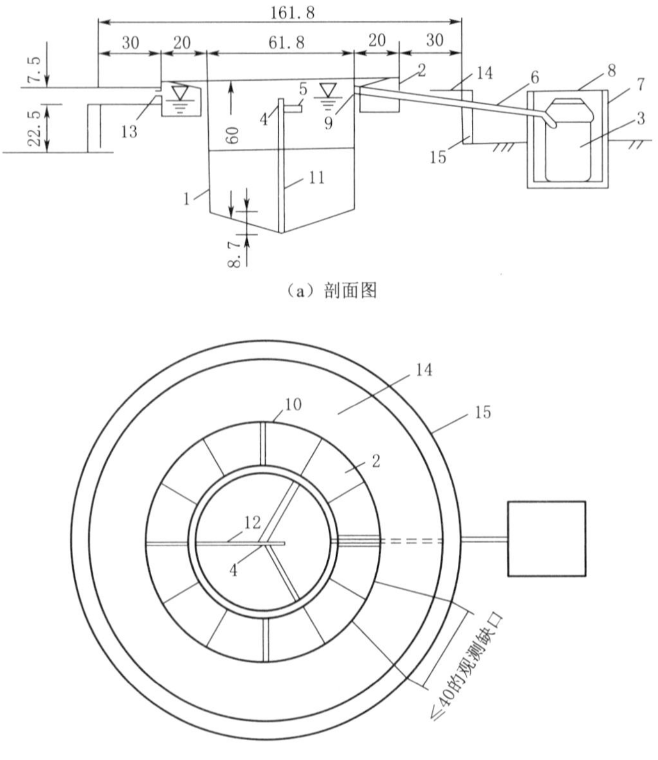

（a）剖面图

（b）平面图

图 1.2.4　E－601 型蒸发器结构安装图（单位：cm）

1—蒸发桶；2—水圈；3—溢流桶；4—测针座；5—器内水面指示针；6—溢流用胶管；7—溢流桶箱；8—箱盖；9—溢流嘴；10—水圈上缘撑档；11—直管；12—直管支撑；13—水圈排水孔；14—土圈；15—防坍设施

料更为重要，它是水文预报和水文情报的依据。

1.2.3.1　水位观测

水位是指河流、湖泊、海洋、水库等水体的自由水面相对于某一基准面的高程，一般以米（m）计。我国目前统一采用黄海基面，但历史上各流域采用过不同的基面，使用水位资料时一定注意基面的修正。

1.8 Ⓣ
课前自测

1. 水位观测的目的

水位观测的作用是直接为水利、水运、防洪、防涝提供具有单独使用价值的资料，如堤防、坝高、桥梁及涵洞、公路路面标高的确定；也可为推求其他水文数据而提供间接运用资料，如水资源计算，水文预报中的上、下游水位相关等。

2. 水位观测的设备

1.5 ⓉⓏ
水尺型式

水位观测的设备可分为直接观测设备和间接观测设备两种。直接观测设备是传统式的水尺，人工直接读取水尺读数加水尺零点高程即得水位，设备简单，使用方便，但工作量大，需人值守。间接观测设备是利用电子、机械、压力等感应作用，间接反映水位变化，设备构造复杂，技术要求高；不需人值守，工作量小，可以实现自记，是实现水位观测自动化的重要条件。

（1）直接观测设备——人工水尺。水尺是测站观测水位的基本设施，按型式可分为直立式、倾斜式、矮桩式和悬锤式 4 种。其中直立式水尺应用最普遍，其他 3 种则根据地形和需要选定。

水位观测时，读取自由水面与水尺相截的淹没读数，加上该尺的零点高程则得水位，即水位等于水尺读数加水尺零点高程。水位包括基本水尺水位和比降水尺水位。基本水尺精度读至 1cm，比降水尺读至 0.5cm。基本水尺水位的观测段次以能反映水位变化过程为原则。水位平稳时，每日 8 时观测一次；水位变化缓慢时，每日 8 时、20 时观测两次；枯水期每日 20 时观测确有困难的站，可提前至其他时间观测；冰封期且无冰塞现象比较平稳时，可数日观测一次；洪水期或水位变化急剧时期，可每 1～6h 观测一次，暴涨暴落时，应根据需要增为每半小时或若干分钟观测一次，应测得各次峰、谷和完整的水位变化过程；比降水尺观测，根据计算水面比降、糙率的需要，具体规定观测测次。潮水位观测时，在高、低潮前后，应每隔 5～15min 观测一次，应能测到高、低潮水位及出现时间。

（2）间接观测设备——自记水位计。间接观测设备主要由感应器、传感器与记录装置 3 部分组成。感应水位的方式有浮筒式、水压式、超声波式等多种类型。按传感距离，可分为就地自记式与远传、遥测自记式两种；按水位记录形式，可分为记录纸曲线式、打字记录式、固态模块记录式等。自记水位计是自动记录水位连续变化过程的仪器，具有记录完整、连续、节省人力的优点。固态存储记录方式易与计算机相连进行读数，目前使用广泛。

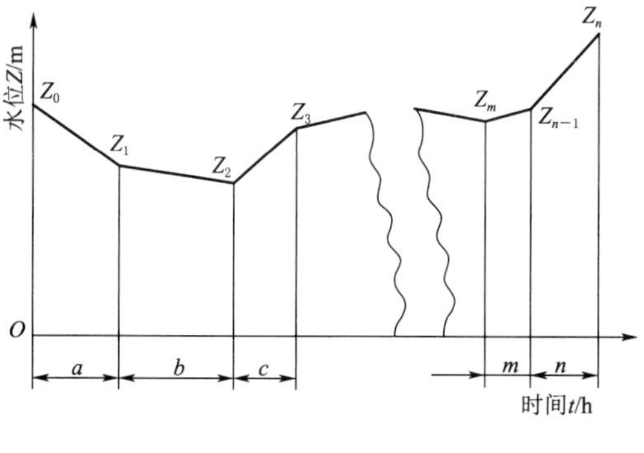

图 1.2.5　面积包围法求日平均水位示意图

3. 日平均水位计算

水位资料必须进行整理及有关特征值统计，如日平均水位，月平均水位，年平均水位，月、年最高、最低水位等。这里介绍日平均水位计算。

当一日内水位变化缓慢或水位变化虽较大，但等时距观测或摘录时，可采用算术平均法计算日平均水位；当一日内水位变化较大，又不等时距观测时，则用面积包围法计算日平均水位。即将每日 0 时至 24 时的水位过程线与时间坐标所包围的面积除以 24h 即得日平均水位。如图 1.2.5 所示，计算式为

$$\overline{Z}=\frac{1}{48}[Z_0a+Z_1(a+b)+Z_2(b+c)+\cdots+Z_{n-1}(m+n)+Z_nn] \tag{1.2.1}$$

式中　$Z_0,Z_1,Z_2,\cdots,Z_n$——各次观测的水位，m；

$a,b,c,\cdots,m,n$——相邻两次水位间的时距，h。

1.7　日平均水位计算

日平均水位计算后，记入各站逐日平均水位表中，并统计有关特征水位于表的附栏内。汛期典型洪水过程线，记入汛期水文要素摘录表内。

1.2.3.2　流量测验

1.5
流量测验

流量是单位时间内通过江河某一断面的水量，以 m^3/s 计。流量是反映河流水资源和水量变化的基本资料，在水利工程规划设计和管理运用中都具有重要意义。测量流量的方法很多，常用的方法为流速面积法，其中包括流速仪测流法、浮标测流法、比降面积法等，这是我国目前使用的基本方法。此外还有水力学法、化学法、物理法、直接法等。以下主要介绍流速仪测流法，该法是用流速仪测定水流速度，并由流速与断面面积的乘积来推求流量的方法。它是目前国内外广泛使用的测流方法，也是最基本的测流方法。

天然河道的水流受断面形态、河床糙率、坡降、流态影响，其流速的大小在河道的纵向、横向和竖向的分布不同，即断面各点流速 v 随水平及垂直方向位置不同而变化。实际测验中流量 Q 是根据实测断面面积和实测流速来计算的。把过水断面分为若干部分，测量和计算各部分面积，在各部分面积中，可以通过垂线测点测得点流速，再推算部分平均流速，部分面积与部分平均流速两者乘积为部分流量，部分流量总和即为断面流量。

1. 过水断面测量

断面测量是在断面上布设一定数量的测深垂线，施测各垂线的水深，并测各垂线与岸上某一固定点的水平距离，即起点距。因此，过水断面测量主要包括测量水深、起点距及水位，如图 1.2.6 所示。

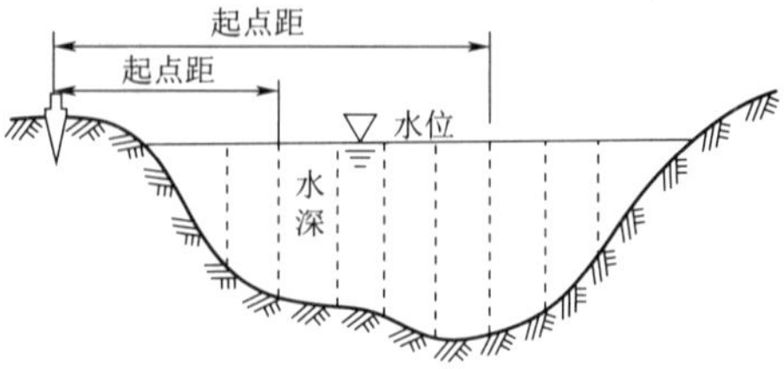

图 1.2.6　过水断面测量示意图

测深垂线布设数量和位置，要求以能反映河底断面天然几何形状为原则，一般主河道密些，滩地稀些。测量水深的方法随水深、流速大小、精度要求及测量方法的不同而异。通常有下列几种方法：用测深杆、测深锤、测深铅鱼等测深器具测深，缆道悬索测深，超声波回声测深仪测深等。

起点距是指垂线距基线桩的水平距离。测量方法有断面索法、仪器测角交会法、全球定位系统（GPS）定位法。一般断面索法常用于中小河流，临空架设一条过河的带刻度的断面索，读出起点距。大河上用测角交会法，岸上用经纬仪，船上用六分仪读出观测角，已知基线的长度，利用直角三角形边角关系计算。全球定位系统（GPS）定位法由空间部分、地面监控部分和用户接收机三大部分组成，空间部分使用 24 颗高度约 2.02 万 km 的卫星组成卫星星座，除精确的定位之外，对于速度、时间、方向及距离也能准确地提供讯息，运用的范围相当广泛。

各测深垂线的水深及起点距测得后，各垂线间的部分面积及全断面面积即可求出。

2. 流速测量

天然河道中一般采用流速仪和浮标两种方法测流速。

（1）流速仪结构和工作原理。目前采用的流速仪有旋杯式和旋桨式两种，如图 1.2.7 及图 1.2.8 所示。其主要由头部、身架、尾翼三部分组成。工作原理是水流冲击头部的转动部分，旋转一定次数后，由接触机构的作用，经电线线路转换为电讯号。流速越大，旋转越快，单位时间转数与水流速度存在线性关系。

即
$$v = k\frac{R}{T} + c \tag{1.2.2}$$

式中 v——测点流速，m/s；

k、c——仪器鉴定常数；

T——总历时，s；

R——转数。

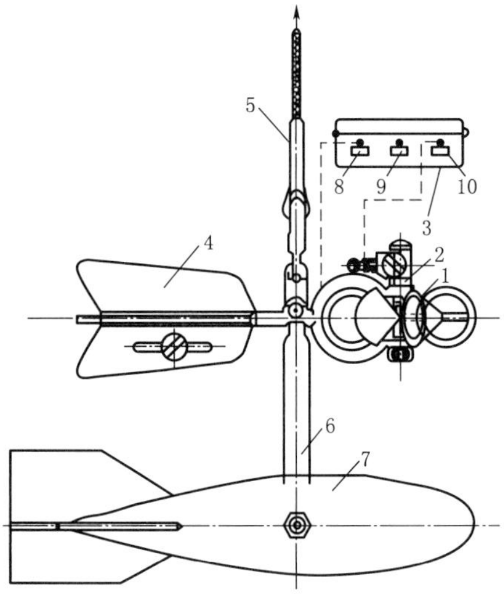

图 1.2.7 LS68-2型旋杯式流速仪

1—旋杯；2—传讯盒；3—电铃计数器；4—尾翼；5—钢丝绳；6—悬杆；7—铅鱼；8—电铃；9—灯光；10—电源

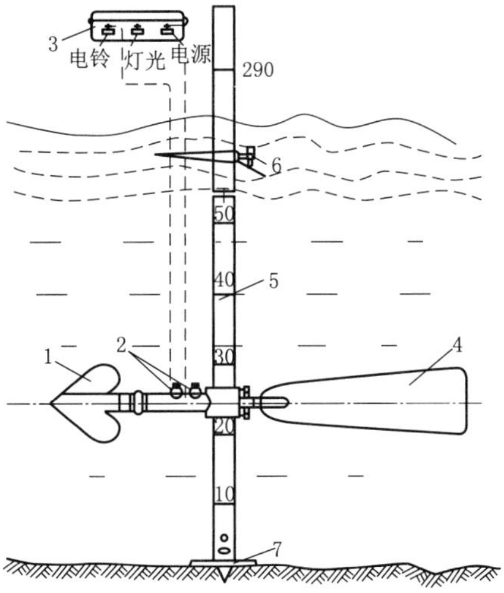

图 1.2.8 LS25-1型旋桨式流速仪

1—旋桨；2—接线柱；3—电铃计数器；4—尾翼；5—测杆；6—定向指针；7—底盘

测速历时的要求是以能克服流速脉动影响为原则。测速历时一般采用100s，当流速变率较大或垂线上测点较多时，可采用30～60s。流速仪的 k、c 值由专门鉴定实验求得，流速仪出厂时须鉴定出 k、c 值，使用一段时间后，应重新鉴定。

（2）布设测速垂线，选择测点。首先据河槽特征和水情，在测流断面上布设测速垂线，测速垂线的布设宜均匀分布，并应能控制断面地形和流速沿河宽分布的主要转折点，主槽垂线应较河滩密。每条测速垂线上布设的测点数由水深而定。水深浅，用一点法（水面以下相对水深0.6或0.5位置）；水深较大可采用多点法，如二点法（相对水深0.2和0.8）、三点法（相对水深0.2、0.6、0.8）、五点法（相对水深0.0、0.2、0.6、0.8、1.0）。垂线测点布设后，则可进行流速测量。即把流速仪安装在悬吊设备上，并运送到垂线测点位置，待流速仪稳定后，则可开动秒表计时测速，在规定的测速历时 T 内结束，求得总转数 R，按式（1.2.2）计算点流速 u_i（m/s）。

垂线平均流速按下列各式计算：

$$\left.\begin{aligned}&\text{一点法} \quad v_m = v_{0.6} \\ &\text{二点法} \quad v_m = \frac{1}{2}(v_{0.2} + v_{0.8}) \\ &\text{三点法} \quad v_m = \frac{1}{3}(v_{0.2} + v_{0.6} + v_{0.8}) \\ &\text{五点法} \quad v_m = \frac{1}{10}(v_{0.0} + 3v_{0.2} + 3v_{0.6} + 2v_{0.8} + v_{1.0})\end{aligned}\right\} \tag{1.2.3}$$

式中　v_m——垂线平均流速，m/s；

$v_{0.0}$、$v_{0.2}$、$v_{0.6}$、$v_{0.8}$、$v_{1.0}$——水面、0.2、0.6、0.8 倍水深及河底的流速。

3. 实测流量计算

（1）部分面积计算。计算测速垂线间面积，如图 1.2.6 所示，按梯形面积计算，岸边用三角形面积计算。

（2）部分平均流速计算。两岸边部分平均流速按式（1.2.4）计算。

$$v = a_{岸} v_{m岸} \tag{1.2.4}$$

式中　v——岸边部分平均流速，m/s；

$v_{m岸}$——岸边垂线平均流速，m/s；

$a_{岸}$——岸边流速系数，参照表 1.2.1 选用。

表 1.2.1　岸边流速系数 a 值

岸边情况		a
斜坡岸边（水深均匀地变浅至零的岸边部分）		0.67～0.75，可取 0.70
陡岸边	不平整陡岸边	0.8
	光滑陡岸边	0.9
死水边（死水与流水交界处）		一般取 0.6

其余相邻两测速垂线间部分面积平均流速可用垂线平均流速算术平均求得，即

$$v_i = \frac{1}{2}(v_{m,i-1} + v_{m,i}) \tag{1.2.5}$$

（3）部分流量计算。部分平均流量 q_i 等于部分面积 A_i 与相应部分平均流速 v_i 的乘积。即

$$q_i = A_i v_i \tag{1.2.6}$$

（4）断面流量计算。断面上所有部分流量总和，即

$$Q = \sum_{i=1}^{n} q_i \tag{1.2.7}$$

断面面积由断面各部分面积总和求得，即

$$A = \sum_{i=1}^{n} A_i \tag{1.2.8}$$

4. 浮标法测流

江河遇到特大洪水时，往往流速大、风浪大，此时流速仪测流会遇到难以克服的困难，这时必须使用浮标测流。浮标按其入水深度不同，可分水面浮标和深水浮标，

这里仅介绍水面浮标法测流。

浮标测流原理：浮标浮在水面受水流冲击而随水流前进，浮标在水面漂移速度与水流速度存在密切关系（也受风向风力的影响，与浮标材料及形式也有很大关系）。由于浮标影响因素复杂，目前只能认为这种关系近似为线性关系。用浮标测得的流速为水面虚流速，乘以河道断面面积为 A，浮标法测得流量为 $Q_{虚}$，再乘以小于 1.0 的浮标系数 K_f得断面实际流量 Q。

$$Q = K_f Q_{虚} \tag{1.2.9}$$

浮标系数 K_f值的大小与浮标型式及风力、风向等因素有关，一般为 0.8～0.9。其数值可通过浮标法和流速仪法同时比测确定。

【例 1.2.1】 某一水文站施测流量，岸边系数 a 取为 0.67，按上述方法计算流量，成果见表 1.2.2。

表 1.2.2　某站测深、测速记载及流量计算表

施测时间：2000 年 5 月 10 日 8 时 00 分至 8 时 30 分								流速仪牌号及公式：LS251 型 $v = 0.692R / T + 0.013$							
垂线号数		起点距/m	水深/m	仪器位置		测速记录		流速/（m/s）			测深垂线间		断面面积/m^2		部分流量/（m^3/s）
测深	测速			相对水深	测点深/m	总历时 T/s	总转数 R	测点	垂线平均	部分平均	平均水深/m	间距/m	测深垂线间	部分	
左水边		25.0	0.00												
										0.52	0.68	2.0	1.36	1.36	0.71
1	1	27.0	1.35	0.6	0.81	136	150	0.78	0.78						
										0.86	1.50	4.0	6.00	6.00	5.16
2	2	31.0	1.64	0.2	0.33	150	230	1.07	0.94						
				0.8	1.31	132	150	0.80							
										0.97	1.69	2.0	3.38	3.38	3.28
3	3	33.0	1.73	0.2	0.35	102	150	1.03	1.00						
				0.6	1.04	105	150	1.00							
				0.8	1.38	109	150	0.97							
										0.90	1.44	2.0	2.88	2.88	2.59
4	4	35.0	1.14	0.6	0.68	133	150	0.79	0.79						
										0.53	0.57	1.5	0.86	0.86	0.46
右水边		36.5	0.00												
断面流量 12.20m^3/s				断面面积 14.48m^2				平均流速 0.84m/s			水面宽 11.5m			平均水深 1.26m	

1.2.3.3 水位流量关系曲线

江河渠道中某断面的流量与同时水位之间是一一对应的。目前，水位观测较流量测验容易，水位随时间的变化过程线易于获得。在资料整编时，可以将连续的水位资料，通过水位流量关系曲线转换为连续的流量资料，在水文预报、水文计算、水利管理工作中也常用它来作水位、流量间的换算。

1. 稳定的水位流量关系曲线的确定

若河床稳定，控制良好，其水位流量关系就较稳定，关系曲线一般为单一线，绘制则较简单。在方格纸上，以水位为纵坐标，流量为横坐标，点绘水位流量关系点，对突出的偏离点，在排除错误后应分析其原因，如图 1.2.9 所示。

2. 不稳定的水位流量关系曲线的确定

不稳定的水位流量关系，是指在同一水位工作情况下，通过断面的流量不是定值，反映在点绘的水位流量关系曲线不是单一线。

根据水力学的曼宁公式，天然河道的流量可用式（1.2.10）表达。

$$Q = n^{-1} A R^{\frac{2}{3}} s^{\frac{1}{2}} \tag{1.2.10}$$

式中　Q——流量，m^3/s；

A——过水断面面积，m^2；

R——水力半径，m；

n——糙率；

s——水面比降。

公式表明，水位不变，A、R、n、s 任何一项发生变化，Q 将发生变化。天然河道发生洪水涨落、断面冲淤、变动回水、结冰或盛夏水草丛生等均会使 A、R、n、s 发生改变，从而影响水位流量关系的稳定，如图 1.2.10～图 1.2.12 所示。

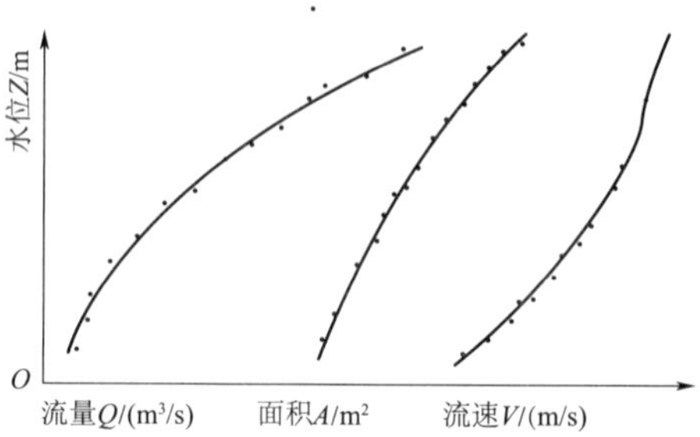

图 1.2.9　稳定的水位流量关系图

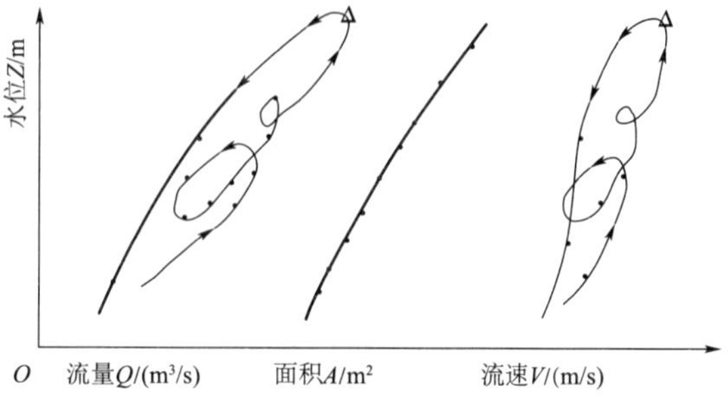

图 1.2.10　受洪水涨落影响的水位流量关系图

•—流速仪测点；Δ—浮标测点

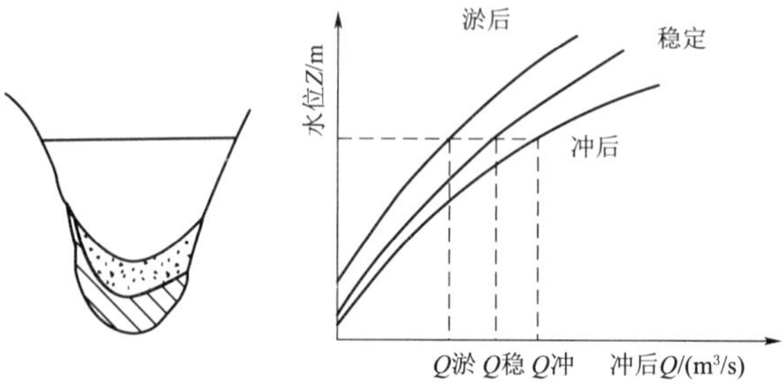

（a）河道横断面　　（b）水位流量关系曲线

图 1.2.11　受冲淤影响的水位流量关系曲线

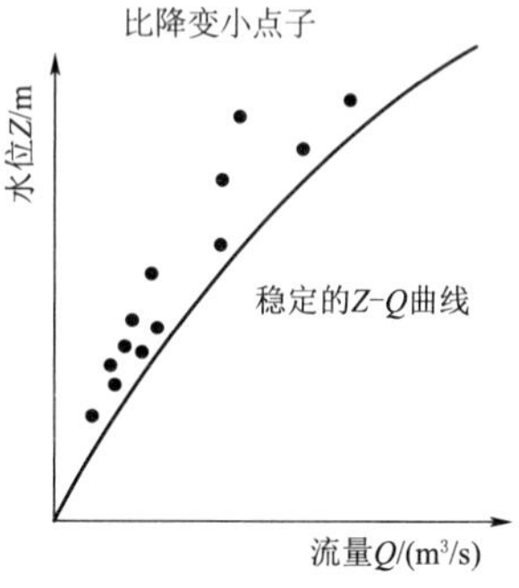

图 1.2.12　受回水影响的水位流量关系曲线

• —流速仪测点

水位流量关系不稳定时，应进行必要的技术处理。处理方法可视影响因素的复杂性而采用相应的技术处理。如断面冲淤变化为主时，断面冲淤后依然稳定，故可分别

确定冲淤前的 $Z-Q$ 曲线和冲淤后的 $Z-Q$ 曲线。冲刷或淤积的过渡时间里的 $Z-Q$ 曲线，用自然过渡、连时序过渡、内插曲线过渡等方法处理，这种方法称为临时曲线法，如图 1.2.13 所示。如受多种因素影响时，实测流量次数较多时，可采用连时序法。连时序法是按实测流量点的时间顺序来连接的水位流量关系曲线。具体连线时，应参照水位变化过程及水位流量关系曲线变化情况。连时序的线型往往是绳套型，绳套顶部应与洪峰水位相切。绳套底应与水位过程线低谷相切，如图 1.2.14 所示。

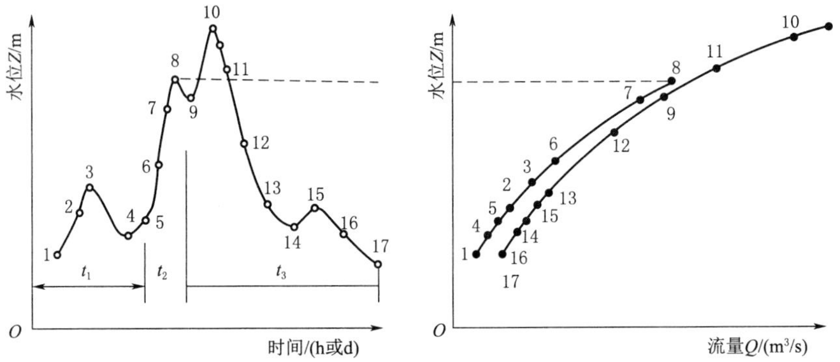

图 1.2.13 各临时曲线间的过渡线示意图

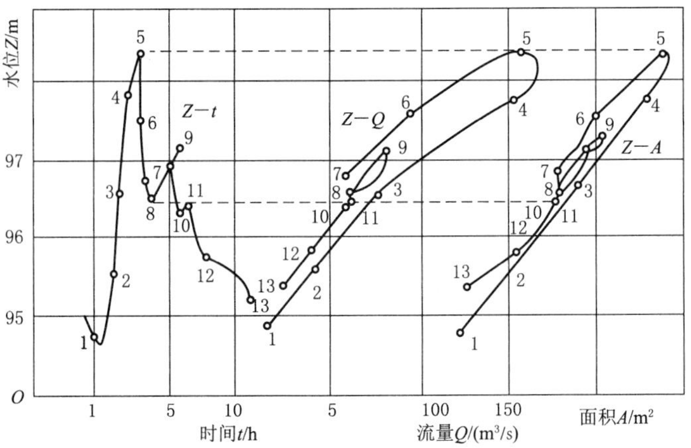

图 1.2.14 连时序水位流量关系曲线示意图

受洪水涨落影响为主的，整编方法有校正因素法、绳套曲线法、抵偿河长法；受变动回水影响的，有定落差法、落差方根法、连实测流量过程线法；以水生植物或结冰影响为主的，有临时曲线法、改正水位法、改正系数法等，可参考有关书籍。

在天然河道断面无实测资料时，为了水工建筑物设计的需要，可按水力学公式和过水断面资料计算流量，建立水位流量关系曲线。如附近有实测的水位流量关系曲线，可用明渠非均匀流的水面曲线法推求水位流量关系曲线。当厂坝建成后，可由实测下泄流量，观测下游水位来率定水位流量关系。

3. 水位流量关系曲线的延长

水文站测流受其测验条件限制，难以测到整个水位变幅的流量资料，洪水时和枯水时均如此。所以需要将水位流量关系曲线延长。高水延长成果直接影响汛期的流量和洪峰流量；枯水流量虽小，但延长成果影响历时长，相对误差大，因此高低水位延长均要慎重。一般情况，高水延长幅度不应超过当年实测流量的相应水位变幅的30%，低水延长不应超过10%。延长方法如下：

（1）根据水位面积、水位流速关系曲线延长。河床比较稳定，相应的 $Z-A$ 曲线、$Z-V$ 曲线也比较稳定。$Z-A$ 曲线可由大断面资料而得；$Z-V$ 曲线在高水时具有直线变化趋势，可按趋势延长，将延长部分的各级水位的对应面积和流速相乘即为所求的流量，从而延长 $Z-Q$ 曲线。这种方法在延长幅度内，断面不能有漫滩等突变，因这时的 $Z-V$ 曲线不是直线趋势。

（2）用水力学公式延长。主要有曼宁公式法和史蒂文森法。

1）曼宁公式法。有比降资料的站，可由 Q、A、s 求出各测次的糙率 n 值，点绘 $Z-n$ 曲线并延长，确定高水位的 n 值；再根据高水 s 值和大断面资料，用曼宁公式求断面流量，从而断面流速也可求。

$$v = n^{-1} R^{\frac{2}{3}} s^{\frac{1}{2}} \tag{1.2.11}$$

若无 s 和 n 资料，可将式（1.2.11）变换为

$$n^{-1} s^{\frac{1}{2}} = \frac{v}{R^{\frac{2}{3}}} \approx \frac{v}{\bar{h}^{\frac{2}{3}}} \tag{1.2.12}$$

式中　$\bar{h}$——断面平均水深，m；

其他符号意义同前。

据实测的 Q、A 可算出各测次的 $\frac{v}{\bar{h}^{\frac{2}{3}}}$ 值，即 $n^{-1}s^{\frac{1}{2}}$ 值，点绘 $Z-n^{-1}s^{\frac{1}{2}}$ 曲线。如测站河段顺直，断面形状规则，底坡平缓时，高水糙率增大，比降也会增大，$n^{-1}s^{\frac{1}{2}}$ 近似为常数，这样，高水延长 $Z-n^{-1}s^{\frac{1}{2}}$ 曲线可沿平行纵轴的趋势外延。据断面 $A\bar{h}^{\frac{2}{3}}$，则 $Q = n^{-1}A\bar{h}^{\frac{2}{3}}s^{\frac{1}{2}}$ 可求，如图 1.2.15 所示。

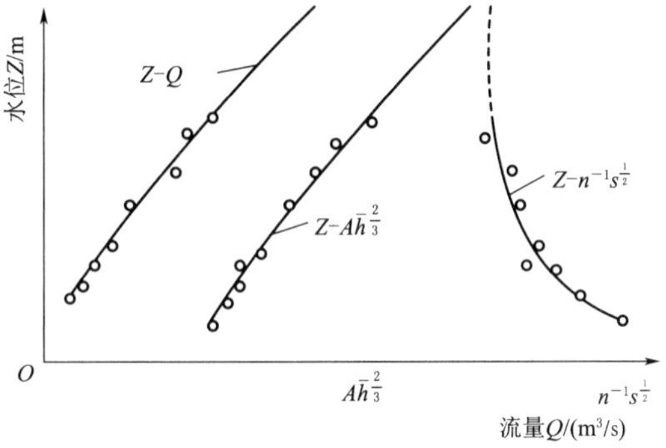

图 1.2.15　曼宁公式延长水位流量关系

2）史蒂文森法。即 $Q-A\sqrt{\bar{h}}$ 延长法。由谢才公式知

$$Q = AC\sqrt{Rs} = A\sqrt{R}C\sqrt{s}$$

宽浅河流可用平均水深 $\bar{h}$ 近似代替 R，且高水部分 $C\sqrt{s}$ 近似常数，用 K 表示，则有

$$Q = KA\sqrt{\bar{h}} \tag{1.2.13}$$

式中 $\bar{h}$——断面平均水深，m；

其余符号意义同前。

由式（1.2.13）可知，高水部分 $Q-A\sqrt{\bar{h}}$ 曲线近似直线关系。具体做法是，据实测的 Z、Q、A 资料计算 $A\sqrt{\bar{h}}$ 值；绘制 $Z-A\sqrt{\bar{h}}$ 曲线，再绘制相应的 $Q-A\sqrt{\bar{h}}$ 曲线，直线延长 $Q-A\sqrt{\bar{h}}$ 曲线。由 Z 在 $Z-A\sqrt{\bar{h}}$ 曲线查得 $A\sqrt{\bar{h}}$，再由 $A\sqrt{\bar{h}}$ 查 $Q-A\sqrt{\bar{h}}$ 曲线查得 Q，把 Q 点绘在 $Z-Q$ 曲线图上，这样即把 $Z-Q$ 曲线延长到高水位，如图 1.2.16 所示。

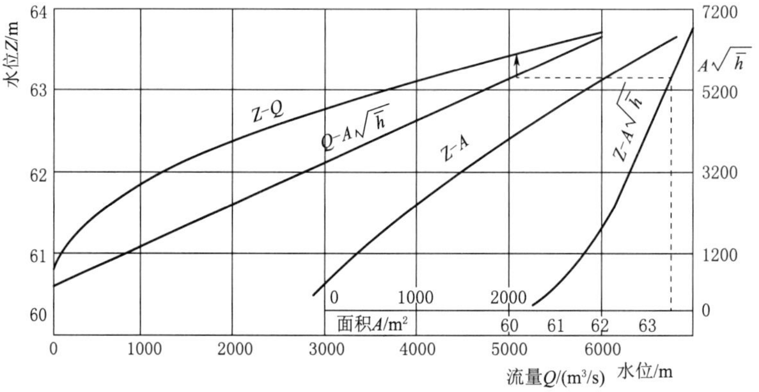

图 1.2.16 史蒂文森法延长水位流量关系

（3）低水延长。一般用水位面积、水位流速关系延长，并以断流水位为控制。断流水位是流量为零的水位。确定断流水位的方法是测站下游有浅滩或石梁，可以以它的顶部高程为断流水位，但必须下游有控制断面资料才可。如无控制断面资料，但下游河底平坦段较长，则可取基本水尺断面河底最低点高程作为断流水位，此断流水位较可靠。

无条件用上述方法确定断流水位时，可用分析法求得。

1.2.3.4 水位流量关系的移用

规划设计时，设计断面常无水位流量关系曲线资料，因此无法确定坝下游和电站尾水处的水位。这时需要将邻近水文站的水位流量关系曲线移用到设计断面。

如水文站离断面不远，两者区间面积不大，河段无明显入流和分流，可以移用水文站的 $Z-Q$ 曲线。在设计断面设立水尺与水文站进行同步观测水位，然后建立同步设计断面与水文站基本水尺断面水位相关关系。若关系良好，可用同步观测水位查水文站 $Z-Q$ 曲线得出 Q，以 Q 和设计断面同步水位点绘 $Z-Q$ 曲线作为设计断面 $Z-Q$ 曲线。

当设计断面与水文站在同一流域但相距较远时，可考虑相应水位来移用。区间面积增大，难免有入流，相应流量确定有困难，这时可用推算水面曲线法来解决，可参考有关书籍。如果设计断面与水文站不在一个流域，可考虑水文比拟法，即选择自然地理、水文气象、流域特征与设计流域相似的水文站，直接移用或用水力学公式求设计断面的 $Z-Q$ 曲线，待工程竣工后，用下泄流量与下游水位关系进行率定。

1.2.3.5　流量资料整编

水位流量关系曲线确定后，则可用完整的水位过程查得完整的流量过程，并进行有关的特征值统计。

整编内容有逐日平均流量表的编制。当流量日内变化平稳时，可用日平均水位查 $Z-Q$ 曲线的日平均流量；当日内流量变化较大或出现洪峰流量、最小流量时，可用逐时（或以 6 分钟的倍数）观测的水位查 $Z-Q$ 曲线得相应时段流量，再用算术平均法或面积包围法求得日平均流量，据此可得月、年平均流量。

单站流量整编成果要进行合理性检查，提高成果可靠性。利用水量平衡原理，对上下游干支流的水文站流量成果与本站整编成果进行对照、检查、分析，确定无误后，才提供使用或刊布。

特征值统计包括月、年平均流量，年最大值、最小值及发生日期，汛期各主要洪水要素摘录和实测流量成果表等。

1.2.4　泥沙测验

1.8 课前学习任务单

泥沙资料是水工建筑物设计的一项重要水文资料，是研究流域水土变化、河床演变的重要依据。河流泥沙按其运动状态可分为悬移质、推移质和河床质三类。悬移质是悬浮于水中随水流而运动的泥沙，推移质是在水流冲击下沿河底移动或滚动的泥沙，河床质是相对静止而停留在河床上的泥沙。这三种泥沙状态随水流条件的变化会相互转化。这里仅介绍悬移质泥沙测验与计算。

1.2.4.1　泥沙的计量方法

1.9 课前自测

1. 含沙量

含沙量是指单位体积浑水中所含泥沙的质量，用 ρ 表示，以 kg/m^3 计。

2. 输沙率

输沙率是指单位时间内通过河渠某一过水断面的干沙质量，用 Q_s 表示，以 kg/s 计。若用 Q 表示断面流量，以 m^3/s 计，则有

$$Q_s = \rho Q \tag{1.2.14}$$

3. 输沙量

输沙量是指某时段内通过河流某断面的泥沙质量，用 W_s 表示，以 kg 或 t 计。若时段 T 以 s 计，W_s 以 kg 计，则

$$W_s = Q_s T \tag{1.2.15}$$

4. 侵蚀模数

侵蚀模数是指单位面积上的输沙量，用 M_s 表示，以 t/km^2 计。若 W_s 以 t 计，F 为计算输沙量的流域或区域面积，以 km^2 计，则

$$M_s = \frac{W_s}{F} \tag{1.2.16}$$

1.2.4.2　悬移质泥沙测验

天然河流断面上各点含沙量是不相同的，只需确定断面输沙率随时间的变化过程，即可求出任意时段通过断面的泥沙重量。

断面输沙率可通过断面含沙量测验，配合流量测量来推求。即通过取样垂线测点

含沙量的测验，推求垂线平均含沙量；由垂线平均含沙量推求部分面积平均含沙量；部分面积平均含沙量与同时测得的部分流量的乘积得部分输沙率；各部分输沙率之和为断面输沙率；断面输沙率除以断面流量即得断面含沙量。

1. 含沙量测验

含沙量测验是利用采样器在预先分析选定的代表性取样垂线的位置上取得一定体积的水样，经量积、静贮沉淀、过滤、烘干、称重，得到一定体积浑水中的干沙重，进而求得含沙量。

《河流悬移质泥沙测验规范》（GB/T 50159—2015）规定，悬移质泥沙测验仪器可选择采样器和测沙仪两类。应根据测验方法、现场环境和仪器的技术指标选用适合的仪器。采样器可选用调压积时式采样器、皮囊采样器、普通瓶式采样器和瞬时式采样器。瞬时式采样器根据需要可选用横式采样器或竖式采样器。我国目前测站常见的悬移质采样器有横式和瓶式两种，如图 1.2.17 和图 1.2.18 所示。测沙仪可选用同位素测沙仪、光学测沙仪、声学测沙仪、振动式测沙仪等。

水利部黄河水利委员会（简称“黄委会”）在 20 世纪 70 年代研制了同位素含沙计，在多沙河流中使用，这种仪器由铅鱼、探头、晶体管、计数器等部分组成，并附有电源操作箱和充电机。应用时只要将仪器探头装入铅鱼腹中，放到测点上，接通电源，则可由计数器显示的数字在工作曲线上查得所在位置的含沙量。它具有准确、及时、不取水样的优点，但工作曲线应经常校正。2003 年，黄委会水文局联合哈尔滨工业大学，历时近两年的研制和试验，研制成功振动式测沙仪。

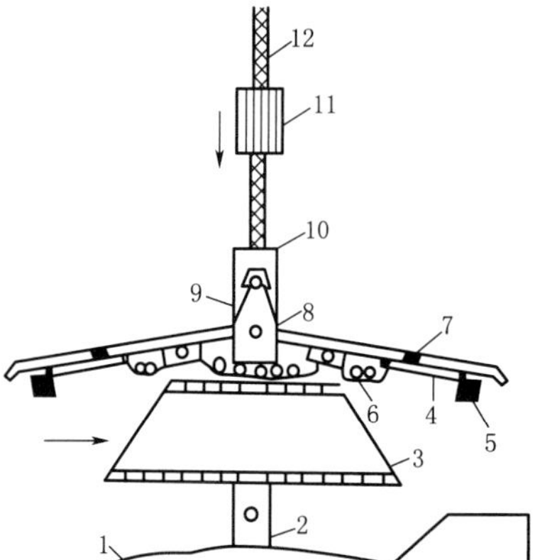

图 1.2.17 横式采样器

1—铅鱼；2—吊杆；3—斜口取样筒；4—筒盖；5—橡皮垫圈；6—弹簧；7—杠杆；8—撑爪；9—升降盒；10—小弹簧；11—重锤；12—钢丝索

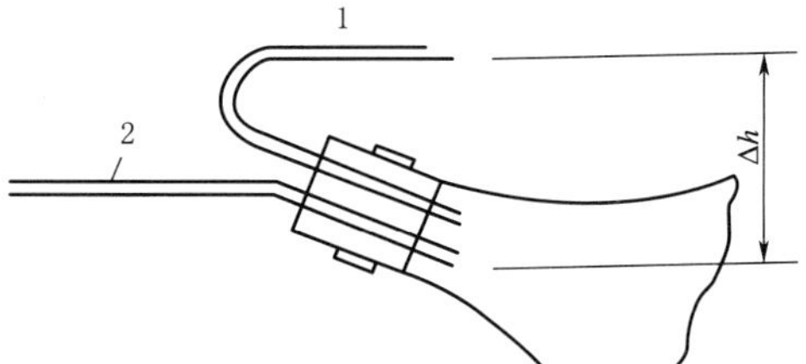

图 1.2.18 瓶式采样器

1—排气管；2—进气管

2. 输沙率测验

首先在断面上布设一定数量的取样垂线（必须同时是测速垂线），测沙垂线布设方法和测沙垂线数目应由试验分析确定。未经试验分析前，可采用单宽输沙率转折点布设法。测沙垂线数目，一类站不应少于 10 条，二类站不应少于 7 条，三类站不应少于 3 条。垂线上测点分布，视水深大小和精度要求而定，通常有一点法、二点法、三点法和五点法。具体按《河流悬移质泥沙测验规范》［附条文说明］（GB/T 50159—2015）规定执行，公式如下：

$$\left.\begin{aligned}&\text{一点法}\quad \rho_m = C\rho_{0.6}\\&\text{二点法}\quad \rho_m = \frac{\rho_{0.2}v_{0.2}+\rho_{0.8}v_{0.8}}{v_{0.2}+v_{0.8}}\\&\text{三点法}\quad \rho_m = \frac{\rho_{0.2}v_{0.2}+\rho_{0.6}v_{0.6}+\rho_{0.8}v_{0.8}}{v_{0.2}+v_{0.6}+v_{0.8}}\\&\text{五点法}\quad \rho_m = \frac{\rho_{0.0}v_{0.0}+3\rho_{0.2}v_{0.2}+3\rho_{0.6}v_{0.6}+2\rho_{0.8}v_{0.8}+\rho_{1.0}v_{1.0}}{10v_m}\end{aligned}\right\}\quad(1.2.17)$$

式中 C——一点法的系数，由多年实测资料分析确定，无资料时暂用 0.6；

ρ_m——垂线平均含沙量，kg/m^3 或 g/m^3；

v_m——垂线平均流速，m/s；

$\rho_{0.0}$、$\rho_{0.2}$、$\rho_{0.6}$、$\rho_{0.8}$、$\rho_{1.0}$——水面、0.2 倍、0.6 倍、0.8 倍相对水深及河底的含沙量，kg/m^3 或 g/m^3；

$v_{0.0}$、$v_{0.2}$、$v_{0.6}$、$v_{0.8}$、$v_{1.0}$——水面、0.2 倍、0.6 倍、0.8 倍相对水深及河底的流速，m/s。

$$Q_s = \rho_{m1}q_0 + \frac{\rho_{m1}+\rho_{m2}}{2}q_1 + \cdots + \frac{\rho_{m(n-1)}+\rho_{mn}}{2}q_{n-1} + \rho_{mn}q_n \quad (1.2.18)$$

式中 Q_s——断面输沙率，kg/s；

$\rho_{m1},\rho_{m2},\cdots,\rho_{mn}$——各条测沙垂线的垂线平均含沙量，$kg/m^3$；

$q_0,q_1,\cdots,q_n$——以测沙垂线分界的部分流量，m^3/s。

3. 断面平均含沙量计算

断面平均含沙量为输沙率除以断面流量，即

$$\bar{\rho} = \frac{Q_s}{Q} \quad (1.2.19)$$

式中符号意义同前。

1.2.4.3 悬移质输沙率资料整理

悬移质输沙率资料整理的内容包括收集整理有关资料、对实测悬移质测点含沙量和输沙率测验成果进行校核和分析、编写实测输沙率成果表、推求断面平均含沙量、逐日平均输沙率表、逐日平均含沙量表等。

1. 单样含沙量与断面平均含沙量关系

为满足工程上的需要，必须推算一定时段内输沙总量和输沙过程。这种过程要用实测来达到是有困难的，而人们由实践得知，断面稳定，主流摆动不大，则断面平均含沙量与其中某一垂线平均含沙量之间存在一定关系。经多次资料分析，建立这种稳定关系，只要在代表性的垂线上取得垂线平均含沙量（即单样含沙量），在关系线上可推得断面平均含沙量，这样则可简化泥沙测验工作。

单样含沙量简称单沙，断面平均含沙量简称断沙。以一年所测的断沙的相应单沙为纵坐标、以断沙为横坐标点绘单、断沙关系线，如图1.2.19所示。

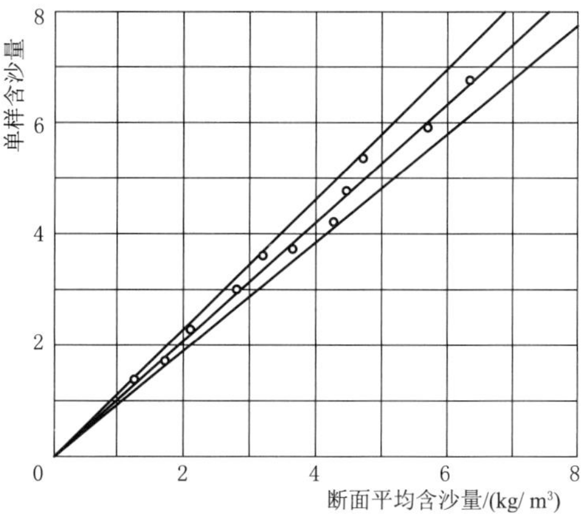

图1.2.19　单、断沙关系曲线图

2. 泥沙资料成果表

首先分析输沙率实测成果，消除错误因素，分析和处理突出点（结合单、断沙关系图），据以确定单断沙关系。

日内含沙量变化不大，过程线平缓，用实测单沙算术平均得日平均含沙量；如变化较大，应以面积包围法计算日平均含沙量；由日平均含沙量乘以日平均流量得日平均输沙率；洪水期，日内流量、含沙量变化大，应由各次单沙推算断沙，再乘以各次流量得各次输沙率，由日内输沙率过程推求日输沙量，再除以日秒数，得日平均输沙率，填制逐日输沙率表。

特征值统计：全年日平均输沙率总和除以全年日数得年平均输沙率；年平均输沙率乘一年秒数得年输沙量，单位为t。

《水文年鉴》中刊布的泥沙资料包括逐日平均输沙率表，逐日平均含沙量表，洪水含沙量过程摘录表以及实测输沙率成果表。

推移质、河床质测验可参考《水文测验手册》。

1.2.5　水文调查与水文资料的采集

1.9　课前学习任务单

1.10　课前自测

1.2.5.1　水文调查

水文站网的定位观测工作是观察水文现象、提供水文资料的主要途径。但由于定位观测有时间和空间的局限性，往往不能满足要求。因此，必须通过其他途径来收集水文资料，补充定位观测之不足，使资料更加充分，满足国民经济各部门工作的需要。水文调查是收集水文资料的一种方法，用以补充水文测站定位观测之不足，使水文资料能够更为系统完整。调查内容有自然地理、流域特征、水文气象、人类活动、暴雨、洪水、枯水及灾害情况等。

1. 洪水调查

首先明确调查任务、调查目的、已有资料和地理条件、工作内容和方法。做好调查准备工作，组织一支有一定业务水平的调查队伍；收集调查流域的有关资料、历史文献及旱涝灾害情况。

（1）实地调查与勘测。深入群众，向知情者、古稀老人调查访问，共忆洪旱情景、指认洪痕位置，并从上游向下游按顺序编号，有条件可作永久性标志，注明洪水发生年月日，尽可能调查洪水起涨、洪峰、落平的时间，以利于洪水过程的估算。注意调查时河段的演变。勘测洪痕高程并测出相应纵、横断面。根据调查资料，绘制河段简易平面图、纵横断面图，描述河段组成。各项调查图表均按规范规定绘制。

（2）洪峰流量计算。当调查河段洪痕与水文站紧邻（上下游），可用水文站历史

洪水延长该站的 $Z-Q$ 曲线以求得调查河段洪峰流量。当调查河段顺直、断面变化不大，水流条件近似明渠均匀流，则可用曼宁公式 $Q=n^{-1}AR^{\frac{2}{3}}s^{\frac{1}{2}}$ 计算洪峰流量。应用的糙率 n 可根据调查河段特征查糙率表而得，由实测的大断面 A、水力半径 R（可用平均水深代入），水面比降 s 可用上下断面高差和两断面间距求得。如有漫滩，主河槽和滩地的糙率不同，滩、槽应分开计算，再相加，然后与 $s^{\frac{1}{2}}$ 相乘得洪峰流量。

但天然河道洪水期很难满足均匀流的水力条件，另洪痕误差也较大，为减少误差对比降 s 的影响，可用非均匀流的水面曲线法推算洪峰流量，该法详见水力学课程。

2. 暴雨调查

暴雨调查的主要内容有暴雨成因、暴雨量、暴雨起讫时间、暴雨变化过程及前期雨量情况、暴雨走向及当时主要风向变化等。

对历史暴雨的调查，一般通过群众对当时雨势的回忆或与近期发生的某次大暴雨对比，得出定性概念；也可通过群众对当时地面坑塘积水、露天水缸或其他器皿承接雨量作定量估计，并对一些雨量记录进行复核，对降雨的时、空分布作出估计。

近期暴雨调查只有暴雨区资料不足才进行。因人们记忆犹新，可调查到较确切的定性和定量结论，也可参照附近雨量站记录分析估算而得。

3. 枯水调查

枯水时的水位和流量是水文计算中不可缺少的资料，对灌溉、水力发电、航运、给水等工程规划设计、管理工作都有重要意义。枯水调查与洪水调查同时进行，基本方法相似。历史枯水一般难以找到枯水痕迹，但大江大河上有时也能找到枯水位的刻记。例如，四川涪陵长江江心岩上，发现唐代刻的石鱼图案，并有历代刻记的江水枯落年份最低水位与石鱼距离记载，经过整理，得到了 1200 年间长江枯水的宝贵资料。当年枯水调查，可结合抗旱灌水量调查，如河道断流应调查开始时间和延续天数。有水流时可按简易法估算最小流量。

1.2.5.2　水文资料的采集

水文资料是水文分析的基础，收集水文资料是水文计算的基本工作之一。收集水文资料可借助于《水文年鉴》、水文手册和水文图集、水文数据库等。

1.《水文年鉴》

水文资料的来源，主要是由国家水文站网按全国统一规定对观测的数据进行处理后的资料，即由主管单位分流域、干支流及上下游，每年刊布一次的《水文年鉴》。全国《水文年鉴》按大区或大流域分 10 卷，每卷又依河流或水系分册，计 74 册。如长江流域属第六卷，共 20 册，见表 1.2.3。

表 1.2.3　　全国各流域《水文年鉴》卷、册表

卷号	流域	分册数	卷号	流域	分册数
1	黑龙江	5	6	长江	20
2	辽河	4	7	浙闽台	6
3	海河	6	8	珠江	10
4	黄河	9	9	藏滇国际河流	2
5	淮河	6	10	内陆河流	6

《水文年鉴》刊有测站分布图，水文站说明表及位置图，各站的水位、流量、泥沙、水温、冰凌、水化学、地下水、降水量、蒸发量等资料，从1986年起陆续实行计算机存储、检索，以供水文预报方案的制定、水文水利计算、水资源评价、科学研究和有关国民经济部门应用。

中华人民共和国成立以来刊印的《水文年鉴》已积累了较长的水文资料系列，它已成为国民经济建设各有关部门用于规划、设计和管理的重要基础资料，是一部浩瀚的水文数据宝库。随着计算机在水文资料整编、存储方面的广泛应用和水文数据库的快速发展，《水文年鉴》和水文数据库相辅相成、逐步完善，水文部门服务社会的方式进入了一个新时代。

2. 水文手册和水文图集

水文年鉴仅刊布各水文测站的基本资料。各地区水文部门编制的水文手册和水文图集，以及历史洪水调查、暴雨调查、历史枯水调查等调查资料，是在分析研究该地区所有水文站的数据基础上编制出来的。它载有该地区的各种水文特征值等值线图及计算各种径流特征值的经验公式。利用水文手册和水文图集便可估算无水文观测数据地区的水文特征值。

在水利部统一部署下，全国各省（自治区、直辖市）于20世纪80年代中期都编制了本省（自治区、直辖市）的《暴雨洪水图集》或《暴雨洪水查算手册》，又统称为《暴雨径流查算图表》。它包括了由暴雨计算设计洪水的一整套图表及经验公式、经验参数等。实践表明，《暴雨径流查算图表》已达到推算设计洪水精度的要求，并已成为全国各地推算无资料地区中小型工程设计洪水的主要依据。

3. 水文数据库

水文资料数据库是按照《国家水文数据库基本技术标准》建设的，是一项涉及多方面的现代化工程，它综合运用了水文资料整编技术、计算机网络技术和数据库技术，是集水文信息存储、检索、分析、应用于一体的工作方式和服务手段。通过水文数据库可随时为防汛抗旱、水利工程建设、水资源管理和水环境保护及国民经济建设与社会发展的各个领域快速地提供直观、准确的历时及实时的水文资料。水文数据从结构分析看是典型的多维结构，这种多维结构有利于计算机对水文数据的存储和处理，水文数据库正是计算机技术在水文工作中的应用。利用水文数据库可以实现水文资料整编、校验、存储、处理的自动化，形成以网络传输、查询、浏览为主的全国水文信息服务系统。水文数据库的逐步建设和开发应用，必将促进水文工作的全面发展，产生巨大的社会效益与经济效益。

4. 水文自动测报系统

水文自动测报系统是为收集、传递和处理水文实时数据而设置的各种传感器、通信设备和接受处理装置的总称，通常由遥测站、信道和接收处理中心三部分组成。

我国水文自动测报技术的开发研制始于20世纪70年代中期。在过去的发展历程中，我国水文自动测报系统的建设和技术有了巨大的进步。在不同的历史时期，所建系统快速采集的数据，为防汛调度决策和水资源管理提供了依据和参考，发挥了很好的作用。

我国网络时代的水文自动测报系统主要表现：①扩展测报系统功能和服务范围；②网络互联，信息快速传输和共享；③在站数据存储；④因地制宜选用通信资源；⑤对遥测设备提出新要求。

1.11 Ⓣ
课后自测

专项能力训练

一、填空题

1. 河流是________的一个重要环节，由________和容纳水流的________两个要素构成。

2. 一条河流按其流经区域的自然地理和水文特点划分为______、______、______、______及______五段。

3. 由河流的________与________所构成脉络相通的泄水系统称为________。地面分水线与地下分水线在垂直方向彼此重合，且在流域出口河床下切较深的流域，称为________流域；否则称________流域。

4. 单位河长的落差称为________。

5. 流域的几何特征包括________、________、流域的平均宽度、________。

6. 降水是指由空中降落到地面上的雨、雪、雹、霜、露等________和________的总称。

7. 空中产生降水的现象需要两个基本条件：一是空气中____________；二是空气____________。

8. 按空气动力上升的原因，降水可分为________、________、________、________。

9. 一场降雨，可以通过降雨的基本要素________、降雨历时________、________、________来准确定位。

10. 流域平均面雨量计算方法有________、________、________。

11. 蒸发是指水由________转化为________的现象，是水分子运动的结果一个流域的蒸发，包括________、________和________。

12. 河川径流是指降落在流域表面上的________，途经地面及地下流入河川，流出________的水量。我国河流的水源有________、冰雪融水、________和人工补给等。

13. 为了研究径流的形成过程，一般将这个复杂的过程概化为________和________两个过程。

14. 闭合流域中，流域蓄水变量的多年平均值近似为________。

15. 闭合流域多年水量平衡方程为________。

16. 水文测站是进行水文观测获取基本水文资料的________。按目的和作用又分为________、________、________和辅助站。

17. 降水观测场地尽量选在________、________的地方，避开局部________影响。

18. 水位是指河流、湖泊、海洋、水库等水体的________相对于某一基准面的________。

19. 水位流量关系曲线延长，高水延长幅度不应超过当年实测流量的相应水位变幅的________；低水延长不应超过________。

20. 河流泥沙按其运动状态可分为________、________和________三类。

21. 水文资料是水文分析的________，收集水文资料是水文计算的基本工作之一。收集水文资料可借助于____________、____________、水文数据库等。

二、判断题

1. 当流域的地面与地下分水线一致时，称为非闭合流域。（ ）

2. 对流雨一般强度大，但雨区小，历时也较短，并常伴有雷电，又称雷阵雨。（ ）

3. 用等雨深线法计算流域平均降雨量，适用于地形变化比较大的大流域。（ ）

4. 在任一段时间内，降雨量累计曲线的平均坡度就是该时段内的平均降雨强度。（ ）

5. 降雨过程中，土壤实际下渗过程始终是按下渗能力进行的。（ ）

6. 年降水量和年蒸发量是影响年径流量的主要因素。（ ）

7. 人类活动措施目前主要是通过直接改变气候条件而引起水文要素的变化。（ ）

8. 雨量筒可观测到一场降水的瞬时强度变化过程。（ ）

9. 对同一流域，降雨一定时，雨前流域土壤蓄水量大，损失小，则净雨多，产流量大。（ ）

10. 蒸发器观测值就是当时当地水库、湖泊的水面蒸发值。（ ）

三、选择题

1. 山区河流的水面比降一般比平原河流的水面比降（ ）。

A. 相当　　B. 小　　C. 平缓　　D. 大

2. 甲流域为羽状水系，乙流域为扇状水系，其他流域下垫面因素和气象因素均相同，对相同的短历时暴雨所形成的流量过程，甲流域的洪峰流量比乙流域的（ ）。

A. 洪峰流量小、峰现时间早　　B. 洪峰流量小、峰现时间早

C. 洪峰流量大、峰现时间晚　　D. 洪峰流量大、峰现时间早

3. 甲、乙两流域除流域植被率甲大于乙外，其他流域下垫面因素和气象因素均相同，对相同降雨所形成的流量过程，甲流域的洪峰流量比乙流域的（ ）。

A. 洪峰流量大、峰现时间晚　　B. 洪峰流量小、峰现时间早

C. 洪峰流量大、峰现时间早　　D. 洪峰流量小、峰现时间晚

4. E－601型等水面蒸发器观测的日水面蒸发量与那里的大水体日蒸发量的关系是（ ）。

A. 前者小于后者　　B. 前者大于后者

C. 二者相等　　D. 二者有一定的相关关系

5. 下渗容量（能力）曲线，是指（ ）。

A. 降雨期间的土壤下渗过程线

B. 干燥的土壤在充分供水条件下的下渗过程线

C. 充分湿润后的土壤在降雨期间的下渗过程线

D. 土壤的下渗累积过程线

6. 某闭合流域多年平均降水量为 950mm，多年平均径流深为 450mm，则多年平均年蒸发量为（　　）。

A. 450mm　　B. 500mm　　C. 950mm　　D. 1400mm

7. 某流域面积为 $1000km^2$，多年平均降水量为 1050mm，多年平均流量为 $15m^3/s$，该流域多年平均的径流系数为（　　）。

A. 0.55　　B. 0.45　　C. 0.65　　D. 0.68

8. 水量平衡方程式 $P-R-E=\Delta W$（P、R、E、ΔW 分别为某一时段的流域降水量、径流量、蒸发量和蓄水变量）适用于（　　）。

A. 非闭合流域任意时段情况　　B. 非闭合流域多年平均情况

C. 闭合流域多年平均情况　　D. 闭合流域任意时段情况

9. 流域中大量毁林开荒后，该流域的洪水流量一般比毁林开荒前（　　）。

A. 增大　　B. 减少　　C. 不变　　D. 减少或不变

10. 某流域（为闭合流域）上有一场暴雨洪水，其净雨量将（　　）。

A. 等于其相应的降雨量　　B. 大于其相应的径流量

C. 等于其相应的径流量　　D. 小于其相应的径流量

四、名词解释

1. 河流
2. 流域
3. 降水
4. 径流
5. 蒸发
6. 水位
7. 流量
8. 起点距
9. 水文测站
10. 水文调查

五、综合题

1. 何谓自然界的水文循环？产生水文循环的原因是什么？

2. 如何确定河流某一指定断面控制的流域面积？

3. 河流自上而下可分为哪几段？各段有什么特点？

4. 试比较流域平均降雨量计算方法的特点。

5. 在同样暴雨情况下，为什么流域城市化后的洪水比天然流域的显著增大？

6. 某水库坝址以上集水面积 $F=1050km^2$，流域多年平均降雨量 $\overline{H}=1550mm$，坝址处多年平均流量 $\overline{Q}=28m^3/s$，试求出 $\overline{W}$、$\overline{y}$、$\overline{E}$、$\overline{M}$、$\overline{a}$ 各为多少？

7. 某流域如图 1. 练 .1 所示，流域面积 $300km^2$，流域内及其附近有 A、B、C 三个雨量站，其上有一次降雨，它们的雨量依次为 260mm、120mm 和 150mm，试绘出泰森多边形图，并用算术平均法和泰森多边形法计算该次降雨的平均面雨量。（提示：A、C雨量站泰森多边形权重分别为0.56、0.44。）

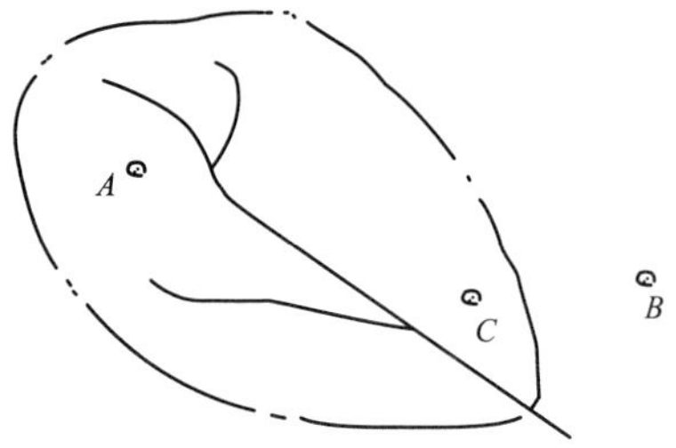

图1.练.1 某流域及其附近雨量站分布示意图

8. 什么是水文站网？水文站网布设测站的原则是什么？

9. 试分析水文资料收集的目的和意义。

10. 试叙述流量测验的原理和方法步骤。

11. 水位流量关系曲线的高低水延长有哪些方法？

12. 试述水文调查的目的和意义。

13. 某水文站观测水位记录如图1.练.2所示，试计算该日的日平均水位。

14. 某河某站横断面如图1.练.3所示，试根据图中所给测流外业资料计算该站流量和断面平均流速。图中测深垂线 $h_1=1.5\text{m}$，$h_2=0.5\text{m}$，$v_{0.2}$，$v_{0.6}$，$v_{0.8}$ 分别表示测线在 $h_{0.2}$、$h_{0.8}$、$h_{0.6}$ 处的测点流速，$a_{左}$、$a_{右}$ 分别表示左右岸的岸边系数。

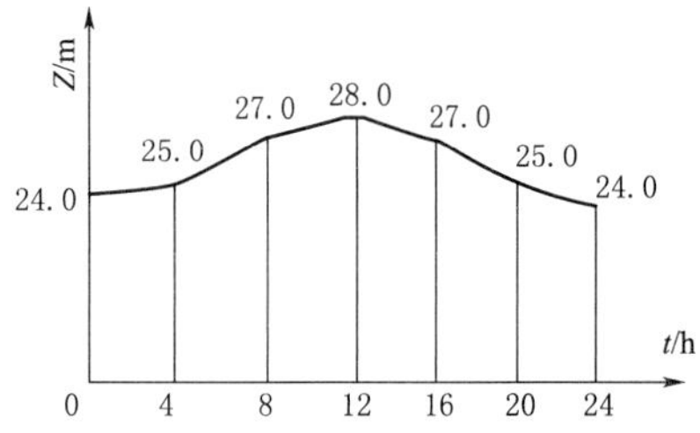

图1.练.2 某水文站观测的水位记录

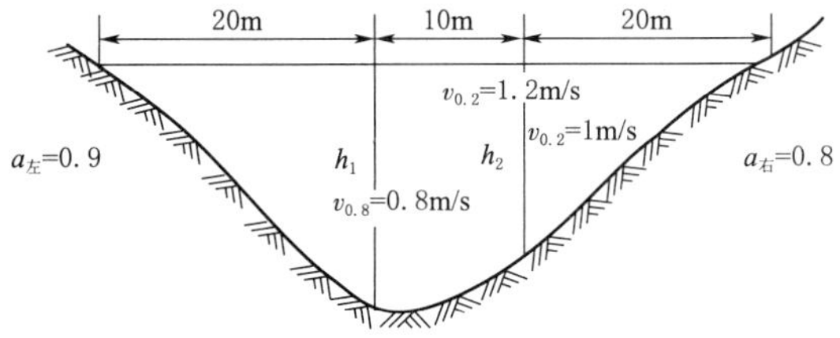

图1.练.3 某河某站横断面及测流资料

15. 流域地形图勾绘分水线。

项目 2　水利工程设计来水分析计算

【导语】

水资源开发利用，是改造自然、利用自然的一个方面，其目的是发展社会经济和兴利除害。一般的水利水电工程都是开发利用河流水资源为人民服务，对河流统一开发规划，根据不同的需求来兴建不同的水利工程。那么，要在河流上修建一项水利水电工程，必须对河流未来的水文情势作出合理预估，以此为依据来确定水利工程的工程规模、防洪措施及工程调度运行方案。水利水电工程工程规模主要依据工程的兴利目的和防洪目的来确定，也就是需要河流水文分析计算，确定河流满足兴利目的的一般来水——设计年径流、防洪目的的特殊来水——设计洪水情况。当然除了水利水电工程，水土流失治理工程、城市工矿用水、修建铁路、公路、桥梁、国防建设等也需要应用水文分析计算来确定工程规模及运行安全保障。

本项目按照实际水利水电工程可行性研究阶段的水文分析计算的主要内容设置，以中小型水利水电工程为主介绍水文分析计算基本方法——任务 2.1 水文统计法，以此方法来计算工程控制断面以上流域的设计年径流及其年内分配——任务 2.2 设计年径流分析计算及设计洪水及洪水过程线——任务 2.3 设计洪水分析计算，为水利水电工程的径流调节和设计施工提供可靠的水文依据。

【能力目标】

通过实际工程案例，让学习者掌握水文分析与计算的基本方法，逐步培养学习者水文分析与计算的熟练能力，进而编制水利水电工程可行性研究阶段水文分析报告。

任务 2.1　水 文 统 计 法

自然界中的水文现象由于受地球上水的时空分布及运动规律、地圈、大气圈和生物圈等变化的影响，在其发生、发展和演变过程中，既有必然性的一面，又有偶然性的一面。

2.1 概念及术语——水文统计法

必然现象是指事物在发展、变化中必然会出现的现象，水文学中称水文现象的这种必然性为确定性；偶然现象是指事物在发展、变化中可能出现也可能不出现的现象，偶然现象也称随机现象。例如，一条河流每年必有一个最大的洪峰流量，它是由水文循环所决定的，这是一种必然性的结果；但是各年的最大洪峰流量的多少，何时发生，这又是未知的，属于偶然现象，或称随机现象。

对于随机现象，从表面上看似乎是无规律的，但通过分析大量水文资料后便知，它是遵循一定规律的，因此，可以说其偶然性和必然性是辩证统一的，而且偶然性本身也有其客观规律。如某地区年降雨量是一种随机现象，但由长期观测资料可知，其多年平均降雨量是一个比较稳定的数值，特大或特小的年降雨量出现的年份较少，中等的降雨量出现的年份较多。随机现象的这种规律性，只有通过大量的观测、统计、分析后才能发现，故称为统计规律。

水文现象所遵循的规律就是统计规律，数学中研究随机现象统计规律的学科称为概率论，而由随机现象的一部分试验资料去研究总体现象的数字特征和规律的学科称为数理统计学。概率论和数理统计学是密切相连的，也是研究随机现象统计规律的一种有力工具，所以也就成为水文分析计算的主要方法，在水文学中称为水文统计。

水文统计的任务就是研究和分析水文随机现象的统计变化规律，并以此为基础，对水文现象未来可能的长期变化作出在概率意义下的定量预估，以满足工程规划、设计、施工和运行管理的需要。

工程水文计算中运用水文统计法，不仅合理，而且是必要的。例如，某流域修建一个水库，需要知道未来运行期间的径流和洪水大小，这就要求对未来长期的径流形势作出估计。如果所建工程计划使用100年，那么就要对未来100年的径流形势作出估计。但是，由于影响径流的因素众多，既有必然现象，又有随机现象，因此难以基于必然现象的规律，应用成因分析法对径流作出这样长期的时序定量预报，而只能基于统计规律，运用数理统计方法对径流作出概率预估，以满足工程规划、设计、施工和运行管理的需要。

2.1.1　基本概念

2.1.1.1　事件

2.1 课前学习任务单

2.1 课前自测

2.1 水文统计的基本概念

事件是概率论中最基本的概念之一。在概率论中，对随机现象的观测叫作随机试验，随机试验可能出现的结果称为事件。事件按照其发生的可能性大小分为必然事件、不可能事件和随机事件三大类。

（1）必然事件。即在一定的条件下肯定会发生的事件。如降雨时，河流的水位上升。

（2）不可能事件。即在一定的条件下肯定不会发生的事件。如天然河流在洪水到来时，河水断流。

（3）随机事件。即在一定条件情况下有可能发生，也有可能不发生的事件。例如，抛掷一枚硬币，其结果可能是正面朝上，也可能是反面朝上。在一次抛掷中，我们无法预知究竟会出现哪一种结果。像这种在一定条件下，每次观测结果具有不确定性的现象称为随机现象。一个随机现象也就是一个随机试验，而试验的可能结果都叫随机事件。就抛硬币来说，正面朝上是一个事件，反面朝上也是一个事件。随机事件共有的一个重要特性就是在事件未发生之前，其结果是无法准确预言出来的，或者说它的发生是有一定可能性的。要定量描述其出现可能性的大小，就需要引出概率的概念。

2.1.1.2　概率

概率又称或然率、机会率或可能性，是概率论的基本概念。概率是对随机事件发生的可能性的度量。人们常说某人有百分之多少的把握能通过这次考试，某件事发生的可能性是多少，这都是概率的实例。

在概率论中，常用大写字母A、B、C、…表示随机事件，而用P（A）、P（B）、P（C）、…分别表示各随机事件发生的概率。如果一个试验满足两个条件：①试验只有有限个基本结果；②试验的每个基本结果出现的可能性是一样的。这样的试验便是古典试验。对于古典概型事件A，其概率可以用下式计算：

$$P(\mathrm{A}) = \frac{m}{n} \tag{2.1.1}$$

式中　P（A）——在一定条件下随机事件A发生的概率；

m——在试验中所有可能出现的结果总数；

n——在试验中属于事件A的结果数。

而在水文水利计算中，常遇到非古典概型事件，就不能用式（2.1.1）计算事件所发生的概率，只能通过多次试验来估计概率，这便引出了频率的概念。

2.1.1.3　频率

设随机事件A在n次随机试验中出现了m次，则比值m/n称为随机事件A在n次试验中出现的频率。即

$$p(\mathrm{A}) = \frac{m}{n} \tag{2.1.2}$$

频率在一定程度上反映了事件在一次试验中发生的可能性大小。在随机事件中，虽然每次试验的结果都是随机的、无法预测的，但是不确定事件的发生并非完全没有规律。尽管每进行n次试验，所得到的频率可能各不相同，有时大，有时小。但当试验次数充分大时，事件的频率总会在一个定值附近摆动，而且，试验次数越多，摆动的幅度越小。当试验次数n足够大，事件的频率就逐渐趋近于一个稳定值，这个稳定值便是事件发生的概率。

随着试验次数n的增加，事件出现的频率也越来越接近事件发生的概率。大量试验表明：当试验次数足够多时，事件A发生的频率会稳定到它发生的概率的大小附近。随机事件频率的这种稳定性，已为大量的实践所证实，这是观察随机现象得出的基本规律之一。因此，当试验资料足够多时，可以用频率来近似地代替概率。这一做法在水文统计中普遍应用。因为各种水文随机事件可能出现的结果总数是无限的，实际上只能根据一定数量的观测资料来计算它出现的频率，从而估计概率。

2.1
频率与概率

2.1.1.4　重现期

频率是概率论中的一个概念，比较抽象，在实际工程中，通常用重现期来代替它，表示随机事件出现的可能性的大小。所谓重现期，是指在许多次试验中某一事件重复出现的时间间隔的平均数，称为多少年一遇，用字母T来表示。例如，重现期T=100年，称为“百年一遇”。

频率和重现期的理论关系在工程水文中有两种表示法：

（1）在研究暴雨、洪水时，一般设计频率$p<50\%$，其重现期为

$$T=\frac{1}{p} \tag{2.1.3}$$

例如，某水库大坝设计洪水频率 $p=5\%$，则重现期 $T=\frac{1}{p}=\frac{1}{0.05}=20$（年），称为 20 年一遇，表示在长期过程中，平均 20 年出现一次大于或等于该级别的洪水，此时工程的安全可能得不到保证，需要采取应急措施。

（2）在灌溉、发电、供水工程规划设计时，需要研究枯水问题，一般设计频率 $p>50\%$，其重现期为

$$T=\frac{1}{1-p} \tag{2.1.4}$$

例如，某灌溉渠设计依据的枯水频率为 $p=90\%$，则其重现期 $T=\frac{1}{1-0.90}=10$（年），表示该工程按 10 年一遇的枯水作为设计标准，即 10 年中有 1 年供水不足，其余 9 年用水可以得到保证，故设计枯水的频率为设计用水的保证率。因为对用水部门来说，所关心的是多少年一遇的枯水，即小于或等于某一级别的枯水径流量是多少年一遇。因此，灌溉、发电、供水规划设计时，常把所依据的径流频率称为设计保证率，即兴利用水得到保证的概率。

注意：重现期 T 是指水文现象在长时期内平均 T 年出现一次，而不是每隔 T 年必然发生一次。如“百年一遇”的洪水，表示大于或等于某一级别的洪水平均是 100 年出现一次，但并不意味每隔 100 年就必然会遇上一次。此处着重强调的是长期过程中的平均情况，对于某个历史时段具体的 100 年来说，大于或等于这个级别的洪水可能出现几次，也有可能一次都未出现。

2.2 课前学习任务单

2.1.2　随机变量及其频率分布

2.1.2.1　随机变量

2.2 课前自测

随机试验的结果可以用一个变量表示，其取值随每一次试验不同而不同，且每一个取值都对应一定的可能性（概率或频率），这种变量就称为随机变量。水文现象中的随机变量，一般指某个水文特征值，如年径流量、年降雨量、洪峰流量等。这些随机变量的取值都是一些数值，还有一些随机变量，其结果是事实型的，如掷硬币试验，其结果分别是“正面出现”或“反面出现”。对于此类随机变量，我们可以人为规定用一些确定的数值来代替事实，如用 1 代替“正面出现”，用 0 代替“反面出现”等。

在数理统计中，常用大写字母表示随机变量，而用相应的小写字母表示其取值，其取值称为随机变量系列，简称系列。例如，用 X 表示某随机变量，其取值就可记为 x_i（$i=1$，2，…）。

引入随机变量后，随机变量就能代表随机事件出现的结果，不论是具有数字特征或是不具数字特征的随机事件，都可以用随机变量来描述试验的结果，数学上处理就比较方便。按照随机变量的取值情况，随机变量分为两种基本类型：离散型随机变量和连续型随机变量。

1. 离散型随机变量

离散型随机变量，是指随机变量仅能取得有限个数值或可列的有限个数值。这些数值可以逐个写出来，并且相邻两个值之间不存在中间值。如洪峰次数，只能取 0，1，2，…，不能取相邻两数值之间的任何值。

2. 连续型随机变量

连续型随机变量是指随机变量可以取得一个有限连续区间或无限连续区间的任何数值。连续型随机变量可能取的数值不能一一列举出来，而是充满某一区间的值，即可以取得区间内的任何数值。如某河流断面的流量可以取 0 到极限值之间的任何实数值。

水文上的许多变量都是连续型的，如年降雨量、年径流量、河流水位等。

3. 总体与样本

在数理统计中，把随机变量所有取值的全体称为总体。从总体中任意抽取的一部分称为样本。样本的项数称为样本容量。水文上的随机变量总体都是无限的，实际无法获得。而实测的水文资料是有限的，是一个样本。例如，某地的年降水量，其总体是指自古到今以至未来及其长远岁月的所有年降水量，我们是不可能全部观测得到的。目前，设站所观测到的几十年甚至上百年降水量资料，只不过是无限总体中的一小部分，是一个很有限的样本。因此，在水文分析计算中，遇到的都是样本资料。

由于样本是总体中的一部分，带有总体的信息，因而样本的特征在一定程度上反映了总体的特征，所以可以借助样本的统计规律来掌握总体的规律，这就是我们目前用已有水文资料来推估总体规律的依据。

2.1.2.2 随机变量的频率分布

随机变量的取值与其概率之间具有一一对应的关系，将这种对应关系称为随机变量的概率分布。

（1）对于离散型随机变量 X，其概率分布可以表示为

$$P(X = x_i) = p_i(i = 1,2,\cdots) \tag{2.1.5}$$

也可用表格或图来表示，如表 2.1.1 和图 2.1.1 所示。

表 2.1.1　　离散型随机变量概率分布表

X	x_1	x_2	…	x_i	…
$P(X = x_i)$	P_1	P_2	…	P_i	…

（2）对于连续型随机变量，由于它的所有可能取值有无限个，而取个别值的概率为零，无法研究个别值的概率，只能研究某个区间的概率。水文学上习惯研究随机变量的取值等于或大于某个值的概率，即事件 $X \geqslant x$ 的概率 $P(X \geqslant x)$，随着随机变量的取值 x 而变化，所以 $P(X \geqslant x)$ 是 x 的函数，这个函数称为随机变量 X 的分布函数，记为 $F(x)$，即

$$F(x) = P(X \geqslant x) \tag{2.1.6}$$

$F(x)$ 代表随机变量 X 大于或等于某一取值 x 的概率。该分布函数可以用几何图

形表示出来，如图 2.1.2 所示，在数学上称之为随机变量的概率分布曲线，在水文上通常称为随机变量的累积频率曲线，简称频率曲线。

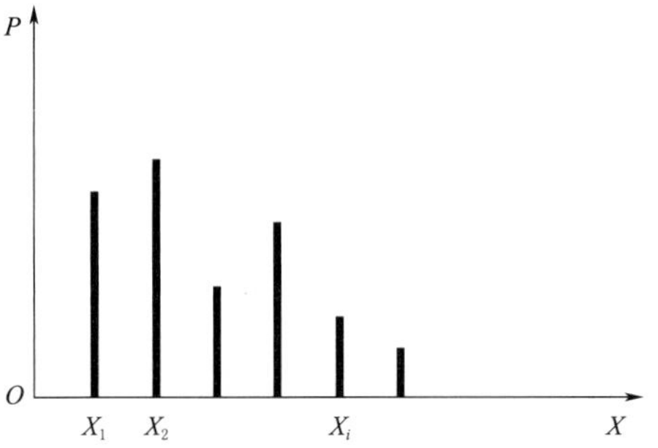

图 2.1.1　离散型随机变量概率分布图

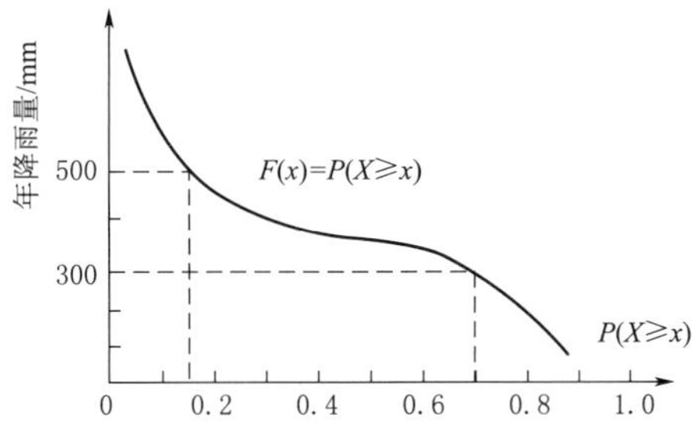

图 2.1.2　某站年降雨量概率分布曲线

连续型随机变量由于其可能取值是无限个，而且取个别值的概率趋近于零，因而无法研究个别值的概率，只能研究某个区间取值的概率分布规律。例如，某地区的年降雨量值为 100～600mm，也就是说，在此区间的雨量每年发生的概率最大，但是实际就某一数值而言（比如 200.8mm），其发生的概率却很小，甚至趋近于零。因此，在水文上，对于连续型随机变量，除研究某个区间值的概率分布外，更多的是研究随机变量 X 取值大于或等于某一数值的概率分布，即 $P(X \geqslant x_i)$。当然，有时也研究 X 的取值小于或等于某值的概率，即 $P(X \leqslant x_i)$。而且二者可以相互转换，只需研究其中一种就可以了。通常研究前者比较多，如暴雨、洪水、年径流等。

另外，在水文上遇到的都是样本资料，通常要用样本的频率分布规律去估计总体的概率分布规律，所以以后重点研究频率分布。下面通过工程实例来说明水文变量的频率分布规律。

【例 2.1.1】 某雨量站 1935—1998 年共 64 年的年降雨量，见表 2.1.2，试分析该样本系列的频率分布规律。

[解] 1. 为了使研究问题简单而实用，将年降雨量分组，并统计各组雨量的出现次数和累积次数，拟定分组的组距 $\Delta x = 100$mm，统计结果列于表 2.1.3 中第②、第③、第④栏。

2. 计算各组雨量出现的频率和累积频率。各组出现的频率均按式（2.1.2）计算，并表示成百分数，如表 2.1.3 中第⑤栏，再用第⑤栏的值除以分组组距 Δx，即 $p_i/\Delta x$ 称为频率密度，如表 2.1.3 中第⑦栏。各组出现的累积频率可以用累积次数代入式（2.1.2）计算，也可以将第⑤栏的数据按序号逐次累积，如表 2.1.3 中第⑥栏。

绘图：由表 2.1.3 中第②栏和第⑦栏绘成年降水量频率分布直方图，各小矩形的面积为各组雨量出现所对应的频率 $p_i = \dfrac{p_i}{\Delta x}\Delta x$，如图 2.1.3 所示，第②栏和第⑥栏绘成累积频率阶梯图，如图 2.1.4 所示。

表 2.1.2　　某站年降雨量　　单位：mm

年份	年降雨量	年份	年降雨量	年份	年降雨量	年份	年降雨量	年份	年降雨量
1935	476	1948	285	1961	549	1974	841	1987	556
1936	486	1949	528	1962	702	1975	386	1988	526
1937	905	1950	583	1963	563	1976	565	1989	548
1938	207	1951	618	1964	612	1977	623	1990	627
1939	472	1952	388	1965	760	1978	558	1991	672
1940	513	1953	609	1966	658	1979	585	1992	514
1941	598	1954	817	1967	528	1980	784	1993	346
1942	580	1955	464	1968	802	1981	561	1994	530
1943	436	1956	626	1969	554	1982	488	1995	491
1944	229	1957	446	1970	643	1983	543	1996	512
1945	328	1958	457	1971	592	1984	629	1997	726
1946	331	1959	641	1972	586	1985	410	1998	545
1947	430	1960	481	1973	745	1986	663		

表 2.1.3　　某站年降雨量分组统计

序号	年降雨量 /mm (组距 $\Delta x=100$mm)	各组出现次数/次	累计出现次数/次	各组出现频率 $p_i(\Delta x_i)$ /%	累计频率 p/%	组内平均频率密度 $\Delta p_i/\Delta x$ /（$\times 10^{-4}$/mm）
①	②	③	④	⑤	⑥	⑦
1	900～999	1	1	1.6	1.6	1.6
2	800～899	3	4	4.7	6.3	4.7
3	700～799	5	9	7.8	14.1	7.8
4	600～699	12	21	18.7	32.8	18.7
5	500～599	23	44	36	68.8	36.0
6	400～499	12	56	18.7	87.5	18.7
7	300～399	5	61	7.8	95.3	7.8
8	200～299	3	64	4.7	100	4.7
总计		64		100		

由图 2.1.3 可以看出，各组雨量出现所对应的频率是中间大两边小，几年降雨量的特大值和特小值出现的机会都很小，而接近多年平均值的雨量出现机会大。像 500～599mm 组的降雨量出现的机会最大。由图 2.1.4 可以看出，累积频率分布图为一阶梯状图，每个台阶的宽度也就反映了该组降雨量出现的频率大小。因此，其分布的规律和直方图的规律是一致的，它们都反映了随机变量取值与频率之间对应关系的分布规律，只是表现形式不同而已。如果资料再增多，分组值 Δx 再取小，直至 $\Delta x\to 0$，则图 2.1.3 中小矩形的宽度也就越来越小，直方图的外包线就接近于比较光滑

的铃形曲线（图中的虚线）则称为频率密度曲线；相应地，图2.1.4中台阶的高度也将越来越小，其外包线也就近似一条S形曲线（图中的虚线），称为累积频率分布曲线。

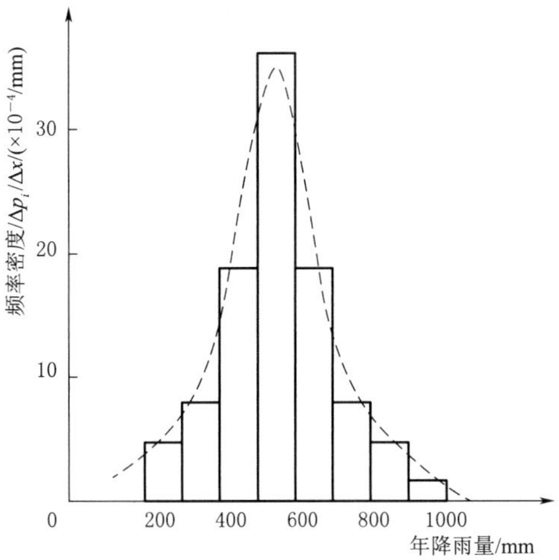

图2.1.3　某站年降雨量频率分布直方图

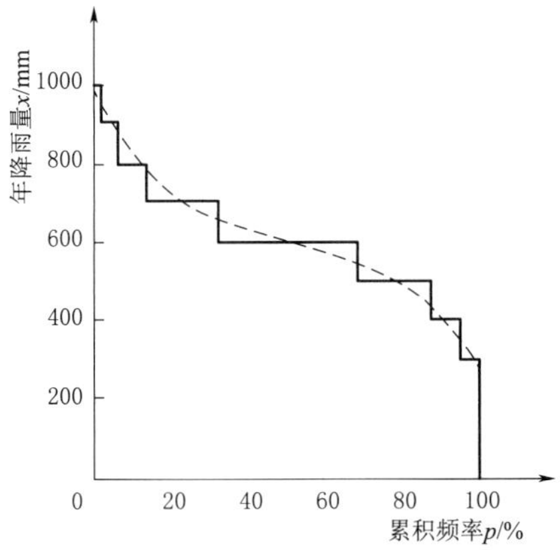

图2.1.4　某站年降雨量累积频率分布图

在水文分析计算中，由于遇到的多为连续型随机变量，经常研究它取值大于或等于某一数值发生的频率，故而多用累积频率分布曲线，一般简称为频率曲线。

2.1.2.3　随机变量的统计参数

2.2　随机变量的统计参数

随机变量的概率分布比较完整地描述了随机变量的统计规律，但在许多实际问题中，随机变量的分布函数是不知道的，也不易确定。而且，有时不一定需要用函数形式来表达随机变量的分布规律，而只需要知道个别代表值的数值，能说明随机变量的主要特征就可以。随机变量的分布函数中包含一些参数（如算术平均值、变差系数、偏差系数等），而这些参数能反映随机变量分布的特点。比如有的分布集中，有的分布分散，有的分布对称，有的分布非对称，等等。在统计学中用以表示随机变量这些分布特征的某些数值，称为随机变量统计参数。

水文上常用的随机变量的统计参数有算术平均数、均方差与变差系数和偏差系数。

1. 算术平均数 $\overline{X}$

设随机变量的样本系列为 $x_1, x_2, \cdots, x_n$，则其算数平均数为

$$\overline{X} = \frac{x_1 + x_2 + \cdots + x_n}{n} = \frac{1}{n}\sum_{i=1}^{n} x_i \tag{2.1.7}$$

算术平均数又称为均值，是系列中所有随机变量的平均数，与每个变量都有直接关系，是各个变量的共同代表，它表示样本系列的平均情况，或数值上的大小，说明这一系列总水平的高低，可以作为不同系列间随机变量数值大小（水平高低）的比较标准。例如，甲、乙两站的多年平均降雨量分别为800mm和500mm，则说明甲站比

乙站年降雨量多。若从分布角度，均值表示分布的中心。

均值是频率曲线的一个参数，也是水文现象的一个重要的特征值。

2. 均方差 σ 与变差系数 C_V

均方差与变差系数是用来反映随机变量分布离散程度的指标。

（1）均方差 σ。均方差表示均值相同的系列中各个值相对于均值的离散程度。均方差用 σ 表示，计算公式为

总体
$$\sigma=\sqrt{\frac{\sum_{i=1}^{n}(x_i-\overline{X})^2}{n}} \tag{2.1.8}$$

样本
$$\sigma=\sqrt{\frac{\sum_{i=1}^{n}(x_i-\overline{X})^2}{n-1}} \tag{2.1.9}$$

均方差 σ 值越大，分布越离散，即系列中各个值相对于均值的离散程度越大；均方差 σ 值越小，分布越集中，即系列中各个值相对于均值的离散程度越小。但当两个系列的均值相同时，它们的离散程度却不一定相同。例如，有甲、乙两个系列。系列甲：10，15，20；系列乙：7，15，23。甲、乙两系列的均方差可按式（2.1.9）计算：

$$\sigma_{甲}=\sqrt{\frac{(10-15)^2+(15-15)^2+(20-15)^2}{3-1}}=5$$

$$\sigma_{乙}=\sqrt{\frac{(7-15)^2+(15-15)^2+(23-15)^2}{3-1}}=8$$

可见，虽然两个系列的均值相等，都是15，但由于 $\sigma_{甲}\neq\sigma_{乙}$，因此，两个系列中各个取值相对于均值的离散程度不同。$\sigma_{甲}$ 小于 $\sigma_{乙}$，说明系列甲的离散程度小，系列乙的离散程度大。

（2）变差系数 C_V。均值相同的系列，可以用均方差来比较它们的离散程度。但对于系列均值不同时，系列的离散程度就不能用均方差来比较，有时甚至说明不了问题。例如，有丙、丁两个系列。系列丙：95，100，105；系列丁：995，1000，1005。系列丙的均值 $\overline{X}=100$，系列丁 $\overline{X}=1000$，显然均值相差悬殊，其离散的程度是不相同的。可是按式（2.1.9）计算它们各自的均方差得到 $\sigma_{丙}=5$、$\sigma_{丁}=5$，这又说明了二者的离散程度是相同的。系列丙中最大值和最小值与均值的绝对差值都是5，这相当于均值的5/100=1/20；而系列丁中，最大值和最小值与均值之差的绝对值虽然也等于5，但却只相当于均值的5/1000=1/200。

为了克服均值不同时以均方差衡量系列离散程度的这种缺点，数理统计中用均方差与均值的比值作为衡量系列相对离散程度的一个参数，称为变差系数或离差（势）系数，用 C_V 表示。变差系数用小数表示，而且无单位。其计算公式为

总体
$$C_V=\frac{\sigma}{\overline{X}}=\frac{1}{\overline{X}}\sqrt{\frac{\sum_{i=1}^{n}(x_i-\overline{X})^2}{n}}=\sqrt{\frac{\sum_{i=1}^{n}(\mathrm{k}_i-1)^2}{n}} \tag{2.1.10}$$

样本
$$C_V = \frac{\sigma}{\overline{X}} = \frac{1}{\overline{X}}\sqrt{\frac{\sum_{i=1}^{n}(x_i - \overline{X})^2}{n-1}} = \sqrt{\frac{\sum_{i=1}^{n}(\mathrm{k}_i - 1)^2}{n-1}} \tag{2.1.11}$$

其中
$$\mathrm{k}_i = \frac{x_i}{\overline{X}}$$

式中　k_i——模比系数。

由式（2.1.10）和式（2.1.11）可知，变差系数可以理解为变量 x 换算成模比系数 k 以后的均方差。

变差系数 C_V 值越大，分布越分散，即系列中各个值相对于均值的离散程度越大；C_V 值越小，分布越集中，即系列中各个值相对于均值的离散程度越小。

有了变差系数的概念后，我们再来看丙、丁系列的离散程度。用式（2.1.11）计算求得 $C_{V丙}=0.05$、$C_{V丁}=0.005$，可见 $C_{V丙}>C_{V丁}$，说明系列丙的相对离散程度比系列丁的相对离散程度大。

对于水文现象来说，变差系数的大小反映了河川径流在多年中的变化情况。例如，由于南方降雨量比北方降雨量充沛，丰水年和枯水年的年径流量变化相对较小，所以，一般南方河流年径流量的变差系数要比北方河流的小。同理，大流域年径流量的变差系数比小流域年径流量的变差系数小。

在水文学中，计算出某样本系列的变差系数后，通常需要分析其在地区上的变化规律，和邻近流域的变差系数进行比较，所以经常使用变差系数来反映样本系列的离散程度。

3. 偏差系数 C_S

偏差系数也称偏态系数，常用 C_S 表示。它是反映系列中各值在均值两侧分布是对称或不对称（偏态）程度的一个参数，计算公式为

总体
$$C_S = \frac{\sum_{i=1}^{n}(x_i - \overline{X})^3}{n\overline{X}^3 C_V{}^3} = \frac{\sum_{i=1}^{n}(\mathrm{k}_i - 1)^3}{nC_V{}^3} \tag{2.1.12}$$

样本
$$C_S = \frac{\sum_{i=1}^{n}(x_i - \overline{X})^3}{(n-3)\overline{X}^3 C_V{}^3} = \frac{\sum_{i=1}^{n}(\mathrm{k}_i - 1)^3}{(n-3)C_V{}^3} \tag{2.1.13}$$

当样本系列中各值在均值两侧分布对称时，$C_S=0$ 称为正态分布。若分布不对称时，$C_S\neq 0$，称为偏态分布。其中 $C_S>0$，称为正偏态分布，表示随机变量取值系列中大于均值比小于均值的数值出现的机会少，这种系列称为正偏系列；相反，$C_S<0$ 为负偏态分布，表示系列中大于均值比小于均值的数值出现的机会多。

水文现象大多属于正偏分布，即水文变量取值大于均值的机会比取值小于均值的机会少。虽然系列中大于均值的项数少，但其值却比均值大得多，其正离差的立方就更大。例如，系列 300，200，185，165，150，其均值为 200，均方差为 52.8，偏差系数为 1.59，大于 0，属于正偏分布。

2.1.2.4　抽样误差

对于水文现象而言，几乎所有水文变量的总体都是无限的，而目前掌握的资料仅

仅是一个容量十分有限的样本。因此，水文分析中，概率分析的目的就是要由样本的统计规律来估计总体的规律。但是样本毕竟只是总体中的一部分，当然不能完全用以代表总体的情况，用有限的样本资料来计算样本的统计参数，以此来估计总体相应的统计参数，总会出现一定的误差。这种误差是由随机抽样引起的，在统计上就称为抽样误差。

抽样误差的大小随抽取样本的不同而变化。由于不能精确地知道总体的均值，那么对某个特定样本的平均数而言，它对总体平均数的抽样误差就无法准确地求出，只能在概率意义下对它作出某种估计。可以用表征抽样分布离散程度的均方差这个指标来度量。为了说明度量的是误差，把均方差改称为样本平均值的均方误，均方误是衡量抽样误差大小的常用指标。

$$\sigma_{\overline{X}} = \frac{\sigma}{\sqrt{n}} \tag{2.1.14}$$

$$\sigma_{C_V} = \frac{C_V}{\sqrt{2n}}\sqrt{1 + 2C_V^2 + \frac{3}{4}C_S^2 - 2C_V C_S} \tag{2.1.15}$$

$$\sigma_{C_S} = \sqrt{\frac{6}{n}\left(1 + \frac{3}{2}C_S^2 + \frac{5}{16}C_S^4\right)} \tag{2.1.16}$$

根据数理统计的理论和实践经验，样本统计参数的抽样误差一般随样本的均方差 σ、变差系数 C_V 及偏差系数 C_S 的增大而增大；随样本容量 n 的增大而减小。因此，一般来说，样本系列越长，抽样误差越小，样本对总体的代表性也就越好；反之，样本系列越短，抽样误差越大，样本对总体的代表性也就越差。所以，在水文分析过程中，一般要求样本系列的容量要有足够的长度。

另外，需要指出的是，样本实际误差的大小要看样本对总体的代表性高低而定。

【例 2.1.2】 庆峡河水库位于内蒙古乌兰察布市大黑河流域庆峡河下游。建库时，坝址处有 A 水文站，集水面积为 303km²，观测至今。设计时采用 1956—2013 年径流资料，见表 2.1.4。经分析审查，资料的代表性较好，试计算该样本径流系列的统计参数。

表 2.1.4　　大黑河 A 水文站年径流资料

年　份	1956	1957	1958	1959	1960	1961	1962	1963	1964	1965
年径流量/万 m³	1160	974	2187	5029	2063	2402	2048	1368	1932	643
年　份	1966	1967	1968	1969	1970	1971	1972	1973	1974	1975
年径流量/万 m³	1177	1489	1133	969	1160	941	899	922	893	955
年　份	1976	1977	1978	1979	1980	1981	1982	1983	1984	1985
年径流量/万 m³	1664	913	1067	3027	1688	1334	1013	1150	919	1083
年　份	1986	1987	1988	1989	1990	1991	1992	1993	1994	1995
年径流量/万 m³	647	582	1173	513	1313	980	1835	1242	2004	1849

续表

年　份	1996	1997	1998	1999	2000	2001	2002	2003	2004	2005
年径流量/万 m^3	1969	1309	1994	991	858	697	829	1383	1501	1087
年　份	2006	2007	2008	2009	2010	2011	2012	2013		
年径流量/万 m^3	746	480	608	444	501	476	1540	1069		

［解］ 1. 将样本系列由大到小排列填入表2.1.5中第④列，对应序号填入第③列。

2. 先计算均值 $\overline{W}$ 为1290万 m^3，依次计算模比系数 k_i、k_i-1、$(k_i-1)^2$ 和 $(k_i-1)^3$，分别填入表2.1.5中第⑤、⑥、⑦、⑧栏，并以∑②=∑④、∑⑥=0、∑⑤=58进行验算。

根据式（2.1.7），年径流量均值为

$$\overline{W}=\frac{\sum_{i=1}^{n}W_i}{n}=\frac{74822}{58}=1290\ (\text{万}m^3)$$

3. 由表2.1.4中资料代入相应公式计算各统计参数。

根据式（2.1.9），年径流量变差系数

$$C_V=\sqrt{\frac{\sum_{i=1}^{n}(k_i-1)^2}{n-1}}=\sqrt{\frac{18.64}{58-1}}=0.57$$

根据式（2.1.10），年径流量均方差

$$\sigma=C_V\overline{W}=0.57\times1290=737.2(\text{万}m^3)$$

根据式（2.1.13），年径流量偏态系数

$$C_S=\frac{\sum_{i=1}^{n}(k_i-1)^3}{(n-3)C_V^3}=\frac{26.773}{(58-3)0.57^3}=2.63$$

抽样误差计算：

由式（2.1.14）得：$\sigma_{\overline{W}}=\frac{\sigma}{\sqrt{n}}=\frac{425.7}{\sqrt{58}}=55.9(\text{万}m^3)$

由式（2.1.15）得：$\sigma_{C_V}=\frac{C_V}{\sqrt{2n}}\sqrt{1+2C_V^2+\frac{3}{4}C_S^2-2C_VC_S}$

$$=\frac{0.57}{\sqrt{2\times58}}\sqrt{1+2\times0.57^2+\frac{3}{4}\times2.63^2-2\times0.57\times2.63}=0.10$$

表2.1.5　　大黑河A水文站径流样本系列统计参数计算表

年份	径流量 W_i /万 m^3	序号	径流量 W_i /万 m^3	k_i	k_i-1	$(k_i-1)^2$	$(k_i-1)^3$	$p=\frac{m}{n+1}\times100\%$
①	②	③	④	⑤	⑥	⑦	⑧	⑨
1956	1160	1	5029	3.9	2.9	8.41	24.389	1.69

续表

年份	径流量 W_i /万 m^3	序号	径流量 W_i /万 m^3	k_i	k_i-1	$(k_i-1)^2$	$(k_i-1)^3$	$p=\frac{m}{n+1}\times 100\%$
①	②	③	④	⑤	⑥	⑦	⑧	⑨
1957	974	2	3027	2.35	1.35	1.8225	2.4604	3.39
1958	2187	3	2402	1.86	0.86	0.7396	0.6361	5.08
1959	5029	4	2187	1.7	0.7	0.49	0.343	6.78
1960	2063	5	2063	1.6	0.6	0.36	0.216	8.47
1961	2402	6	2048	1.59	0.59	0.3481	0.2054	10.17
1962	2048	7	2004	1.55	0.55	0.3025	0.1664	11.86
1963	1368	8	1994	1.55	0.55	0.3025	0.1664	13.56
1964	1932	9	1969	1.53	0.53	0.2809	0.1489	15.25
1965	643	10	1932	1.5	0.5	0.25	0.125	16.95
1966	1177	11	1849	1.43	0.43	0.1849	0.0795	18.64
1967	1489	12	1835	1.42	0.42	0.1764	0.0741	20.34
1968	1133	13	1688	1.31	0.31	0.0961	0.0298	22.03
1969	969	14	1664	1.29	0.29	0.0841	0.0244	23.73
1970	1160	15	1540	1.19	0.19	0.0361	0.0069	25.42
1971	941	16	1501	1.16	0.16	0.0256	0.0041	27.12
1972	899	17	1489	1.15	0.15	0.0225	0.0034	28.81
1973	922	18	1383	1.07	0.07	0.0049	0.0003	30.51
1974	893	19	1368	1.06	0.06	0.0036	0.0002	32.2
1975	955	20	1334	1.03	0.03	0.0009	0	33.9
1976	1664	21	1313	1.02	0.02	0.0004	0	35.59
1977	913	22	1309	1.01	0.01	0.0001	0	37.29
1978	1067	23	1242	0.96	−0.04	0.0016	−0.0001	38.98
1979	3027	24	1177	0.91	−0.09	0.0081	−0.0007	40.68
1980	1688	25	1173	0.91	−0.09	0.0081	−0.0007	42.37
1981	1334	26	1160	0.9	−0.1	0.01	−0.001	44.07
1982	1013	27	1160	0.9	−0.1	0.01	−0.001	45.76
1983	1150	28	1150	0.89	−0.11	0.0121	−0.0013	47.46
1984	919	29	1133	0.88	−0.12	0.0144	−0.0017	49.15
1985	1083	30	1087	0.84	−0.16	0.0256	−0.0041	50.85
1986	647	31	1083	0.84	−0.16	0.0256	−0.0041	52.54
1987	582	32	1069	0.83	−0.17	0.0289	−0.0049	54.24
1988	1173	33	1067	0.83	−0.17	0.0289	−0.0049	55.93
1989	513	34	1013	0.79	−0.21	0.0441	−0.0093	57.63

续表

年份	径流量 W_i /万 m³	序号	径流量 W_i /万 m³	k_i	k_i-1	$(k_i-1)^2$	$(k_i-1)^3$	$p=\frac{m}{n+1}\times100\%$
①	②	③	④	⑤	⑥	⑦	⑧	⑨
1990	1313	35	991	0.77	−0.23	0.0529	−0.0122	59.32
1991	980	36	980	0.76	−0.24	0.0576	−0.0138	61.02
1992	1835	37	974	0.76	−0.24	0.0576	−0.0138	62.71
1993	1242	38	969	0.75	−0.25	0.0625	−0.0156	64.41
1994	2004	39	955	0.74	−0.26	0.0676	−0.0176	66.1
1995	1849	40	941	0.73	−0.27	0.0729	−0.0197	67.8
1996	1969	41	922	0.71	−0.29	0.0841	−0.0244	69.49
1997	1309	42	919	0.71	−0.29	0.0841	−0.0244	71.19
1998	1994	43	913	0.71	−0.29	0.0841	−0.0244	72.88
1999	991	44	899	0.7	−0.3	0.09	−0.027	74.58
2000	858	45	893	0.69	−0.31	0.0961	−0.0298	76.27
2001	697	46	858	0.67	−0.33	0.1089	−0.0359	77.97
2002	829	47	829	0.64	−0.36	0.1296	−0.0467	79.66
2003	1383	48	746	0.58	−0.42	0.1764	−0.0741	81.36
2004	1501	49	697	0.54	−0.46	0.2116	−0.0973	83.05
2005	1087	50	647	0.5	−0.5	0.25	−0.125	84.75
2006	746	51	643	0.5	−0.5	0.25	−0.125	86.44
2007	480	52	608	0.47	−0.53	0.2809	−0.1489	88.14
2008	608	53	582	0.45	−0.55	0.3025	−0.1664	89.83
2009	444	54	513	0.4	−0.6	0.36	−0.216	91.53
2010	501	55	501	0.39	−0.61	0.3721	−0.227	93.22
2011	476	56	480	0.37	−0.63	0.3969	−0.25	94.92
2012	1540	57	476	0.37	−0.63	0.3969	−0.25	96.61
2013	1069	58	444	0.34	−0.66	0.4356	−0.2875	98.31
Σ	74822			58	0	18.64	26.773	
均值：1290 万 m³		变差系数：0.57		均方差：737.2 万 m³				

2.1.3 频率计算

2.3 课前学习任务单

频率计算是水文统计中最常用的方法之一。其实质内容就是在对水文变量的样本资料审查的基础上，由水文样本资料系列的频率分布（或统计参数）去估计总体的概率分布（或统计参数），并以此对未来的水文情势作出较为科学的概率预估，为水利工程的规划设计、施工和管理提供合理的水文数据。

水文频率计算的两大内容包括分布线型的选择和统计参数的估算。水文计算中，通常把根据实测资料（样本）绘制的频率曲线称为经验频率曲线，而把由数学方程式所表达的频率曲线称为理论频率曲线。理论频率曲线的选择主要取决于它与大多数水文资料所确定的经验频率点据的配合情况，并以此为依据，优选出统计参数——均值、变差系数和偏差系数。

2.3 Ⓣ 课前自测

2.1.3.1 经验频率曲线

经验频率曲线是根据某水文要素（或随机变量）的实测样本资料，将其由大到小排列，计算排列后各值对应的累积频率；然后以水文变量 x 为纵坐标，以经验频率 p 为横坐标，在专用的频率格纸上点绘经验点据；最后，徒手目估通过点群中心绘制一条光滑的曲线，即为该水文变量的经验频率曲线。

经验频率曲线的绘制步骤如下：

（1）将样本资料系列由大到小排列。

（2）计算排序后的各值的经验频率。

（3）在频率格纸上点绘经验点。

（4）通过点群中心，目估绘制经验频率曲线。

根据上述经验频率曲线的概念，各个变量的经验频率值根据频率的定义式（2.1.2）计算。

$$p = \frac{m}{n} \times 100\%$$

式中 p——随机变量取值大于或等于某值出现的累积频率，%；

m——系列按由大到小排序时，各值对应的序号；

n——样本系列的容量。

但是，用式（2.1.2）计算频率，当 $m=n$ 时，$p=100\%$，表示随机变量值大于或等于样本中最小值的出现是必然事件，即样本的最小值就是总体的最小值。这显然是不符合实际情况的。因此，要对此公式进行修正。

目前，水文上广泛应用的经验频率修正公式就是数学期望公式（2.1.17）。

$$p = \frac{m}{n+1} \times 100\% \qquad (2.1.17)$$

式中的符号意义同上。

数学期望公式在数理统计中有一定的理论依据，计算结果比较符合实际情况，因此，水文分析计算中通常采用式（2.1.17）计算经验频率。

有了经验频率曲线，即可在曲线上求得指定频率的水文变量值。但是，由于经验频率曲线是目估通过点群中心绘制的，因此，曲线的形状会因人而异，特别是当经验点分布较分散时更是如此。而且，水文变量的实测资料是有限的，据此绘制出的经验频率曲线往往不能满足工程设计的需要。当水文变量的设计频率较大或较小时，可能无法从经验频率曲线上直接查得相应的设计数据，只能对曲线下端或上端进行外延，但因为上端和下端没有实测点据控制，外延具有相当大的主观性，将直接影响设计成果的正确性。另外，水文要素的统计规律有一定的地区性，但这种地区性规律很难直接用经验频率曲线综合出来规律性的综合，没有这种地区性规律的综合，就无法解决无实测资料流域的水文计算问题。因此，经验频率曲线在实际应用上受到一定的限制。为了解决这些问题，使设计成果具有统计的标准，能够综合反映水文变量的地区性规律，水文频率计算引入了理论频率曲线，即用数学公式表示的理论频率曲线来配合经验频率曲线。

2.1.3.2 理论频率曲线

1. 理论频率曲线的概念

理论频率曲线是指用数学方程式表示的频率曲线。它并不是从水文现象的物理成因方面推导出来的，而是根据大量实测资料的分布趋势从数学中已知频率曲线中挑选出来的。虽然理论频率曲线不能从根本上揭示水文现象的总体分布规律，但这种用数学方程式表示的频率曲线能够与经验频率曲线较好地拟合，从而达到解决经验频率曲线的外延和地区综合的问题。因此，它只是一种进行水文分析的数学工具，用来弥补经验频率曲线的不足。

2.2 频率曲线

在数理统计中，有很多类型的频率曲线。根据我国的水文计算规范，理论频率曲线一般采用皮尔逊Ⅲ型曲线。

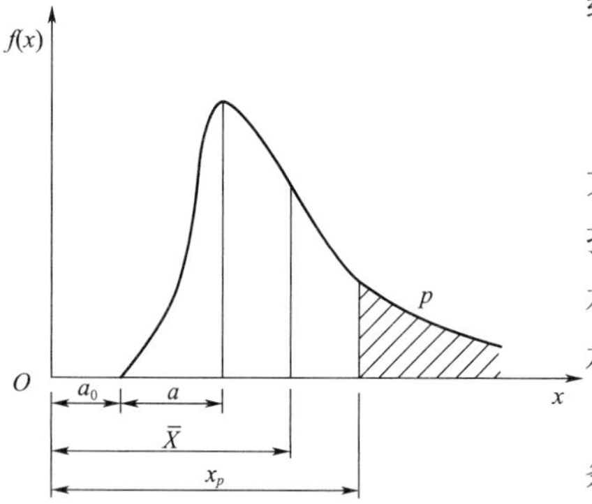

图 2.1.5 P-Ⅲ型概率密度曲线图

2. 皮尔逊Ⅲ型曲线的绘制

英国生物学家皮尔逊于1895年根据分析大量实际资料建立起一种概括性的曲线簇，包括13种分布曲线，其中第Ⅲ型曲线符合我国水文计算规范，被引入水文计算中，成为目前水文计算中常用的频率曲线。

皮尔逊Ⅲ型曲线简称P-Ⅲ型曲线，它是一条一端有限、一端无限的不对称单峰、正偏曲线，数学上称为伽马分布，如图2.1.5所示。

P-Ⅲ型曲线概率密度函数为

$$f(x)=\frac{\beta^{\alpha}}{\Gamma(\alpha)}(x-a_0)^{\alpha-1}e^{-\beta(x-a_0)} \tag{2.1.18}$$

式中 $\Gamma(\alpha)$——α 的伽马函数；

α、β、a_0——P-Ⅲ型分布的三个参数。

显然，三个参数确定以后，该密度函数随之确定。可以推证，三个参数 α、β、a_0 与常用的统计参数 $\overline{X}$、C_V、C_S 具有如下关系：

$$\left.\begin{aligned}\alpha&=\frac{4}{C_S^2}\\ \beta&=\frac{2}{\overline{X}C_V C_S}\\ a_0&=\overline{X}\left(1-\frac{2C_V}{C_S}\right)\end{aligned}\right\} \tag{2.1.19}$$

因此，P-Ⅲ型频率曲线的密度函数可表示为以 $\overline{X}$、C_V、C_S 为参数的函数 $f(\overline{X},C_V,C_S,x)$。

由式（2.1.19）可知，只要求出三个统计参数 $\overline{X}$、C_V、C_S，就可以得出P-Ⅲ型频率分布曲线的密度公式。但是，在水文计算上常用的是累积频率分布曲线，这就要通过对密度函数进行积分，求出 P－Ⅲ型曲线的分布函数，即

$$P = P(X \geqslant x_p) = \int_{x_p}^{\infty} f(\overline{X}, C_V, C_S, x)\mathrm{d}x \tag{2.1.20}$$

令
$$\Phi = \frac{x - \overline{X}}{\overline{X}\, C_V} \tag{2.1.21}$$

则有
$$x_p = k_p \overline{X} = (\Phi_p C_V + 1) \tag{2.1.22}$$

式中 Φ 是标准化变量，称为离均系数，其均值为 0，标准差为 1。经过标准化变化后，将其代入式（2.1.20），经简化后可得

$$P(\Phi \geqslant \Phi_p) = \int_{\Phi_p}^{\infty} f(\Phi \cdot C_S)\mathrm{d}\Phi \tag{2.1.23}$$

式（2.1.23）中，被积函数只含有一个待定参数 C_S，其他两个参数 $\overline{X}$ 、C_V 都包含在 Φ 中，是标准化变换。因此，只需要假定一个 C_S 值，便可从式（2.1.23）通过积分求出 P 与 Φ 之间的关系。

但是，式（2.1.23）的积分计算比较复杂，为了简化水文计算，对于若干个假定的 C_S 值，可将 P 与 Φ 的对应值制成表，该表已先后由美国的福斯特和苏联的雷布京制作出来，见附表 1 P－Ⅲ型频率曲线的离均系数值表，查表可由 C_S 求出相应频率的 Φ 值，进而可由式（2.1.22）计算出该频率对应的 x 值，即可绘制出 P－Ⅲ型频率曲线。

2.1.3.3 P－Ⅲ型频率曲线统计参数的估算

水文特征值作为随机变量，其频率曲线选定后，为了具体确定出概率分布函数，就需要估计出有关统计参数。由于无法得知水文变量的总体，因此需要由有限的样本资料估算的总体参数，称为参数估计。目前，参数估计的方法很多，在这里只介绍常用的两种方法，即矩法和三点法。而且，我国普遍采用的是 P－Ⅲ型频率曲线，因此，本节所介绍的参数估计方法只针对 P－Ⅲ型频率曲线。

1. 矩法

矩法是用样本矩估计总体矩，并通过矩和参数之间的关系，来估计频率曲线参数的一种方法。

式（2.1.7）、式（2.1.10）和式（2.1.12）中均有矩计算，通常称为矩法公式。它们是相应于总体的参数计算公式。但是，水文变量不管容量多长都是样本，由样本系列计算出来的统计参数要想与总体更接近些，就需要将上述公式加以修正，修正后的参数计算式为式（2.1.7）、式（2.1.11）和式（2.1.13）。

水文计算上习惯称上述公式为无偏估值公式，并用它们估算总体参数，作为配线法的参考数值。在现行水文频率分析计算中，当用矩法估计参数时，都是用式（2.1.7）和式（2.1.11）初步估计出均值和变差系数，由于 C_S 的计算误差较大，一般不用公式直接计算，而是通过假定 C_S 为 C_V 的某一倍数再适线确定。

工程案例见【例 2.1.2】。

2. 三点法

P－Ⅲ型频率曲线的绘制要基于 3 个选定的统计参数 $\overline{X}$ 、C_V、C_S。从数学的角度

来说，如果能在待求的 P-Ⅲ 型频率曲线上任取三点，其坐标为（x_1，p_1）、（x_2，p_2）和（x_3，p_3），将它们代入该曲线方程，可建立 3 个方程，联立求解，便可得到 3 个统计参数，这就是三点法。

但是，由于 P-Ⅲ 型频率曲线是待求曲线，所以，三点直接在经验频率曲线上选取，并假定它们就在待求的 P-Ⅲ 型频率曲线上，将其代入曲线方程，得到如下方程组：

$$\left.\begin{aligned} x_1 &= \overline{X} + \sigma \Phi_{p_1} \\ x_2 &= \overline{X} + \sigma \Phi_{p_2} \\ x_3 &= \overline{X} + \sigma \Phi_{p_3} \end{aligned}\right\} \tag{2.1.24}$$

解方程组可得

$$\left.\begin{aligned} S &= \frac{x_1 + x_3 - 2x_2}{x_1 - x_3} \\ C_S &= \Phi(S) \\ \sigma &= \frac{x_1 - x_3}{\Phi_{p_1} - \Phi_{p_3}} \\ \overline{X} &= x_2 - \sigma \Phi_{p_2} \end{aligned}\right\} \tag{2.1.25}$$

式中 S 称为偏度系数，是 p 和 C_S 的函数。当 p 一定时，S 和 C_S 的关系可由附表 3 查算。三点频率的取法一般为 1%～50%～99%、3%～50%～97%、5%～50%～95%、10%～50%～90%。

三点法计算简单，工作量小。但是由于三点是在目估的经验频率曲线上选取的，有一定的主观性，很难保证所选取的三点就在待求的 P-Ⅲ 型频率曲线上。因此，三点法在实际应用中，应该与适线法相结合。

2.1.3.4　统计参数对频率曲线的影响

2.3
统计参数对频率曲线的影响

P-Ⅲ 型频率曲线同其他数学上的曲线一样，其图像的位置、形状将随其方程中参数的不同而变化。为了避免适线过程中修改参数的盲目性，应该清楚各参数对频率曲线的影响。下面就分别讨论三个统计参数 $\overline{X}$、C_V、C_S 对 P-Ⅲ 型频率曲线形状和位置的影响。

1. 均值 $\overline{X}$ 对 P-Ⅲ 型曲线的影响

当 P-Ⅲ 型频率曲线的另外两个统计参数 C_V 和 C_S 不变时，均值 $\overline{X}$ 的变化主要影响曲线的位置。$\overline{X}$ 变大，曲线就会变陡；反之，$\overline{X}$ 变小，曲线就会变缓，如图 2.1.6 所示。

2. 变差系数 C_V 对 P-Ⅲ 型曲线的影响

当 $\overline{X}$ 和 C_S 不变时，变差系数 C_V 的变化主要影响曲线的陡缓程度。C_V 越大，则曲线越陡，即左端部分上升，右端部分下降；如图 2.1.7 所示。当 $C_V=0$ 时，曲线变成一条 $k_p=1$ 的水平直线。

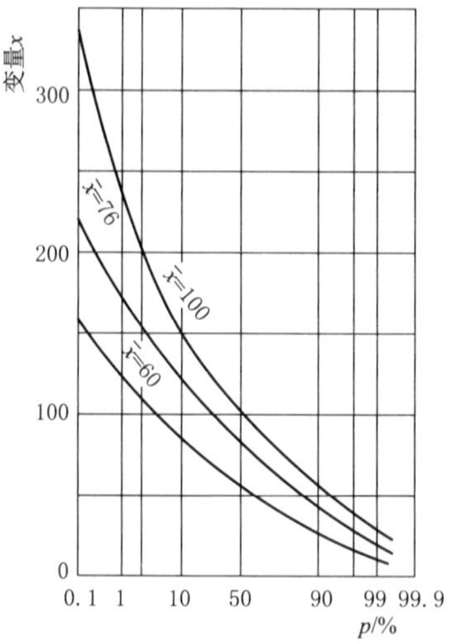

图 2.1.6　均值对频率曲线的影响

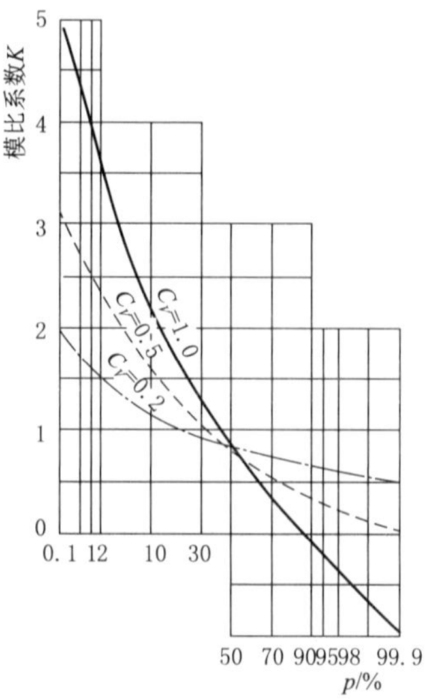

图 2.1.7　变差系数 C_V 对频率曲线的影响

3. 偏差系数 C_S 对 P－Ⅲ型曲线的影响

当 $\overline{X}$ 和 C_V 不变时，在 $C_S>0$（正偏）的情况下，偏差系数 C_S 主要影响曲线的弯曲程度。C_S 增大时，曲线变弯，即两端上翘，中间下凹，如图 2.1.8 所示；当 $C_S=0$ 时，曲线变成一条直线。

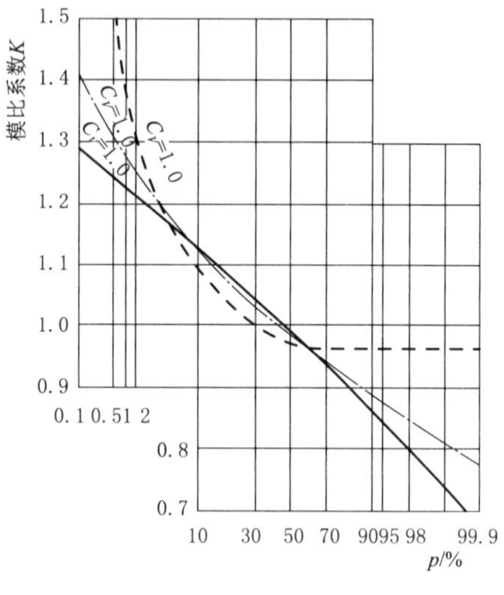

图 2.1.8　偏态系数 C_S 对频率曲线的影响

2.4
适线法

2.1.3.5　现行频率计算方法——适线法

综上所述，理论频率曲线主要用来解决经验频率曲线的外延和地区综合问题。我国水文界目前普遍选用 P－Ⅲ型频率曲线作为理论频率曲线。P－Ⅲ型频率曲线由三个统计参数（$\overline{X}$、C_V、C_S）决定，由统计参数计算公式计算的样本统计参数的抽样误差较大，使得样本统计参数相对应的 P－Ⅲ型曲线不能很好地反映总体的分布规律。因此，实际工程中，常常需要调整样本的统计参数，尽可能减少其抽样误差和系统偏差，并用其相应的 P－Ⅲ曲线来拟合样本的经验点据，直至两者配合最佳，这个过程在水文上便称为适线法。并且，我们把与经验点据配合最好的理论频率曲线近似地作为总体概论分布，对应的统计参数作为总体的最佳统计参数。

适线法的基本步骤如下：

(1) 点绘经验频率点据。把资料从大到小排列，按自然数顺序编号，按 $p=\dfrac{m}{n+1}\times 100\%$ 计算经验频率，以变量值为纵坐标、以相应的经验频率值为横坐标，在概率格纸上点绘出经验点据。

（2）选定水文频率分布线型，一般用P-Ⅲ型频率曲线。

（3）估算统计参数初值。根据样本资料系列，列表计算均值和变差系数；对于偏差系数，由于其抽样误差一般很大，故通常不用公式计算，而是根据实际经验进行假设。假设出一个数值之后与前面计算的均值和变差系数一起作为适线的初始参数。

（4）绘制P-Ⅲ型频率曲线。由统计参数初值 $\overline{X}$ 、C_V、C_S查附表1或附表2，按式（2.1.22）计算，并绘制第一条P-Ⅲ型曲线。

（5）分析P-Ⅲ型曲线与经验点据的拟合情况，如果满意，则该曲线对应的三个统计参数就作为总体参数的估计值。如果不满意，则合理地修改统计参数，再画一条P-Ⅲ型曲线与经验点据拟合，直到满意为止。

（6）选择一条与经验点据拟合最好的曲线作为采用曲线，相应于该曲线的参数作为总体参数的估算值。

（7）求指定频率的水文变量设计值。

频率计算在水利工程规划设计中的主要作用是求相应于某一设计频率 P 的水文变量设计值。下面用实例说明适线法的计算步骤。

【例2.1.3】 资料同【例2.1.2】，选用1956—2013年径流量资料，试用适线法推求该站设计频率曲线，并计算相应于频率10%、50%、90%下的年径流量。

［**解**］ 由【例2.1.2】计算成果，具体应用适线法解题如下：

1. 计算经验频率，点绘经验频率点据。在概率格纸上，以表2.1.5中第④列径流量数据为纵坐标，以第⑨列经验频率为横坐标，点绘实测点，即经验频率点据。

2. 估算统计参数初值。成果见【例2.1.2】。

$$\overline{W}=\frac{\sum_{i=1}^{n}W_i}{n}=\frac{74822}{58}=1290(\text{万 m}^3)$$

$$C_V=\sqrt{\frac{\sum_{i=1}^{n}(\mathrm{k}_i-1)^2}{n-1}}=\sqrt{\frac{18.64}{58-1}}=0.57$$

由于水文资料取样一般都在100年以下，按式（2.1.13）计算的偏态系数 C_S 误差较大，难以应用。实际工作中我们一般取 $C_S=nC_V$ ，一般取2倍，所以

$$C_S=2C_V=0.57\times2=1.14$$

3. 绘制P-Ⅲ型频率曲线。由统计参数初值 $\overline{W}$、C_V、C_S 查附表1或附表2，按式（2.1.22）计算，并绘制第一条P-Ⅲ型曲线，如图2.1.9所示。计算过程见表2.1.6。

4. 调整统计参数进行适线。由第一条理论线与经验点拟合分析发现，曲线上部和下部在经验点下方，中部略高于经验点，说明 C_S 偏小，调整 $C_S=2.5C_V$ ，同时曲线适当放缓，取 $C_V=0.55$ ，计算过程见表2.1.6。

表 2.1.6　　**庆峡河 A 站年径流量频率适线计算表**

频　率	p /%	①	1	2	5	10	20	50	75	90	95	99
第一次适线 $\overline{W}=1290$ 万m³ $C_V=0.57$，$C_S=2C_V$	k_p	②	2.78	2.48	2.08	1.76	1.42	0.90	0.58	0.38	0.28	0.15
	W_p	③	3586	3199	2683	2270	1832	1161	748	490	361	194
第二次适线（采用） $\overline{W}=1290$ 万m³ $C_V=0.55$，$C_S=2.5C_V$	k_p	④	2.79	2.49	2.06	1.73	1.39	0.88	0.60	0.42	0.35	0.26
	W_p	⑤	3599	3212	2670	2232	1736	1135	774	541	451	335

5. 选择设计频率曲线。经频率计算软件多次调整比对，发现第二次适线成果 $\overline{W}=1290$ 万 m³、$C_V=0.55$、$C_S=2.5C_V$ 拟合经验点较好，所以选为设计频率曲线，如图 2.1.9 所示。

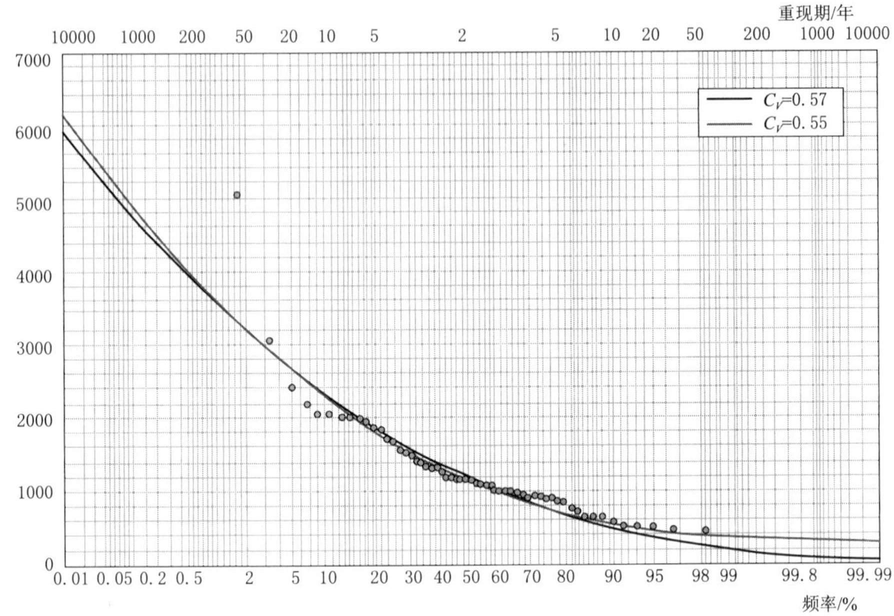

图 2.1.9　庆峡河 A 站年径流量频率适线图

6. 求指定频率的水文变量设计值。由表 2.1.6 可知 $W_{10\%}=2232$ 万 m³、$W_{50\%}=1135$ 万 m³、$W_{90\%}=541$ 万 m³。

2.1.4　相关分析

2.1.4.1　概述

2.4 课前学习任务单

前面所讨论的都是一种随机变量的变化规律。实际上经常遇到两种或两种以上的随机变量，它们之间有着一定的联系，但又不是函数关系，如降水与径流、水位与流量等。相关分析就是要研究两个或两个以上随机变量之间的相互关系，又称回归分析。

水文计算中，经常遇到某一水文要素的实测资料系列很短，而与其有关的另一要素的资料却很长。进行相关分析的目的就是利用水文变量之间的相关关系，借助长系列样本延长和插补短系列样本资料，提高短系列样本资料的代表性和水文计算成果的可靠性。

2.4 Ⓣ
课前自测

两个随机变量之间的关系一般有三种情况：完全相关（函数关系）、零相关（没有关系）和统计相关（相关关系）。

1. 完全相关（函数关系）

两变量 x 与 y 之间，如果每给定一个 x 值，就有一个完全确定的 y 值与之对应，则这两个变量之间的关系就是完全相关（或称函数关系）。完全相关的形式有直线关系和曲线关系两种，如图 2.1.10 所示。

2. 零相关（没有关系）

两变量之间毫无联系，或某一变量的变化不影响另一变量的变化，这种关系称为零相关或没有关系，如图 2.1.11 所示。

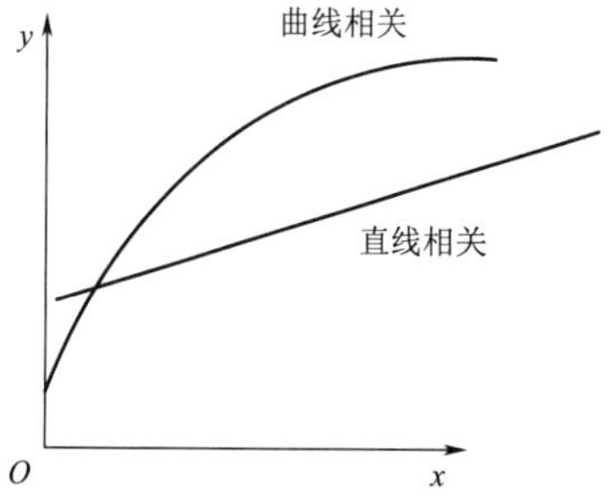

图 2.1.10　完全相关示意图

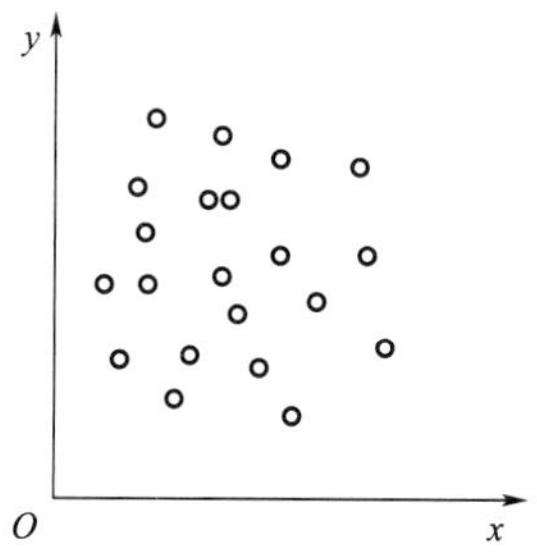

2.1.11　零相关示意图

3. 统计相关（相关关系）

若两个变量之间的关系介于完全相关和零相关之间，则称为统计相关，即相关关系。分为直线相关和曲线相关，如图 2.1.12 所示。

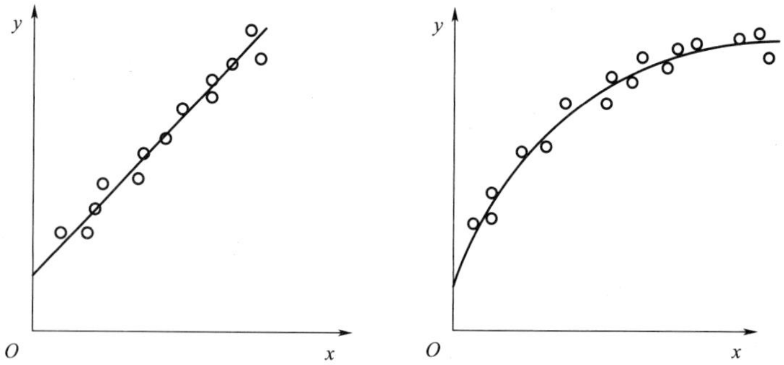

（a）直线相关　　（b）曲线相关

图 2.1.12　相关关系示意图

按数理统计法建立上述两个或多个随机变量之间的联系，称为相关关系。把对这种关系的分析和建立称为相关分析。相关关系一般分为以下两大类：

（1）简相关：研究两个变量之间的相关关系。简相关可分为简单直线相关和简单曲线相关。

（2）复相关：研究 3 个或 3 个以上变量的相关关系。复相关可分为复直线相关和复曲线相关。

本节主要介绍简单直线相关。

2.1.4.2 简单直线相关

1. 相关图解法

设 x_i（$i=1\sim m$）和 y_i（$i=1\sim n$）分别代表两系列的观测值。以变量 x_i 为横坐标，以变量 y_i 为纵坐标，把对应值点绘于方格纸上。如果点据有直线分布的趋势，则可通过点群中心及均值点（$\overline{x},\overline{y}$）目估绘出一条直线，该直线即为相关线，如图 2.1.13 所示。

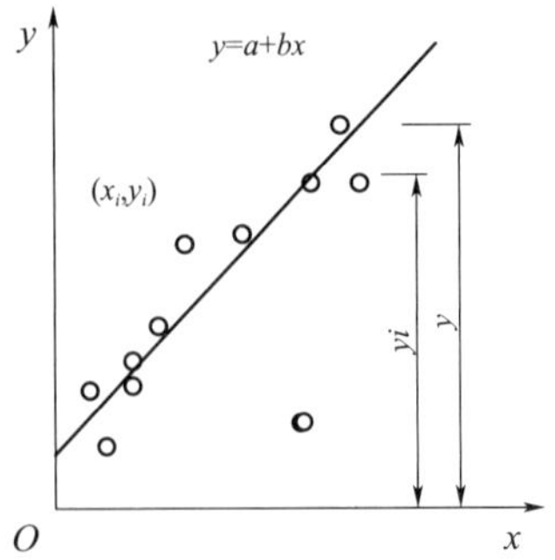

图 2.1.13 直线相关图

利用相关线可由 x 值求得对应的 y 值。也可写出该直线的方程，由给定的 x 值计算对应的 y 值。

2. 相关分析法

为避免图解法的主观性，可采用相关分析法来确定相关线的方程，即回归方程。设相关方程为

$$y = a + bx \tag{2.1.26}$$

式中 x——自变量；

y——倚变量；

a、b——待定常数。

待定常数 a、b 由观测点与直线拟合最佳，通过最小二乘进行估计。最后得到如下形式的回归方程：

$$y-\overline{y} = r\frac{\sigma_y}{\sigma_x}(x-\overline{x}) \tag{2.1.27}$$

其中

$$\begin{aligned} r &= \frac{\sum(x_i-\overline{x})(y_i-\overline{y})}{\sqrt{\sum(x_i-\overline{x})^2\sum(y_i-\overline{y})^2}} \\ &= \frac{\sum(\mathrm{k}_{xi}-1)(\mathrm{k}_{yi}-1)}{\sqrt{\sum(\mathrm{k}_{xi}-1)^2\sum(\mathrm{k}_{yi}-1)^2}} \end{aligned} \tag{2.1.28}$$

式中 σ_x、σ_y——x、y 系列的均方差；

$\overline{x}$、$\overline{y}$——x、y 系列的均值；

r——相关系数，表示 x、y 两系列间的密切程度。

式（2.1.27）称为 y 倚 x 的回归方程，它的图形称为 y 倚 x 的回归线。

若以 y 求 x，则要应用 x 倚 y 的回归方程。同理，可得 x 倚 y 的回归方程为

$$x-\overline{x} = r\frac{\sigma_x}{\sigma_y}(y-\overline{y}) \tag{2.1.29}$$

在相关分析计算中还应注意以下几点：

首先，相关变量在物理成因上必须有密切的内在关系。同期观测资料不能太少，

一般要求同步期点数不得少于10对，否则抽样误差太大，影响成果的可靠性。其次，在水文分析计算中，相关系数 $|r|>0.8$，表明两个变量相关关系密切。再者，在插补延长资料时，如需要将回归线外延，应特别慎重。一般不能过多地外延，最好不超过实际幅度的50%。

【例2.1.4】 已知某站1975—1994年降水量与1980—1994年径流量资料，试利用表2.1.7第②、第③栏的同期观测资料进行相关计算，展延短系列的年径流量资料。

[解] 因为年降水量系列长，故以年降水量为自变量 x，年径流量为倚变量 y。计算结果列于表2.1.7。由表2.1.7的计算成果，可得

1. 均值

$$\overline{x}=\frac{14373}{15}=958.20\,(\text{mm})\qquad \overline{y}=\frac{7891}{15}=526.07\,(\text{mm})$$

表2.1.7　　某水文站年降水量与年径流量相关计算表

年份	年降水量 x/mm	年径流量 y/mm	k_{xi}	k_{yi}	$k_{xi}-1$	$k_{yi}-1$	$(k_{xi}-1)^2$	$(k_{yi}-1)^2$	$(k_{xi}-1)(k_{yi}-1)$
①	②	③	④	⑤	⑥	⑦	⑧	⑨	⑩
1980	1200	760	1.252	1.445	0.252	0.445	0.0637	0.1977	0.1122
1981	689	300	0.719	0.570	0.281	0.430	0.0789	0.1847	0.1207
1982	870	536	0.908	1.019	0.092	0.019	0.00850	0.0000	0.0017
1983	904	392	0.943	0.745	0.057	0.255	0.0032	0.0649	0.0144
1984	1139	715	1.189	1.359	0.189	0.359	0.0356	0.1290	0.0678
1985	725	275	0.757	0.523	0.243	0.477	0.0592	0.2278	0.1162
1986	997	466	1.040	0.886	0.040	0.114	0.0016	0.0130	0.0046
1987	853	334	0.890	0.635	0.110	0.365	0.0121	0.1333	0.0401
1988	1341	788	1.399	1.498	0.399	0.498	0.1596	0.2479	0.1989
1989	900	541	0.939	1.028	0.061	0.028	0.0037	0.0008	0.0017
1990	707	289	0.738	0.549	0.262	0.451	0.0687	0.2031	0.1181
1991	1033	688	1.078	1.308	0.078	0.308	0.0061	0.0948	0.0240
1992	12201	868	1.253	1.650	0.253	0.650	0.0642	0.4225	0.1647
1993	1006	534	1.050	1.015	0.050	0.015	0.0025	0.0002	0.0008
1994	808	405	0.843	0.770	0.157	0.230	0.0246	0.053	0.0361
合计	14373	7891	15.00	15.00	0.0000	0.0000	0.5922	1.9727	1.0059
平均	958.2	526.07					0.5922	1.9727	1.0059

2. 均方差

$$\sigma_x=\overline{x}\sqrt{\frac{\sum_{i=1}^{n}(k_{x_i}-1)^2}{n-1}}=958.20\sqrt{\frac{0.5922}{15-1}}=197.07\,(\text{mm})$$

$$\sigma_y = \overline{y}\sqrt{\frac{\sum_{i=1}^{n}(\mathrm{k}_{y_i}-1)^2}{n-1}} = 526.07\sqrt{\frac{1.9727}{15-1}} = 197.47\ (\mathrm{mm})$$

3. 相关系数

$$r = \frac{\sum_{i=1}^{n}(\mathrm{k}_{x_i}-1)(\mathrm{k}_{y_i}-1)}{\sqrt{\sum_{i=1}^{n}(\mathrm{k}_{x_i}-1)^2\sum_{i=1}^{n}(\mathrm{k}_{x_i}-1)^2}} = \frac{1.0059}{\sqrt{0.5922\times1.9727}} = 0.931$$

4. 回归系数

$$R_{y/x} = r\frac{\sigma_y}{\sigma_x} = 0.931\times\frac{197.47}{197.07} = 0.933$$

5. y 倚 x 的回归方程

$$y = \overline{y} + R_{y/x}(x-\overline{x}) = 0.933x - 367.9$$

把 1975—1979 年降水量代入回归方程中，可以算出对应年的年径流量（表 2.1.8），从而使年径流量资料系列与年降水量资料系列具有相同的长度（1975—1994 年）。

2.5 Ⓣ 课后自测

表 2.1.8　　相关分析插补延长年径流资料

年　份	1975	1976	1977	1978	1979
年降水量 x/mm	1160	974	887	1029	763
年径流量 y/mm	715	541	460	593	344

任务 2.2　设计年径流分析计算

2.2 概念及术语——设计年径流分析计算

在河流上修建一项水利水电工程，必须对河流未来的水文情势作出合理预估，以此为依据来确定水利工程的工程规模、防洪措施及工程调度运行方案。对于水利水电工程工程项目，主要技术文件有项目建议书、可行性研究报告、初步设计报告和竣工验收报告等。工程水文分析计算主要在可行性研究阶段完成。《水利水电工程水文计算规范》（SL 278—2002）规定，径流分析计算应包括径流特性分析，人类活动对径流的影响分析及径流还原，径流资料插补延长，径流系列代表性分析，年、期径流及时程分配的分析计算，计算成果的合理性检查。

2.2.1　基本知识

2.2.1.1　年径流及其特点

2.5 课前学习任务单

在一个年度内，通过河流某一断面的水量，称为该断面以上的年径流量，可以用年平均流量（$\mathrm{m^3/s}$）、年径流深（mm）、年径流总量（$\mathrm{m^3}$）或年径流模数［$\mathrm{m^3/(s\cdot km^2)}$］表示。年径流量的多年平均值叫作多年平均年径流量，它是描述河流某一断面的水资源量的一个重要水文特征值。相应于某一设计标准下的年径流即为设计年径流。

我国的水文年鉴中，年径流量是按日历年度统计的，而在水文水利计算中，年径流量通常是按水文年度或水利年度统计的。所谓水文年是以水文现象的循环周期作为一年，即从每年的汛期开始到第二年的枯水期结束为一年（对于春汛河流，应以春汛开始作为水文年的起点）。由于各地气候条件不同，水文年的起讫日期各地不一。我国规定，长江及其以南地区河流的水文年一般从 4 月 1 日或 5 月 1 日开始；淮河流域及其以北河流包括华北及东北地区的河流从 6 月 1 日开始；对于北方春汛河流，则以融雪情况来划分水文年度。而水利年是以水库蓄泄循环周期作为一年，即从水库蓄水开始到第二年水库供水结束为一年。

2.6 Ⓣ 课前自测

2.5 Ⓒ 年径流及其特点

通过对信息的采集和处理，可以得到实测年径流量。将实测值按年代顺序点绘，可得年径流量过程线图，通过对多站年径流过程线图的分析，可以得出年径流的变化特征。

（1）年径流具有大致以年为周期的汛期与枯季交替变化的规律，但各年汛期、枯季有长有短，发生时间有迟有早，水量也有大有小，基本上年年不同，从不重复，具有偶然性质。

（2）年径流量在年际间变化很大，存在丰水年和枯水年的现象，有些河流丰水年年径流量的最大值可达到平均值的 2～3 倍，而枯水年径流量仅为平均值的 0.1～0.2。年径流量的最大值与最小值之比，长江和珠江为 4～5，黄河和海河为 14～16。

年径流量的年际变化，也可以由年径流量的变差系数 C_V 来反映，C_V 越大，年径流量的年际变化越大。例如，淮河流域大部分地区为 0.6～0.8，而华北平原一般超过 1.0，部分地区可达 1.4 以上，是我国年径流 C_V 值最大的地区。东北地区山地 C_V 值较小，一般在 0.5 以下，而松辽平原和三江平原则较大，在 0.8 以上。黄河流域的 C_V 值一般均在 0.6 以下。对于内陆河流，天山西段和祁连山区 C_V 值最小，在 0.2 左右；山东段和阿尔泰山在 0.3～0.5。内蒙古高原西部一般大于 1.0。

（3）年径流量在多年变化中有丰水年组和枯水年组交替出现的现象。例如，黄河 1991—1997 年连续 7 年出现断流，海河出现过两三年甚至四五年的连续干旱，松花江 1960—1966 年出现过连续 7 年丰水年组等。

2.2.1.2　年径流的影响因素

2.6 Ⓒ 年径流的影响因素

在年径流量的分析与计算中，研究影响年径流量的因素具有重要的意义，尤其是当径流资料短缺时，更为重要。当只有短期实测径流资料时，常常需要利用年径流量与其影响因素之间的相关关系来插补、展延年径流量资料。同时，通过年径流量的影响因素，也可对年径流量计算成果的合理性作出分析论证。

由流域年水量平衡方程式 $y=X-E-\Delta W-\Delta V$ 可知，年径流深 y 取决于年降水量 X、年蒸发量 E、时段始末的流域蓄水变量 ΔW 和流域之间的交换水量 ΔV 四项因素。前两项属于流域的气候因素，后两项属于下垫面因素以及人类活动情况。当流域完全闭合时，$\Delta V=0$，影响因素只有 y、E 和 ΔW 三项。

1. 气候因素对年径流的影响

气候因素中，年降水量与年蒸发量对年径流的影响程度随地理位置不同而有差异。在湿润地区降水量较多，其中大部分形成了径流，年径流系数较大，年径流量与年降水量相关关系较密切，说明年降水量对年径流量起着决定性作用。在干旱地区，降水量较少，且极大部分消耗于蒸发，年径流系数很小，年径流量与年降水量的相关关系不很密切，年降水量和年蒸发量都对年径流量以及年内分配起着相当大的作用。

以冰雪补给为主的河流，其年径流量的大小及年内分配主要取决于前一年的降雪量和当年的气温。

2. 下垫面因素对年径流的影响

流域的下垫面因素包括地形、植被、土壤、地质、湖泊、沼泽、流域大小等。这些因素主要从两方面影响年径流量：一方面，通过流域蓄水变量 ΔW 影响年径流量的变化；另一方面，通过对气候因素的影响间接地对年径流量发生作用。

（1）地形。地形主要通过对降水、蒸发、气温等气候因素的影响间接地对年径流量发生作用。地形对降水的影响，主要表现在山地对气流的抬升和阻滞作用，使迎风坡降水量增大，增大的程度主要随水汽含量的抬升速度而定。同时，地形对蒸发也有影响，一般气温随地面高程的增加而降低，因而使蒸发量减少。所以，高程的增加对降水和蒸发的影响，一般情况下将使年径流量随高程的增加而增大。

（2）湖泊和沼泽。流域内存在湖泊和沼泽，一方面增大了流域的水面面积，使蒸发量增大，从而影响年径流量的大小；另一方面通过对流域蓄水量的调节而影响年径流量的变化。湖泊和沼泽的存在增加了流域的调蓄作用，巨大的湖泊和沼泽不仅会调节径流的年内变化，还可以调节径流的年际变化。

（3）流域大小。流域大小对年径流的影响，主要表现为对流域内蓄水量的调节作用而影响径流的年内分配及年际变化。大流域调蓄能力大，使得径流在时间上的分配过程趋于均匀，通常使枯水季（或枯水年）径流增大。此外，流域面积越大，流域内部各地径流的不同期性越显著，所起的调节作用就更加明显。因此，一般情况下，同一气候区大流域年径流量的年际变化比小流域的小。

（4）植被。植被的增加可以减少地面径流，增大入渗量，从而增大地下径流量，使径流过程变缓。另外，植被的根系吸收大量的雨水，使植物的散发量增大。

（5）土壤和地质。土壤的结构和透水岩层的厚度，直接影响地下水储量的大小和调节能力的大小，从而影响年径流的年内分配过程。对于含水岩层较厚且土壤渗透能力较强的大流域，地下水库的调节作用较大；反之，则较小。

3. 人类活动对年径流的影响

人类活动是指人类对流域的开发利用等各种活动。人类活动对年径流的影响，包括直接和间接两方面。直接影响如跨流域引水，将本流域的水引到另一流域，直接减少本流域的年径流量。间接影响如修水库、塘堰、旱地改水田、坡地改梯田、种植牧草、植树造林等，通过增加流域蓄水量和流域蒸发量来减少流域的年径流量，这些措施都将使流域蒸发量加大，而减少年径流量。

2.2.1.3　设计年径流计算内容

河川径流在年内和年际的变化很大，往往不能满足人们对水量的需求。为了解决水量供需之间的矛盾，合理地开发利用水资源，就需要在河流上兴建一些水资源工程，如水库、闸坝、水泵站等，对天然径流加以人工调节或控制，以满足用水部门的用水要求。

显然，这些工程的规模是由来水、用水间的矛盾，以及用来反映供水保证程度高低的设计保证率所决定的。通常将工程在多年期间，用水部门的正常用水得到保证的程度称作设计保证率，即工程在多年期间每年用水量能够得到充分保证的概率 P（%），并以此作为设计标准。设计保证率是根据工程需要或用水需求而选用的保证率，它是水利水电工程设计的重要依据。在工程设计中，设计保证率是根据国家规范、用水要求、自然地理情况及经济条件，由用水部门合理确定的。当设计保证率确定后，各项工程的规模就依据来水与用水的情况，经分析计算来确定。

因此，在水利水电工程的规划设计阶段，必须要分析工程所在地的来水情况，包括来水量的大小和来水量的时间变化等。设计年径流的计算任务就是研究年径流的年际变化和年内分配规律，预估未来工程运行期间的径流变化情况，为水利工程规划设计和运行管理以及水资源供需分析等提供主要依据，即来水资料。

设计年径流分析计算采用天然径流实测系列，具体计算包括以下内容：

（1）实测径流系列资料审查。

（2）实测径流系列资料插补延长。

（3）按统一格式整理长期年月径流资料。

（4）适线法推求设计年径流。

（5）设计年径流年内分配。

在实际工作中，所遇到的水文资料情况有三种：具有长期（资料充分）实测径流资料、具有短期（资料不足）实测资料、缺乏实测径流资料。任务 2.2 设计年径流分析计算将分别讲述以上三种不同情况下的设计年径流量及年内分配的分析计算方法。

2.2.2　具有长期实测资料时设计年径流的计算

2.6　课前学习任务单

在水利工程规划设计阶段，为了确定工程规模，要求水文计算提供未来工程运行期间的径流过程。当具有长期实测径流资料时，按设计要求，可有 3 种类型：①设计长期年的年、月径流系列；②实际代表年的年、月径流量；③设计代表年的年、月径流量。

所谓具有长期实测径流资料，一般指 n 不小于 30 年，而且这些资料必须具备“三性”，即可靠性、一致性和代表性。

2.2.2.1　径流样本审查

2.7　课前自测

水文资料是水利分析计算的依据，它直接影响着年径流的设计精度和工程安全。因此，在进行具体的分析计算之前，应首先做好样本资料的审查，尽可能地提高样本资料的质量，以保证成果的合理性，这是一个非常重要的环节。一般样本资料的质量主要反映在它的可靠性、一致性和代表性三个方面，下面分别进行讨论。

1. 可靠性审查

水文样本资料的可靠性是指设计中所引用的样本资料的可靠程度，从一定意义上讲，也就是样本资料是否存在着种种较大的误差或错误。水文样本资料的来源主要是水文测验和水文调查的整编成果，如水文年鉴、水文资料数据库、水文调查资料等，这些资料从整体上讲，经过各级水文部门的层层把关审查，一般来说是可靠的。但是，由于采集所得到的水文资料受到许多人为因素的影响，可能会造成资料的缺失。另外，在一些较大洪水期间，水情变化迅猛，观测条件的客观限制也会造成资料的缺陷等。所以，在统计分析之前，就应该对原始资料进行复核、审查、修复等，对测验精度、资料整编成果等作出分析评价。如问题较大，应进行定量修正。

水文样本资料审查的内容主要根据设计对象所应用的主要资料而确定，如水位、断面、流量、降雨等。可靠性审查中发现的问题往往是人为因素或客观因素造成的误差或错误，种类可能比较多，因而修正方法也多种多样，应结合资料的测、算、整、查等方面分别进行修正。

径流资料的可靠性审查可以从以下几方面进行：

（1）水位。主要审查基准面和水准点，水尺零点高程的变化情况。

（2）流量。主要审查水位流量关系曲线定得是否合理，是否符合测站特性。同时，还可以根据水量平衡原理，进行上下游站、干支流站的年、月径流对照，检查其可靠性。

（3）上下游站的水量平衡。根据水量平衡的原理，上下游的水量应该平衡，即下游站的径流量应等于上游站径流量加区间径流量。通过水量平衡的检查即可衡量径流资料的精度。

（4）审查流量观测和计算的方法与精度，水位过程线有无反常情况。

2. 一致性审查

样本资料的一致性，指样本资料前后是否是在同一条件下产生的，不能混合统计不同性质的、各种条件下产生的资料系列，即整个样本资料的成因应该前后一致。

在水文分析当中，样本一致性的好坏主要表现为人类活动和气象成因对水文活动的影响。人类活动的影响集中体现在人类活动对流域下垫面条件的改变以及各种工程建设对水文系列天然状态的改变。对于径流资料来说，其影响因素为气候条件和下垫面条件。一般认为气候条件的变化极其缓慢，可以认为气候条件是基本稳定的。但流域的下垫面条件在人类活动的影响下可能会发生较大变化，比如兴建水库前后、水土保持措施实施前后、河道整治前后等，都会使河道径流发生变化，破坏了径流形成的一致性条件。

设计年径流计算时，需要的年径流系列必须在同一成因条件下形成，具有一致性。不同成因的资料不得作为一个统计系列。当样本资料系列的一致性受到破坏时，则应把变化后的资料进行合理的修正，消除人类活动的影响，还原到流域大规模治理以前的天然状况下。所谓“天然状态”，是指流域内径流在形成过程中没有受到农田灌溉、跨流域引水、分洪决口、水库蓄泄、工业及生活用水等人为影响。还原后的若干年径流量资料再加上历史上未受人类活动影响的资料，组成基本上具有一致性的系列，即可进行统计分析。

径流还原的方法有很多种，最常用的方法是分项调查法，该法以水量平衡为基础，即天然年径流量 $W_{天然}$ 应等于实测年径流量 $W_{实测}$ 与还原水量 $W_{还原}$ 之和，见式（2.2.1）。

$$W_{天然}=W_{实测}+W_{还原} \tag{2.2.1}$$

还原水量一般包括农业灌溉净耗水量$W_{农业}$、工业净耗水量$W_{工业}$、生活净耗水量$W_{生活}$、蓄水工程的蓄水变量$W_{调蓄}$（增加为正，减少为负）、水土保持措施对径流的影响$W_{水保}$、水量水面蒸发增损量$W_{蒸发}$和跨流域引水量$W_{引水}$（引出为正，引入为负）、河道分洪水量$W_{分洪}$（分出为正，分入为负）、水库渗漏水量$W_{渗漏}$、其他水量$W_{其他}$等，即

$$W_{还原}=W_{农业}+W_{工业}+W_{生活}+W_{调蓄}+W_{水保}+W_{蒸发}+W_{引水}+W_{分洪}+W_{渗漏}+W_{其他} \tag{2.2.2}$$

式中，各部分水量可根据实测和调查的资料分析确定。还应注意用上下游、干支流和地区间的综合平衡进行验证校核。

3. 代表性审查

水文计算成果的精度取决于样本对总体的代表性，样本系列代表性好，则抽样误差就小，水文计算成果精度也就高。因此，在进行年径流频率分析之前，还应进行系列的代表性分析。所谓样本资料的代表性，是指样本的统计特性（如统计参数）能否很好地反映总体的统计特性。某样本系列的代表性好，是指样本的统计参数与总体的统计参数数值相近，或者是抽样误差小。

对于水文样本资料，由于总体总是未知的，对于n年的样本系列，无法从样本自身来分析评价其代表性高低。但根据水文统计的原理，一般样本容量越大，其抽样误差越小。因此，样本资料的代表性审查，通常可通过其他更长系列的参证资料的多年变化特性来分析评价实测年径流量系列的丰、枯状况与年际变化规律。

（1）长系列参证变量的比较分析。参证变量是指与设计断面径流关系密切的水文气象要素。比如设计站有n年的年径流量系列，为了检验这一系列的代表性，可选择与设计变量有成因联系、而且比设计变量更长系列的参证变量来进行比较。设参证变量的系列长度为N，设计代表站年径流系列长度为n，且n为两者的同步观测期。如果参证变量的N年统计特征与其自身n年的统计特征接近，则可以认为参证变量的n年短系列在长系列N中具有代表性。又因为设计变量和参证变量具有同步性，因此认为与参证变量有成因联系的设计站n年的年径流量系列也具有代表性。

显然，应用上述方法应具备下列两个条件：①参证变量的长系列本身具有较高的代表性；②设计站年径流量与参证变量在时序上具有相似的丰、枯变化。

（2）年径流量的周期性分析。对于一个较长的年径流系列，应着重检验它是否包括了一个比较完整的水文周期，即包括了丰水段、平水段和枯水段，而且丰、枯水期段大致对称分布。一般来说，径流系列越长，代表性越好，但也不尽然。比如，系列中丰水段数多于枯水段数，则年径流可能偏丰，反之可能偏枯。若减少其中一个丰水段或枯水段，其代表性可能更好。但是这类问题需要慎重对待，必须经充分论证以决定取舍。

一个较长的水文周期，往往长达几十年甚至几百年的时间，而一般水文站，目前还无如此长的径流系列。在条件许可时，可以在水文相似区内，进行综合性年径流量或年降水量的周期分析，并结合历史旱涝分析文献，从而作出合理的判断。

2.2.2.2　设计长期年、月径流量系列

实测径流系列经过审查和分析后，再按水利年度排列为一个新的年、月径流系列。然后，从这个长系列中选出代表段的年、月径流系列。代表段中应包括有丰、平、枯水年，并且有一个或几个完整的调节周期；代表段的年径流量均值、变差系数应与长系列的相近，见表 2.2.1。我们用这个代表段的年、月径流量过程来代表未来工程运行期间的年、月径流量变化。这个代表段就是水文分析计算所要求的所谓“设计长期年、月径流量系列”。

表 2.2.1　　A 站（庆峡河水库坝址）历年逐月天然径流

时段	径流量/万 m^3													
	7 月	8 月	9 月	10 月	11 月	12 月	1 月	2 月	3 月	4 月	5 月	6 月	合计	月平均
1956—1957 年	250.2	230.0	113.7	65.3	34.5	22.8	17.0	15.7	159.8	187.0	44.6	146.5	1287	107.3
1957—1958 年	74.2	193.0	51.5	27.3	29.9	27.5	20.4	20.6	105.7	65.5	25.1	70.3	711	59.3
1958—1959 年	594.6	890.3	147.4	115.2	73.7	57.8	44.2	63.2	387.6	249.7	68.8	148.9	2841	236.8
1959—1960 年	633.1	1937.7	609.2	421.5	246.6	218.2	186.6	178.3	336.8	267.0	195.8	126.2	5357	446.4
1960—1961 年	148.8	204.8	118.7	145.5	103.3	51.3	27.4	33.5	189.1	163.0	63.4	94.3	1343	111.9
1961—1962 年	224.9	893.0	258.0	214.6	146.3	94.8	77.5	77.3	288.8	289.2	61.4	78.3	2704	225.3
1962—1963 年	747.2	167.0	79.4	56.0	82.5	43.2	25.9	27.4	146.7	112.2	70.6	63.8	1622	135.2
1963—1964 年	290.5	349.1	127.0	75.0	50.6	28.8	19.2	21.4	175.3	197.1	37.6	70.4	1442	120.2
1964—1965 年	271.2	737.2	171.8	119.2	75.3	36.4	36.0	35.6	140.8	110.7	35.7	37.0	1807	150.6
1965—1966 年	102.5	53.5	34.6	22.6	16.2	17.8	17.6	19.2	88.5	68.4	20.4	136.3	598	49.8
1966—1967 年	530.6	161.2	51.9	41.0	24.1	17.7	10.2	13.8	90.9	70.1	55.2	57.7	1124	93.7
1967—1968 年	321.2	647.1	105.2	56.9	41.4	19.0	9.2	17.5	181.5	102.7	36.1	64.7	1603	133.6
1968—1969 年	185.9	308.4	80.1	78.9	42.4	25.1	15.6	23.0	185.6	110.7	43.2	53.3	1152	96.0
1969～1970 年	153.4	142.4	110.1	76.5	36.5	18.7	18.3	23.6	67.4	135.2	31.7	70.9	885	73.8
1970—1971 年	135.4	412.4	114.8	64.0	45.1	41.1	34.3	24.6	143.4	144.4	34.3	47.7	1241	103.4
1971—1972 年	177.7	176.0	65.5	35.0	26.6	31.9	16.0	12.7	136.9	72.7	24.8	56.3	832	69.3
1972—1973 年	231.4	159.4	106.9	45.9	19.4	16.3	15.0	14.7	108.4	62.8	25.1	122.0	927	77.3
1973—1974 年	122.3	178.0	146.4	62.2	39.1	26.2	12.2	14.4	58.2	86.3	17.4	32.8	796	66.3
1974—1975 年	341.5	243.5	39.6	21.5	15.1	10.5	10.9	16.0	57.8	49.5	16.7	34.5	857	71.4
1975—1976 年	67.0	460.3	150.1	45.9	27.6	18.7	10.5	22.3	73.8	150.8	50.0	57.8	1135	94.6
1976—1977 年	275.3	606.5	160.0	147.2	58.9	51.0	26.5	28.5	186.1	133.6	37.2	71.0	1782	148.5
1977—1978 年	149.6	90.8	70.4	49.5	36.5	33.6	20.0	20.9	115.4	86.2	34.8	48.6	756	63.0
1978—1979 年	153.0	265.1	183.2	71.9	37.8	30.2	17.0	31.0	155.5	149.0	51.5	90.7	1236	103.0
1979—1980 年	377.0	1395.3	271.0	243.5	136.8	108.7	109.8	103.3	191.9	246.9	115.8	102.1	3402	283.5
1980—1981 年	163.1	293.7	152.5	94.7	71.0	43.2	26.5	33.8	147.1	133.1	41.7	48.6	1249	104.1
1981—1982 年	397.2	253.3	121.6	54.3	48.7	28.5	18.0	33.1	148.2	102.6	59.5	76.0	1341	111.8
1982—1983 年	151.2	211.0	100.0	55.7	35.2	22.1	18.0	16.9	132.2	117.1	28.9	144.1	1032	86.0

续表

时段	径流量/万 m^3													
	7月	8月	9月	10月	11月	12月	1月	2月	3月	4月	5月	6月	合计	月平均
1983—1984年	183.8	251.8	128.0	72.7	38.1	18.3	9.2	11.1	72.4	130.5	27.2	96.9	1040	86.7
1984—1985年	192.2	188.2	87.4	52.3	32.9	19.0	14.3	23.9	82.2	152.5	42.1	29.8	917	76.4
1985—1986年	121.9	415.2	95.6	51.0	32.9	21.4	26.2	24.2	87.5	101.0	26.6	45.2	1049	87.4
1986—1987年	73.2	98.8	96.7	29.0	25.0	13.9	16.0	26.7	66.7	79.6	16.7	43.4	586	48.8
1987—1988年	73.2	124.0	73.0	30.7	18.1	13.9	17.0	14.9	48.0	77.8	24.9	147.3	663	55.3
1988—1989年	324.2	309.4	101.1	58.9	33.5	16.0	14.6	23.9	68.1	49.6	13.1	19.0	1031	85.9
1989—1990年	139.2	52.9	46.0	43.6	22.4	20.7	16.7	23.9	80.1	48.1	21.0	32.5	547	45.6
1990—1991年	451.6	393.9	111.3	71.0	39.1	23.4	18.7	35.6	89.5	110.9	47.3	84.4	1477	123.1
1991—1992年	299.6	106.4	83.3	48.7	27.3	27.9	22.1	26.1	86.9	103.7	53.3	29.9	915	76.3
1992—1993年	337.1	729.0	148.4	136.2	88.5	73.4	58.1	68.4	207.0	114.8	44.2	49.3	2054	171.2
1993—1994年	273.4	213.2	82.5	71.7	32.9	26.5	30.2	33.5	106.2	119.3	22.3	55.4	1067	88.9
1994—1995年	702.7	536.4	157.4	96.7	64.5	79.5	82.6	55.2	123.1	97.6	56.5	56.4	2109	175.8
1995—1996年	331.6	303.9	349.2	180.5	131.2	80.9	72.4	75.3	137.7	216.6	93.2	147.2	2120	176.7
1996—1997年	373.8	362.5	176.9	171.0	74.3	67.6	72.0	56.5	166.2	134.4	41.5	110.3	1807	150.6
1997—1998年	315.1	139.3	113.3	71.1	46.4	43.2	31.9	44.8	108.1	113.6	104.3	130.6	1262	105.2
1998—1999年	726.0	375.2	134.0	104.3	53.9	66.6	53.0	45.4	89.4	111.4	62.6	70.6	1893	157.8
1999—2000年	267.5	95.4	87.4	61.6	26.3	20.7	21.1	25.4	75.8	88.7	34.4	56.8	861	71.8
2000—2001年	205.6	154.2	97.3	50.0	23.3	25.5	23.1	22.7	56.1	61.8	26.9	82.8	829	69.1
2001—2002年	126.1	138.6	76.9	40.5	16.8	24.5	27.9	26.7	49.3	77.2	48.7	76.2	729	60.8
2002—2003年	166.9	206.9	62.4	43.6	28.3	14.6	6.5	7.7	77.5	100.6	56.5	82.4	854	71.2
2003—2004年	431.9	233.4	175.9	142.4	51.3	16.7	19.4	27.3	156.0	130.2	65.3	128.5	1578	131.5
2004—2005年	284.5	287.1	175.9	126.5	77.3	23.4	16.7	18.4	109.1	159.1	63.9	79.8	1422	118.5
2005—2006年	179.5	217.7	112.7	69.0	37.8	22.8	15.0	10.7	83.7	100.9	30.0	57.8	938	78.2
2006—2007年	173.0	139.9	62.4	46.3	13.8	12.6	11.2	21.2	40.0	42.4	17.2	40.8	621	51.8
2007—2008年	113.0	85.9	49.3	30.8	17.1	11.2	8.2	7.6	60.7	57.1	26.1	79.6	547	45.6
2008—2009年	115.7	108.4	62.2	46.8	21.9	13.8	13.2	11.5	42.7	41.8	26.4	45.4	550	45.8
2009—2010年	101.5	71.1	37.6	29.5	15.4	8.5	7.8	7.8	27.6	39.5	30.7	56.8	434	36.2
2010—2011年	110.1	89.6	83.2	26.9	11.5	9.8	10.1	11.2	30.6	46.9	30.1	62.6	523	43.6
2011—2012年	104.3	78.0	43.8	30.0	15.0	13.0	10.1	10.9	37.1	51.8	23.5	139.9	557	46.4
2012—2013年	790.1	241.9	101.9	66.7	43.1	23.2	18.3	17.6	65.7	67.7	34.9	61.5	1533	127.8
2013—1956年	263.0	266.7	129.2	74.8	37.8	31.4	15.0	19.7	101.0	120.6	25.2	162.3	1247	103.9
均值	269.3	322.0	122.1	80.7	48.3	34.9	28.2	30.7	117.8	114.0	44.2	77.8	1290	

有了设计年、月径流系列（来水）和相应年月的用水量系列，就可与相应的历年用水过程配合，求得设计的兴利库容。水利计算中称这种方法为长系列法，具体方法

将在兴利调节计算中介绍。在实际工作中，一般不具备上述条件或在规划设计阶段进行多方案比较时为节省工作量，中小型水利水电工程广泛采用代表年法，即设计代表年法或实际代表年法。

2.2.2.3　设计年径流计算——设计代表年法

当设计频率确定后，设计代表年的年、月径流量的计算内容包括两个环节：①设计时段径流量的计算；②设计年内分配的计算。

1. 设计时段径流量的计算

（1）计算时段的确定。计算时段一般根据工程要求确定。灌溉工程一般取灌溉期作为计算时段，水电工程一般采取枯水期或年作为计算时段。

（2）频率计算。计算时段确定后，就可以根据历年逐月径流量资料，统计时段径流量。如果计算时段为年，则按水利年度统计年、月径流量。将实测年、月径流量按水利年度排列后，计算每一年度的年平均径流量，并按大小次序排列，构成年径流量计算系列。如果计算时段为枯水期 3 个月，则统计历年连续最枯的 3 个月的总水量，同样，把历年最枯 3 个月的水量按大小次序排列，构成时段枯水量计算系列。

《水利水电工程水文计算规范》（SL 278—2002）规定，径流频率计算依据的系列应在 30 年以上。通过对年径流量系列或时段径流量系列频率计算，利用前面讲述的适线法，即可推求指定频率的设计年径流量或设计时段径流量。适线时要考虑全部经验点据。如果点据与曲线拟合不佳，应重点考虑中下部点据，适当照顾上部点据。年径流频率计算中，C_S值一般可采用（2～3）C_V。当调查到历史特枯水年（或枯水期）径流量时，必须慎重考证确定其重现期，然后合理确定其在样本中的经验频率，再进行绘点配线确定统计参数。

（3）成果的合理性分析。上述计算成果必须进行合理分析后才可应用。成果分析主要是对适线所得的统计参数进行合理性检查。

1）多年平均年径流量的检查。

影响多年平均年径流量的因素是气候因素，而气候因素具有地理分布规律，所以多年平均年径流量也具有地理分布规律。将设计站与上下游和邻近流域站的多年平均年径流量进行比较，便可判断成果是否合理。若发现不合理现象，应查明原因，作进一步的分析论证。

2）年径流量变差系数 C_V 的检查。反映径流年际变化的 C_V 值也具有一定的地理分布规律。我国许多省（自治区、直辖市）都绘有年径流 C_V 等值线图，可据此检查年径流 C_V 值的合理性。要注意这些年径流量 C_V 等值线图，一般是根据大中流域的资料绘制的，流域面积大则调蓄能力强，不同区域的来水互相补偿，年径流量的 C_V 值较小，而小流域则相反。把这种 C_V 等值线图用于小流域时，有可能得出偏小的结果，要特别注意这一点。

3）年径流量偏态系数 C_S 的检查。根据水文计算的经验，C_S/C_V 值在地区上也具有一定的分区性，一些省（自治区、直辖市）也绘制有 C_S/C_V 分区图，可作为检查 C_S 是否合理的依据。但是，年径流量 C_S 值的变化规律以及影响其变化的物理原因至今还研究不足，尚无公认的检查方法。

【例 2.2.1】 资料同【例 2.1.3】。拟在庆峡河下游建庆峡河水库。坝址处有 A 水文站，集水面积为 303km²。现有 58 年（1956—2013 年）长期年月年径流量观测资料（表 2.2.1）。试计算频率 $p=5\%$ 设计丰水年、$p=50\%$ 设计平水年、$p=95\%$ 设计枯水年的设计年径流量。

A 站（庆峡河水库坝址）历年逐月天然径流成果见表 2.2.1。

［解］ 1. 进行年月径流资料的审查分析，整理为水利年径流系列。通过审查分析认为 58 年的资料符合条件，具有较好的可靠性、一致性和代表性，跨年度整理为水利年径流系列年月资料。

2. 计算设计年径流量。将上表中的全年径流量组成统计系列，按照适线法进行频率分析，见例 2.1.3，由频率计算软件计算得出 $\overline{W}=1290$ 万 m^3、$C_V=0.55$、$C_S=2.5C_V$ 为拟合最佳的设计频率曲线，如图 2.2.1 所示。频率计算结果如下：

$p=5\%$ 的设计丰水年，$W_{丰5\%}=k_{5\%}\times\overline{W}=2.06\times1290=2657$（万 m^3）。

$p=50\%$ 的设计丰水年，$W_{平50\%}=k_{50\%}\times\overline{W}=0.88\times1290=1135$（万 m^3）。

$p=95\%$ 的设计丰水年，$W_{枯95\%}=k_{95\%}\times\overline{W}=0.35\times1290=451.5$（万 m^3）。

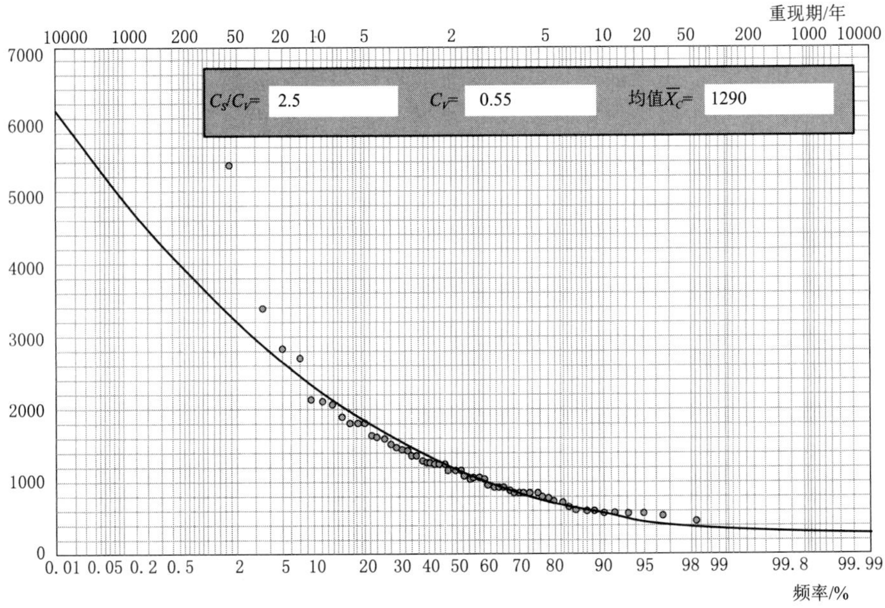

图 2.2.1　设计年径流量频率适线

2. 设计年内分配的计算

根据工程要求，求得设计频率的设计年径流量后，还必须进一步确定月径流过程。目前常用的方法是：先从实测年、月径流资料中，按一定的原则选择代表年；然后依据代表年的年内径流过程，将设计年径流量按一定比例进行缩放，求得所需的设计年径流年内分配过程。

(1) 代表年的选择。代表年从实测径流资料中选取，应遵循两条原则。

1) 水量相近的原则。即选取的代表年年径流量或时段径流量应与相应的设计值接近。

2）选取对工程不利的年份。在实测径流资料中水量接近的年份可能不止一年，为了安全起见，应选用水量在年内的分配对工程较为不利的年份作为代表年。如对灌溉工程而言，应选灌溉需水期径流量比较枯，而非灌溉期径流量又相对较丰的年份，这种年内分配经调节计算后，需要较大的库容才能保证供水，以这种代表年的年径流分配形式代表未来工程运行期间的径流过程，所确定的工程规模对供水来说具有一定的安全保证程度。对水电工程而言，则应选取枯水期较长、枯水期径流量又较枯的年份。

（2）设计年径流年内分配计算。按上述原则选定代表年后，将设计年径流量按代表年的月径流过程进行分配，有同倍比缩放和同频率缩放两种方法。

1）同倍比缩放法。同倍比缩放法是将设计年径流量的年内各月采用同一缩放倍数分配。缩放倍比可以按年水量控制和按供水期控制，即为设计年径流量与代表年年径流量之比值 $K_{年}$ 或设计供水期水量与代表年的供水期水量之比值 $K_{供}$。

$$K_{年}=\frac{Q_{年,P}}{Q_{年,代}}\quad 或\quad K_{供}=\frac{Q_{供,P}}{Q_{供,代}} \tag{2.2.3}$$

再以 $K_{年}$ 或 $K_{供}$ 值乘代表年的逐月平均流量，即得设计年径流的年内分配过程。

同倍比缩放法简单易行，计算出来的年径流过程仍保持原代表年的径流分配形式，但求出的设计年径流过程，只是计算时段（年或某一时段）的径流量符合设计频率的要求。有时需要几个时段和全年的径流量同时满足设计频率，则需采用同频率缩放法。

2）同频率缩放法。同频率缩放法是使所求的设计年内分配的各个时段径流量的频率都能符合设计频率，可采用各时段不同倍比缩放代表年的逐月径流，以获得同频率的设计年内分配。

具体计算步骤如下：

a. 根据要求选定几个时段，如最小 1 个月、最小 3 个月、全年 3 个时段。

b. 做各个时段的水量频率曲线，并求得设计频率的各个时段径流量，如最小 1 个月的设计流量 $Q_{1,P}$，最小 3 个月的设计流量 $Q_{3,P}$ 等。

c. 根据代表年的原则选取代表年，在代表年的逐月径流过程上，统计最小 1 个月的流量 $Q_{1,代}$，最小 3 个月的设计流量 $Q_{3,代}$ 等，并要求长时段的水量包含短时段的水量在内，如 $Q_{3,代}$ 应包含 $Q_{1,代}$，若不能包含，则应另选代表年。

d. 求各时段的缩放比 K。

e. 设计年径流量的年内分配，用各自的缩放比乘以对应的代表年的各月流量即可。

【例 2.2.2】 资料同【例 2.2.1】，试计算频率 $p=95\%$ 设计枯水年的设计年径流年内分配。

［解］ 1. 选择典型年。$p=95\%$ 的设计枯水年，因为 $W_{枯95\%}=451$ 万 m^3，与之接近的年份有 2009—2010 年（$W=434$ 万 m^3）和 2010—2011 年（$W=523$ 万 m^3）2 年。考虑供水分配不利，选枯水期（2009 年 9 月—2010 年 5 月）较长、水量较枯的

2009—2010 年（$W=434$ 万m^3）作为典型年。

2. 设计年径流年内分配计算。以同倍比缩放法进行分配计算，计算过程如下：

设计枯水年缩放倍比 K 由式（2.2.3）得 $K_{年}=\dfrac{W_{年,p}}{W_{年,D}}=\dfrac{451}{434}=1.04$。

以缩放倍比 K 乘以典型年的逐月径流量，即得设计年径流年内分配，结果见表 2.2.2。

表 2.2.2　　设计年径流年内分配计算表　　单位：万 m^3

项　目	7月	8月	9月	10月	11月	12月	1月	2月	3月	4月	5月	6月	全年
2009—2010 年	101.5	71.1	37.6	29.5	15.4	8.5	7.8	7.8	27.6	39.5	30.7	56.8	434
缩放倍比	1.04	1.04	1.04	1.04	1.04	1.04	1.04	1.04	1.04	1.04	1.04	1.04	
设计年年内分配过程	105.6	73.9	39.1	30.7	16	8.8	8.1	8.1	28.7	41.1	31.9	59.1	451

2.2.2.4　设计年径流计算——实际代表年法

设计代表年法通常用于水电工程，而灌溉工程一般采用实际代表年法。

实际代表年法就是从实测年、月径流量系列中，选取一个实际的干旱年作为代表年，用其年径流分配过程直接与该年的用水过程相配合而进行调节计算，求出调节库容，确定工程规模。选出的年份称为实际代表年，其年、月径流量，就是实际代表年的年、月径流量。

用这种方法求出的调节库容和特征指标，不一定符合规定的设计保证率，但大致接近。对于灌溉工程，通常选出一个实际干旱年作为设计代表年。一般认为遇到这样的干旱年，供水就会得到保证，就达到修建水库工程的目的了。这种方法简单、方便、直观，在灌溉工程设计中应用较广。

2.2.3　具有短期实测资料时设计年径流的计算

2.7 课前学习任务单

当设计站实测年径流资料系列少于 30 年，或者资料系列虽有 30 年，但缺乏代表性，若直接根据这些资料进行计算，求得的设计成果可能会有很大的误差。因此，为了提高计算精度，保证成果的可靠性，就必须设法将短系列年、月径流资料进行展延，使之具有代表性。

展延前资料要进行可靠性和一致性审查，以及展延后的代表性分析，设计年径流量及其年内分配计算方法与具有长系列资料时方法相同。本节主要介绍径流资料的展延方法。

2.2.3.1　选择参证变量

2.8 课前自测

在水文计算中，常利用相关分析法展延资料系列。即建立设计站年、月径流量与参证变量之间的相关关系，然后利用参证变量长期的实测资料展延设计站的年、月径流系列。展延径流资料的关键是选择合适的参证变量，建立相关关系。参证变量应符合以下条件：

（1）参证变量与设计站的径流资料在成因上必须有密切联系，以保证相关关系有足够的精度。

（2）参证变量与设计变量要有足够的同步资料系列，以便建立可靠的相关关系。

（3）参证变量必须要有足够长的实测资料系列，除用以建立相关关系的同期资料外，还要有能用来展延设计站缺测年份的径流资料。

根据上述条件，结合具体资料情况，只要选择了具备上述要求的参证变量，即可用相关分析方法，建立相关关系来展延设计站的年、月径流量资料系列。不同年份可以用不同的参证资料来展延，若同一年份可用两种及两种以上的参证资料来展延，应选用其中精度最高的参证资料的展延值。

目前，水文上常用的参证变量是年径流量资料和年降雨量资料。有条件时，也可用本站的水位资料，通过已建立的水位流量关系来展延年、月径流系列。下面介绍利用年径流量资料和年降水量资料展延系列的方法。

2.2.3.2　展延年、月径流量系列的常用方法

1. 利用径流资料展延系列

（1）利用邻站年径流量资料展延设计站径流量系列。当设计站实测年径流量资料短缺，而设计站上游站或下游站有长期实测年径流量资料时，可将其作为参证站，利用上、下游站的长系列年径流量资料来展延设计站的年径流量系列。如果设计站与参证站所控制的流域面积相差不多，一般可获得良好的结果。如果自然地理条件和气候条件在地区上的变化很大时，两站年径流量间的相关关系可能不好。这时，应引入反映区间径流量的参数（或区间年降水量）来改善相关关系。

当设计站上、下游无长期测站时，经过分析，可利用自然地理条件相似的邻近流域的年径流量作为参证变量。

参证变量选定后，就可用参证变量与设计变量的同期观测值按相关图解法或相关分析法建立两变量的相关关系，然后用参证变量的长系列将设计站资料延长到一定长度。

（2）利用邻站月径流量资料展延设计站径流量系列。当设计站实测年轻流量系列过短，难以建立年径流量相关系时，可以利用设计站与参证站月径流量之间的关系来展延系列。由于影响月径流量的因素远比影响年径流量的因素多，月径流量的相关关系也就不如年径流量相关关系那样密切，因此，用月径流量关系来展延系列，一般误差较大，需要对成果作合理性分析。

2. 利用降雨资料展延设计站径流量系列

当设计站附近没有长期系列的实测径流资料的参证站时，可以利用流域内或邻近地区的降水量资料来展延径流系列。

（1）利用年降雨资料展延设计站径流量系列。对于多雨带或湿润地区，如我国长江流域及南方各省，由于年径流系数较大，年径流量与年降水量之间存在较密切的关系，因此，用流域平均年降水量作参证变量来展延年径流量系列，一般可获得较好的效果。对于干旱地区，年降雨量中的很大部分都耗于流域蒸发，年径流系数很小，年径流量与年降水量之间的关系不太密切，难以利用这个关系来展延年径流量系列。

2.7
月降雨资料展延设计站径流系列

（2）利用月降雨资料展延设计站径流量系列。当设计站的实测年径流量系列过短，不足以建立年降水量与年径流量的相关关系时，也可用月降水量与月径流量之间的关系来展延月径流量系列。需要注意的是，月降雨量与月径流量之间的关系较差，

有时点据散乱，无法定相关关系线。

2.2.3.3　设计年径流计算

经展延获得较长期年、月径流量资料后，即可进行频率计算及年内分配计算，其计算与具有长期实测资料时的方法相同。

2.2.4　缺乏实测资料时设计年径流的计算

2.8　课前学习任务单

我国的水文站网还不是很完善，只在一些较大的河流上有水文观测站，而在实际工作中常常遇到完全没有资料，或者资料系列太短，无法展延的情况。这种情况下，只能采用间接的方法估算年径流。常用的方法有等值线图法和水文比拟法。

2.2.4.1　等值线图法估算设计年径流

当缺乏实测径流资料时，可用水文手册或水文图集的多年平均径流深、年径流量变差系数的等值线图来推求设计年径流量。

2.9　课前自测

1. 多年平均径流深的估算

水文特征值（如年径流量、年降水量、时段降雨量等）的等值线图是表示这些水文特征值的地理分布规律的。当影响这些水文特征值的因素主要是分区性因素（气象条件）时，则该特征值随地理坐标不同而发生连续变化，利用这种特性就可以在地图上绘出它的等值线图。反之，有些水文特征值（如洪峰流量、特征水位等）的影响因素主要是非分区性因素（下垫面条件），则该特征值不随地理坐标而连续变化，无法绘出等值线图。对于同时受分区性因素和非分区性因素影响的特征值，若能消除非分区性因素的影响，则可以提高等值线图的精度。

闭合流域多年径流量的主要影响因素是气候因素，而气候因素有地区性，即降雨量与蒸发量具有地理分布规律。因此，受降雨量和蒸发量影响的多年平均年径流量也具有地理分布规律。因此，可以利用这一特点绘制多年平均年径流量的等值线图，并用它来推算无实测资料地区的多年平均年径流量。为了消除流域面积这一非分区性因素的影响，其等值线图常用径流深来绘制。

河川任一断面的径流量是由该断面以上流域面积上各点的径流汇集而成，所以不能将多年平均年径流深值点绘在该观测断面处，而应点绘在与多年平均年径流深最接近流域平均值的那一点。在实际工作中，一般点绘在流域面积的形心处（可作不同方向平分流域的直线，其交点即为形心）。在山区，径流量有随高程增加而增大的趋势，因此应将多年平均年径流深值点绘在流域平均高程处。

目前，各省（自治区、直辖市）编制的水文手册一般都绘有本省（自治区、直辖市）的多年平均年径流深和各种频率的年径流深等值线图，可供查用。

应用等值线图推求无实测径流资料流域的多年平均年径流深时，先在图上勾绘出研究流域的分水线，再找出流域的形心，然后根据等值线内插读出形心处的多年平均年径流深值。

当如果流域面积较小，且等值线分布均匀时，用地理插值法求出通过流域形心处的等值线数值，即可作为设计值流域的多年平均径流深。如果流域面积较大或地形复杂，等值线分布不均匀，也可用加权平均法推算，求出全流域多年平均年径流深。

对于中等流域，多年平均年径流深等值线图有很大的实用意义，其精度一般也较高。对于小流域，等值线图的误差可能较大。因此，实际应用时要根据流域的实际情况进行调查，必要时加以修正。

2. 年径流量变差系数 C_V 和偏差系数 C_S 的估算

影响年径流量年际变化的因素主要是气候因素，由于气候因素具有地区分布规律，因此年径流量变差系数 C_V 值也具有地区分布规律，可以用等值线图来估算缺乏资料流域的年径流量变差系数 C_V 值。年径流量变差系数 C_V 等值线图的绘制和使用方法与多年平均年径流深等值线图相似。但 C_V 等值线图的精度一般较低，特别适用于小流域时，读数一般偏小。

缺乏实测资料的地区年径流量的偏差系数 C_S 值，通常采用 $C_S=$（2～3）C_V。

3. 设计年径流量及年内分配的估算

求得年径流量的 3 个统计参数后，根据指定的设计频率，查 P-Ⅲ型曲线模比系数 k_p 值表确定 k_p，便可求得设计年径流量。

年内分配计算一般移用参证流域代表年的月径流分配百分比，乘以设计年径流量即得设计年径流量的年内分配。

2.2.4.2 水文比拟法估算设计年径流

2.3
水文比拟法估算设计年径流

如前所述，水文现象具有地区性，如果某几个流域处在相似的自然地理条件下，则其水文现象具有相似的发生、发展、变化规律和相似的变化特点，与设计流域有相似自然地理特征的流域即参证流域。水文比拟法就是以流域间的相似性为基础，将参证流域的水文资料移用至设计流域的一种简便方法。这种移用的前提是设计流域影响径流的各项因素与参证流域影响径流的各项因素相似。因此，使用水文比拟法时，关键在于选择恰当的参证流域。

选择参证流域的原则为：①参证流域与设计流域必须在同一气候区，且下垫面条件相似；②参证流域应具有长期实测径流资料系列，而且代表性好；③参证流域面积与设计流域面积不能相差太大。

水文比拟法在缺乏等值线图时是一个较为有用的方法。即使在具有等值线图的条件下，若研究流域面积较小，它的年径流量受流域自身特点的影响很大，因此对研究流域影响水文特征值的各项因素进行一些分析，可以避免盲目地使用等值线图而未考虑局部下垫面因素所产生的较大误差。因此，对于较小流域，水文比拟法更有实际意义。

1. 多年平均径流量的计算

当选择了符合要求的参证流域后，确定设计流域的多年平均年径流深，常用以下 3 种方法：

（1）直接移用径流深。若设计站与参证站位于同一条河流的上下游，两站的控制面积相差不大时，一般可直接移用参证站的成果，即

$$\overline{R}_{设}=\overline{R}_{参} \tag{2.2.4}$$

（2）用流域面积修正。若设计流域与参证流域流域面积相差较大，但区间降雨和下垫面条件参证流域相差不大时，则应按面积修正的方法来推求设计站多年平均流量，即

$$\overline{Q}_{设} = K_R \overline{Q}_{参} \tag{2.2.5}$$

$$K_R = \frac{F_{设}}{F_{参}} \tag{2.2.6}$$

式中　K_R——修正系数；

$Q_{设}$、$Q_{参}$——设计流域、参证流域的多年平均流量，m^3/s；

$F_{设}$、$F_{参}$——设计流域、参证流域的面积，km^2。

移用参证流域的多年平均流量时，式（2.2.5）考虑面积比进行修正，它与式（2.2.4）是等价的。

（3）用降水量修正。如果设计流域与参证流域的多年平均年降水量不同，就不能直接移用径流深。可假设径流系数接近，即$\frac{R_{设}}{H_{设}}=\frac{R_{参}}{H_{参}}$，考虑年降水量差异进行修正，即

$$\overline{R}_{设} = \frac{\overline{H}_{设}}{\overline{H}_{参}} \overline{R}_{参} \tag{2.2.7}$$

式中　$H_{设}$、$H_{参}$——设计流域、参证流域的多年平均年降水量，mm。

2. 年径流量变差系数 C_V 和偏差系数 C_S 的估算

年径流量变差系数 C_V 一般可直接用，无须进行修正，并常采用 $C_S=$（2～3）C_V。

3. 设计年径流量及年内分配的估算

有了上述三个统计参数后，推求设计年径流量 Q_P 的方法同前。

2.10 Ⓣ 课后自测

年内各月径流量分配，可直接移置参证站各种代表年的月径流量分配比例，然后乘以设计年径流量即得设计年径流量的年内分配。

为配合参数等值线图应用，各地区水文手册中，都按气候及地理条件划分了水文分区，并给出各分区的丰、平、枯各种代表年的月径流量分配比，可供缺乏资料流域推求设计年径流量的年内分配查用。

任务2.3　设计洪水分析计算

2.3 概念及术语——设计洪水分析计算

水利水电工程设计一般分为可行性研究、初步设计、技术设计等阶段。设计洪水是水利水电工程规划设计阶段确定工程规模等级的重要依据。设计洪水计算主要依据《水利水电工程设计洪水计算规范》（SL 44—2006）、《水利水电工程等级划分及洪水标准》（SL 252—2017）和《防洪标准》（GB 50201—2014）。

2.3.1　基本知识

2.3.1.1　洪水与设计洪水

2.9 课前学习任务单

洪水是由暴雨、急骤融冰、风暴潮等自然因素引起的江河湖海水量迅速增加或水位迅猛上涨的自然现象。由暴雨形成的洪水称为雨洪，由融雪形成的洪水称为春汛。我国东北、新疆及西部高山区河流会有明显的春汛过程，其他大部分地区的洪水由暴雨形成。我国是世界上水灾频发且影响范围较广泛的国家之一。全国约有35%的耕地、40%的人口和70%的工农业生产经常受到江河洪水的威胁，并且因洪水灾害所造成的财产损失居各种灾害之首。

设计洪水是指符合设计标准的洪水，是防洪规划和防洪工程预计设防的最大洪水。设计洪水是堤防和水工建筑物设计的依据。设计洪水特性可以由三个控制性的要素来描述，即设计洪峰流量、设计洪水总量和设计洪水过程线。

2.11 Ⓣ
课前自测

设计洪峰流量是指设计洪水的最大流量。对于堤防、桥梁、涵洞及调节性能小的水库等，一般可只推求设计洪峰。例如，堤防的设计标准为百年一遇，只要求堤防能防御百年一遇的洪峰流量即可，至于洪水总量多大，洪水过程线形状如何，均不重要，故也称之为“以峰控制”法。

设计洪水总量是指自洪水起涨至洪水落平时的总径流量，相当于设计洪水过程线与时间坐标轴所包围的面积。设计洪水总量随计算时段的不同面不同。1d、3d、7d等固定时段的连续最大洪量，是指计算时段内水量的最大值，简称最大 1 日洪量、最大 3 日洪量、最大 7 日洪量等。对于大型水库，其调节性能高，洪峰流量的作用就不显著，而洪水总量则起着决定防洪库容大小的重要作用。当设计洪水主要由某一历时的洪量决定时，此时称为“以量控制”。在水利工程的规划设计时，一般应同时考虑洪峰和洪量的影响，要以峰和量同时控制。

设计洪水过程线包含了设计洪水的所有信息，是水库防洪规划设计计算时的重要入库洪水资料。

2.1 ⓕ
设计洪水的三要素

2.3.1.2 防洪设计标准的确定

防洪标准是各种防洪保护对象或工程本身要求达到的防御洪水的标准。一般可用防御洪水相应的重现期或出现频率来表示，如 50 年一遇、100 年一遇等。防洪标准的确定既要考虑工程安全又要考虑工程经济，若设定的标准值过大，工程偏于安全，但会使工程造价增大而不经济；若标准值设定过小，虽然经济但工程遭受破坏的风险增大。因此，确定防洪标准是一个非常复杂的问题。

水工建筑物的防洪标准可依据《水利水电工程等级划分及洪水标准》（SL 252—2017）和《防洪标准》（GB 50201—2014）中的规定确定其相应的防洪标准。一般先根据工程规模、重要性确定工程等别，然后根据工程等别确定水工建筑物的级别（表 2.3.1），最后根据水工建筑物的级别确定建筑物的防洪标准（表 2.3.2）。此外，在《防洪标准》（GB 50201—2014）中，对水电站工程、拦河水闸工程、灌溉与排水工程、供水工程及堤防工程等的主要建筑物的防洪标准都有明确的规定。

表 2.3.1 永久性水工建筑物级别的划分

工程等别	永久性水工建筑物级别	
	主要建筑物	次要建筑物
一	1	3
二	2	3
三	3	4
四	4	5
五	5	5

防洪保护区（对象）的防洪标准，应根据防护对象的重要性、历次洪水灾害及其对政治经济的影响，按照国家规定的防洪标准范围，经分析论证后，与有关部门协商选定。《防洪标准》（GB 50201—2014）中关于城市、乡村和工矿企业的防护等级和防洪标准的有关规定见表 2.3.3～表 2.3.5。

表 2.3.2　　水库工程水工建筑物的防洪标准

水工建筑物级别	防洪标准（重现期）/年				
	山区、丘陵区			平原区、海滨区	
	设　计	校　核		设计	校核
		混凝土坝、浆砌石坝	土坝、堆石坝		
1	1000～500	5000～2000	可能最大洪水（PMF）或10000～5000	300～100	2000～1000
2	500～100	2000～1000	5000～2000	100～50	1000～300
3	100～50	1000～500	2000～1000	50～20	300～100
4	50～30	500～200	1000～300	20～10	100～50
5	30～20	200～100	300～200	10	50～20

表 2.3.3　　城市防护区的防护等级和防洪标准

等　级	重要性	常住人口/万人	当量经济规模/万人	防洪标准（重现期）/年
Ⅰ	特别重要城市	≥150	≥300	≥200
Ⅱ	重要城市	<150，≥50	<300，≥100	200～100
Ⅲ	中等城市	<50，≥20	<100，≥40	100～50
Ⅳ	一般城镇	<20	<40	50～20

注　当量经济规模为城市防护区人均GDP与人口的乘积，人均GDP指数为城市防护区人均GDP与同期全国人均GDP的比值。

表 2.3.4　　乡村防护区的防护等级和防洪标准

等　　级	防护区人口/万人	耕地面积/万亩	防洪标准（重现期）/年
Ⅰ	≥150	≥300	100～50
Ⅱ	<150，≥50	<300，≥100	50～30
Ⅲ	<50，≥20	<100，≥30	30～20
Ⅳ	<20	<30	20～10

表 2.3.5　　工矿企业的防护等级和防洪标准

等级	工矿企业的规模	防洪标准（重现期）/年	等级	工矿企业的规模	防洪标准（重现期）/年
Ⅰ	特大型	200～100	Ⅲ	中型	50～20
Ⅱ	大型	100～50	Ⅳ	小型	20～10

2.3.1.3　设计洪水的计算方法

根据《水利水电工程设计洪水计算规范》（SL 44—2006）的规定，计算设计洪水有以下几种方法。

1. 由流量资料推求设计洪水

2.8 设计洪水的计算方法

该方法适用于具有长期洪水流量资料，且具有历史洪水调查考证资料的情况。如果洪水流量资料系列较短，也可以采用插补展延的方法进行资料的补充。计算设计洪水时采用频率分析法，先求出设计洪峰流量和各种时段的设计洪量，然后按典型洪水过程放大的方法求得设计洪水过程线。

2. 由暴雨资料推求设计洪水

该方法适用于缺乏实测洪水流量资料且具有长期实测雨量资料的情况。设计洪水的计算是由降雨资料推求设计暴雨，再由设计暴雨利用产流方案求得设计净雨，再由设计净雨利用汇流方案计算设计洪水过程线。

3. 由地区综合经验公式推求设计洪水

该方法适用于缺乏实测降雨径流资料，只能对邻近地区的实测和调查资料进行归纳综合后，建立洪峰流量或洪水总量与主要影响因素之间相关关系的经验公式来推求设计洪水。

2.3.2 由流量资料推求设计洪水

2.10 课前学习任务单

设计洪峰流量、设计洪量及设计洪水过程线是设计洪水的三要素，因此设计洪水的推求即为三要素的推求。利用流量资料推求设计洪水，即利用工程所处地址的长期实测流量资料，通过频率分析计算符合设计标准的设计洪峰流量和不同时段的设计洪量。大中型工程若具有长期实测流量资料，应尽量采用流量资料推求设计洪水。

2.3.2.1 洪水资料的选样与审查

1. 洪水资料的选样

2.12 课前自测

洪水资料选样是指从每年的全部洪水过程中，选取洪水特征值组成样本系列。由于各年中会发生多次洪水，且每次洪水都具有不同的流量变化过程，如何从多次洪水资料中选取具有洪水特征值的样本，是洪水频率计算的首要问题。

选样应该遵循以下两个原则：

（1）样本容量应与实测年限相一致。

（2）独立选取每年中的最大值。从资料中逐年选取一个最大洪峰流量和固定时段的最大洪量，分别组成洪峰流量系列和不同时段洪量系列，固定时段的确定，习惯上取 1d、3d、5d、7d、15d 等。对于大流域、调洪能力大的工程，时段可以取得长一些；对于小流域、调洪能力小的工程，可以取得短一些，如 1h、3h、6h、12h、24h。

根据《水利水电工程设计洪水计算规范》（SL 44—2006），对于洪峰流量，采用年最大值法选样。即每年选择一个最大的瞬时洪峰流量即可构成样本系列；对于洪量，采用固定时段年最大值法独立选样，即确定洪量的计算时段后，在各年的过程中，分别独立地选取不同时段的年最大洪量，组成不同时段的洪量样本系列。

2. 洪水资料的审查

在频率分析计算之前，必须要对洪水资料进行审查。洪水资料的审查，主要是审查它的可靠性、一致性和代表性。

（1）可靠性审查。对于实测洪水资料，其审查的重点应放在观测质量比较差的年份，特别是战争及政治动荡时期的观测值。审查的内容有测站的变迁、水尺零点高程的变化、河道的冲淤、改道等情况。对于调查历史洪水，应重点分析洪峰流量的数值及其重现期的可靠性，注意不要遗漏考证期内的大洪水。对于重要的大洪水资料，还需要经过实地勘测和取证。

（2）一致性审查。洪水资料一致性审查的目的是将具有相同成因、类型的洪水特征值选择在同一样本系列进行频率计算。若洪水的形成条件不同，洪水统计规律也不会相同，则不能将其选择在同一个样本系列中。若洪水资料受人为活动（如水利水电工程建设、整治河道）影响较大时，还应将资料还原到天然状态后再进行计算。

（3）代表性审查。洪水资料的代表性审查，主要是审查洪水资料构成的样本系列是否能够代表总体的统计特性。一般认为洪水资料年限越长，其代表性越好。

如果审查发现洪水资料的代表性不高，可以通过相关分析进行插补展延。例如，可以利用上下游站洪水资料进行相关分析，延长洪峰及洪量资料，也可以利用本站的峰量关系进行插补延长，或者利用暴雨径流关系来插补延长。其中，加入调查历史特大洪水资料是延长样本系列、提高系列代表性的最重要的方法。

2.3.2.2　设计洪峰流量和洪量系列的频率计算

1. 特大洪水的意义

所谓特大洪水，目前还没有一个非常明确的定量标准，通常指的是比一般洪水大得多的稀遇洪水。我国实测流量资料多数都不长，利用插补延长后的系列也极有限。若要根据短系列资料来推算设计洪水，结果会很不稳定。通常出现一次大洪水后，设计洪水的数据及结果就会产生很大的波动，若以此计算成果作为水工建筑物防洪设计的依据，显然是不可靠的。因此，如果能在频率计算中正确利用特大洪水资料，就相当于将原来实测年限加以延长，这将大大增强资料的代表性，提高设计成果的精度。

例如，某水库在1956年规划设计时，仅以19年实测洪峰流量系列计算千年一遇的洪峰流量 $Q_{0.1\%}=19700m^3/s$。其后于1956年发生了特大洪水，实测洪峰流量 $Q_m=13100m^3/s$。若加入历史特大洪水（1794年、1853年、1917年、1939年）进行计算，得千年一遇洪峰流量为 $Q_{0.1\%}=22600m^3/s$。该水库于1963年又发生了 $Q_m=12000m^3/s$ 的特大洪水，若把历史洪水资料和1956年洪水与1963年洪水都作特大洪水处理，计算得千年一遇洪峰流量 $Q_{0.1\%}=23300m^3/s$，与 $22600m^3/s$ 相差不大。由此可见，考虑特大洪水值处理后，计算结果比较稳定。

2.2　特大洪水的意义

2. 经验频率的计算

洪水系列分为两种情况：一是连序系列，即系列中没有特大洪水值，在进行频率计算时，各项数值直接由大到小顺序排位时中间没有空位［图2.3.1（a）］；二是不连序系列，即系列中有特大洪水值，由于特大洪水值的重现期（N）必然大于实测系列年数 n，而在 N-n 时期内的各年洪水资料无法得知，因此各项数值由大到小顺序排位时中间有空位［图2.3.1（b）］。

连序系列中各项经验频率，可查看水文统计法中经验频率计算公式进行估算，不连序系列的经验频率可通过以下两种方法进行估算：

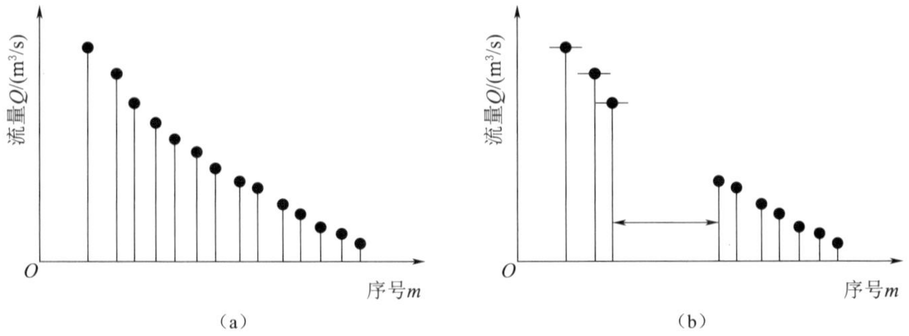

图 2.3.1 连序系列和不连序系列

(1) 独立样本法（分别处理法）。把实测系列与特大值系列分别看作是从总体中独立抽出的两个随机连序样本，各项洪水可分别在各自的样本系列内排位计算经验频率。

一般洪水的经验频率按下式计算：

$$p_m = \frac{m}{n+1} \times 100\% \tag{2.3.1}$$

特大洪水的经验频率计算公式为

$$p_M = \frac{M}{N+1} \times 100\% \tag{2.3.2}$$

式中 p_m——实测洪水第 m 项的经验频率；

m——实测洪水由大到小排列的序号；

n——实测洪水的项数；

p_M——特大洪水第 M 项的经验频率；

M——特大洪水由大到小排列的序号；

N——调查（考证）的最远的年份至样本资料最末一年的年数。

(2) 统一样本法（统一处理法）。把实测系列与特大值系列都看作是从同一总体中抽出的一个容量为 N 的不连序样本。各项洪水均在 N 年内统一排序计算经验频率。

设调查考证期 N 年中有特大洪水 a 项，其中有 l 项发生在实测系列之内，则 N 年中的 a 项特大洪水的经验频率仍用式（2.3.2）计算，剩余的 $n-l$ 项的经验频率按下式计算：

$$p_m = p_{M_a} + (1 - p_{M_a})\frac{m-l}{n-l+1} \times 100\% \tag{2.3.3}$$

式中 p_{M_a}——特大洪水第末项 M_a 的经验频率，其他符号同前。

2.4 洪水经验频率的计算

【例 2.3.1】 内蒙古乌兰察布市大黑河流域庆峡河下游的庆峡河水库建库时，坝址处有A水文站，集水面积为 $303km^2$。设计时采用1951—2010年共60年洪水资料。依据洪水调查成果，庆峡河A站在1929年和1934年分别发生大洪水，其洪峰值分别为 $1000m^3/s$ 和 $870m^3/s$。经调查考证，自1929年以来可以确定没有遗漏比1929年更大的洪水，洪水资料见表2.3.6。试用两种方法分析计算洪水系列的经验频率。

表 2.3.6　　　　庆峡水库坝址水文站洪水资料

特大洪水	1929 年洪峰流量 1000m^3/s					1934 年洪峰流量 870m^3/s				
年份	1951	1952	1953	1954	1955	1956	1957	1958	1959	1960
洪峰流量/(m^3/s)	69	261	25	103	87	134	164	582	208	37
年份	1961	1962	1963	1964	1965	1966	1967	1968	1969	1970
洪峰流量/(m^3/s)	415	70	97	185	15	297	397	56	22	121
年份	1971	1972	1973	1974	1975	1976	1977	1978	1979	1980
洪峰流量/(m^3/s)	54	66	48	141	166	193	11	37	243	28
年份	1981	1982	1983	1984	1985	1986	1987	1988	1989	1990
洪峰流量/(m^3/s)	112	36	99	60	151	69	39	63	70	151
年份	1991	1992	1993	1994	1995	1996	1997	1998	1999	2000
洪峰流量/(m^3/s)	100	259	48	432	50	66	89	377	48	34
年份	2001	2002	2003	2004	2005	2006	2007	2008	2009	2010
洪峰流量/(m^3/s)	23	88	117	15	27	35	9	19	51	13

[解] 1. 独立样本法计算。按式（2.3.1）和式（2.3.2）（洪水频率计算公式）分别计算特大洪水系列和实测洪水系列的各项经验频率。

特大洪水系列：

$$N = 2010 - 1929 + 1 = 82(\text{年})$$

$$M = 1,2$$

$$p_{1929} = \frac{1}{82+1} \times 100\% = 1.20\%$$

$$p_{1934} = \frac{2}{82+1} \times 100\% = 2.41\%$$

实测系列：

$$n = 2010 - 1951 + 1 = 60(\text{年})$$

$$m = 1,2,3,\cdots,60$$

$$p_{1958} = \frac{1}{60+1} \times 100\% = 1.64\%$$

其余实测洪水频率依次类推计算，详见成果计算表 2.3.7。

2. 统一样本法计算。a 个特大洪水经验频率计算同独立样本法。实测洪水系列经验频率按式（2.3.3）（统一样本法公式）计算，其中，$l=0$，如：

$$p_{1958} = \left[p_{1934} + (1 - p_{1934}) \times \frac{1-0}{60-0+1}\right] \times 100\%$$

$$= \left[2.41\% + (1 - 2.41\%) \times \frac{1}{60+1}\right] \times 100\%$$

$$=4.01\%$$

其余实测洪水频率依次类推计算，详见成果计算表 2.3.7。

表 2.3.7　　洪峰流量系列经验频率分析计算成果

年　份	洪峰流量 $Q_m/(m^3/s)$	序号 M、m	洪峰流量 $Q_m/(m^3/s)$	独立样本法	统一样本法
				经验频率	
①	②	③	④	⑤	⑥
1929	1000	一	1000	1.20	1.20
1934	870	二	870	2.41	2.41
1951	69	1	582	1.64	4.01
1952	261	2	432	3.28	5.61
1953	25	3	415	4.92	7.21
1954	103	4	397	6.56	8.81
1955	87	5	377	8.20	10.41
1956	134	6	297	9.84	12.01
1957	164	7	261	11.48	13.61
1958	582	8	259	13.11	15.21
1959	208	9	243	14.75	16.81
1960	37	10	208	16.39	18.41
1961	415	11	193	18.03	20.01
1962	70	12	185	19.67	21.61
1963	97	13	166	21.31	23.21
1964	185	14	164	22.95	24.81
1965	15	15	151	24.59	26.41
1966	297	16	151	26.23	28.01
1967	397	17	141	27.87	29.61
1968	56	18	134	29.51	31.21
1969	22	19	121	31.15	32.81
1970	121	20	117	32.79	34.41
1971	54	21	112	34.43	36.01
1972	66	22	103	36.07	37.61
1973	48	23	100	37.70	39.21
1974	141	24	99	39.34	40.81
1975	166	25	97	40.98	42.41
1976	193	26	89	42.62	44.01
1977	11	27	88	44.26	45.61
1978	37	28	87	45.90	47.21
1979	243	29	70	47.54	48.81
1980	28	30	70	49.18	50.41
1981	112	31	69	50.82	52.00

续表

年　份	洪峰流量 $Q_m/(m^3/s)$	序号 M、m	洪峰流量 $Q_m/(m^3/s)$	独立样本法	统一样本法
				经验频率	
①	②	③	④	⑤	⑥
1982	36	32	69	52.46	53.60
1983	99	33	66	54.10	55.20
1984	60	34	66	55.74	56.80
1985	151	35	63	57.38	58.40
1986	69	36	60	59.02	60.00
1987	39	37	56	60.66	61.60
1988	63	38	54	62.30	63.20
1989	70	39	51	63.93	64.80
1990	151	40	50	65.57	66.40
1991	100	41	48	67.21	68.00
1992	259	42	48	68.85	69.60
1993	48	43	48	70.49	71.20
1994	432	44	39	72.13	72.80
1995	50	45	37	73.77	74.40
1996	66	46	37	75.41	76.00
1997	89	47	36	77.05	77.60
1998	377	48	35	78.69	79.20
1999	48	49	34	80.33	80.80
2000	34	50	28	81.97	82.40
2001	23	51	27	83.61	84.00
2002	88	52	25	85.25	85.60
2003	117	53	23	86.89	87.20
2004	15	54	22	88.52	88.80
2005	27	55	19	90.16	90.40
2006	35	56	15	91.80	92.00
2007	9	57	15	93.44	93.60
2008	19	58	13	95.08	95.20
2009	51	59	11	96.72	96.80
2010	13	60	9	98.36	98.40

3. 统计参数的计算

不连序系列的统计参数初值估算常采用矩法公式法和三点法。这里重点介绍矩法公式法。

设调查考证期 N 年内有特大洪水 a 项，其中 l 项发生在实测系列中，其余 $n-l$

项为一般洪水。假定除去特大洪水后的 $N-a$ 年系列，其均值和均方差与 $n-l$ 年系列的均值和均方差相等，即

$$\overline{Q}_{N-a} = \overline{Q}_{N-1}$$

$$\sigma_{N-a} = \sigma_{n-l}$$

则不连序系列的均值和变差系数的计算公式如下：

$$\overline{Q}_m = \frac{1}{N}\left(\sum_{j=1}^{a} Q_j + \frac{N-a}{n-l}\sum_{i=l+1}^{n} Q_i\right) \tag{2.3.4}$$

$$C_V = \frac{1}{\overline{Q}_m}\sqrt{\frac{1}{N-1}\left[\sum_{j=1}^{a}(Q_j-\overline{Q}_m)^2 + \frac{N-a}{n-l}\sum_{i=l+1}^{n}(Q_i-\overline{Q}_m)^2\right]} \tag{2.3.5}$$

式中 $\overline{Q}_m$、C_V——加入特大值后系列的均值、变差系数；

Q_j——特大洪水洪峰流量，$j=1, 2, \cdots, a$；

Q_i——一般洪水洪峰流量，$i=l+1, l+2, l+3\cdots, n$；

N——调查洪水的考证期；

a——特大洪水的个数；

n——一般洪水个数；

l——实测系列中特大洪水的项数。

偏差系数 C_S 抽样误差较大，一般不直接计算，而是参考相似流域分析成果，选择一定的 C_S/C_V 值作为初始值。

4. 洪水频率计算的适线原则

在洪峰洪量计算时，通常采用适线法确定统计参数。适线法有两种：一种是经验适线法（目估适线法），另一种是优化适线法。目前我国多数采用经验适线法（目估适线法）。

经验适线法（目估适线法）是在频率曲线线型和经验频率点据确定后，调整参数使曲线与经验点据配合最佳。适线的原则如下：

（1）适线时尽量照顾点群趋势，使曲线上、下两侧点子数目大致相等，并交错均匀分布。如果全部点据配合有困难，可侧重考虑上部和中部点据。

（2）注意经验点据的精度，让曲线尽量接近或者通过比较可靠的点据。

（3）历史洪水，特别是为首的几个历史特大洪水，一般精度较差，适线时，不宜机械地通过这些点据，而使频率曲线脱离点群；但也不能为照顾点群趋势使曲线离开特大值太远，应考虑特大历史洪水的可能误差范围，以便调整频率曲线。

（4）要考虑不同历时洪水特征值参数的变化规律，以及同一历时的参数在地区上变化规律的合理性。

【例 2.3.2】 资料同【例 2.3.1】内蒙古乌兰察布市大黑河流域庆峡河下游的庆峡河水库 A 站洪水资料。庆峡河水库属小（1）型水库，工程等别为Ⅳ等，主要建筑物大坝、溢洪道及泄洪洞为 4 级建筑物，根据《防洪标准》（GB 50201—2014）和《水利水电工程等级划分及洪水标准》（SL 252—2017）中的规定，对于土石坝 4 级水工建筑物，其相应的防洪标准为：设计标准为 50～30 年一遇，校核标准为 1000～300 年一遇。根据本工程实际情况，确定水库设计洪水标准为 50 年一遇，校核洪水标准

2.5 设计洪峰流量的推求

为 500 年一遇。试推求 $p=2\%$、$p=0.2\%$ 的设计洪峰流量。

[解] 1. 计算经验频率。采用统一样本法计算各年最大洪峰流量的经验频率，见【例 2.3.1】成果计算表 2.3.7。

2. 用矩法计算洪峰系列统计参数初值。计算成果见表 2.3.8

表 2.3.8　　庆峡水库洪峰系列统计参数初值计算

年份	洪峰流量 Q_m /(m^3/s)	序号 m	洪峰流量 Q_m /(m^3/s)	k_i	k_i-1	$(k_i-1)^2$	经验频率 p /%
①	②	③	④	⑤	⑥	⑦	⑧
1929	1000	一	1000	6.494	5.494	30.184	1.20
1934	870	二	870	5.649	4.649	21.613	2.41
1951	69	1	582	3.779	2.779	7.723	4.01
1952	261	2	432	2.805	1.805	3.258	5.61
1953	25	3	415	2.695	1.695	2.873	7.21
1954	103	4	397	2.578	1.578	2.490	8.81
1955	87	5	377	2.448	1.448	2.097	10.41
1956	134	6	297	1.929	0.929	0.863	12.01
1957	164	7	261	1.695	0.695	0.483	13.61
1958	582	8	259	1.682	0.682	0.465	15.21
1959	208	9	243	1.578	0.578	0.334	16.81
1960	37	10	208	1.351	0.351	0.123	18.41
1961	415	11	193	1.253	0.253	0.064	20.01
1962	70	12	185	1.201	0.201	0.040	21.61
1963	97	13	166	1.078	0.078	0.006	23.21
1964	185	14	164	1.065	0.065	0.004	24.81
1965	15	15	151	0.981	−0.019	0	26.41
1966	297	16	151	0.981	−0.019	0	28.01
1967	397	17	141	0.916	−0.084	0.007	29.61
1968	56	18	134	0.870	−0.130	0.017	31.21
1969	22	19	121	0.786	−0.214	0.046	32.81
1970	121	20	117	0.760	−0.240	0.058	34.41
1971	54	21	112	0.727	−0.273	0.075	36.01
1972	66	22	103	0.669	−0.331	0.110	37.61
1973	48	23	100	0.649	−0.351	0.123	39.21
1974	141	24	99	0.643	−0.357	0.127	40.81
1975	166	25	97	0.630	−0.370	0.137	42.41
1976	193	26	89	0.578	−0.422	0.178	44.01
1977	11	27	88	0.571	−0.429	0.184	45.61
1978	37	28	87	0.565	−0.435	0.189	47.21

续表

年　份	洪峰流量 Q_m /(m^3/s)	序号 m	洪峰流量 Q_m / (m^3/s)	k_i	k_i-1	$(k_i-1)^2$	经验频率 p /%
①	②	③	④	⑤	⑥	⑦	⑧
1979	243	29	70	0.455	−0.545	0.297	48.81
1980	28	30	70	0.455	−0.545	0.297	50.41
1981	112	31	69	0.448	−0.552	0.305	52.00
1982	36	32	69	0.448	−0.552	0.305	53.60
1983	99	33	66	0.429	−0.571	0.326	55.20
1984	60	34	66	0.429	−0.571	0.326	56.80
1985	151	35	63	0.409	−0.591	0.349	58.40
1986	69	36	60	0.390	−0.610	0.372	60.00
1987	39	37	56	0.364	−0.636	0.404	61.60
1988	63	38	54	0.351	−0.649	0.421	63.20
1989	70	39	51	0.331	−0.669	0.448	64.80
1990	151	40	50	0.325	−0.675	0.456	66.40
1991	100	41	48	0.312	−0.688	0.473	68.00
1992	259	42	48	0.312	−0.688	0.473	69.60
1993	48	43	48	0.312	−0.688	0.473	71.20
1994	432	44	39	0.253	−0.747	0.558	72.80
1995	50	45	37	0.240	−0.760	0.578	74.40
1996	66	46	37	0.240	−0.760	0.578	76.00
1997	89	47	36	0.234	−0.766	0.587	77.60
1998	377	48	35	0.227	−0.773	0.598	79.20
1999	48	49	34	0.221	−0.779	0.607	80.80
2000	34	50	28	0.182	−0.818	0.669	82.40
2001	23	51	27	0.175	−0.825	0.681	84.00
2002	88	52	25	0.162	−0.838	0.702	85.60
2003	117	53	23	0.149	−0.851	0.724	87.20
2004	15	54	22	0.143	−0.857	0.734	88.80
2005	27	55	19	0.123	−0.877	0.769	90.40
2006	35	56	15	0.097	−0.903	0.815	92.00
2007	9	57	15	0.097	−0.903	0.815	93.60
2008	19	58	13	0.084	−0.916	0.839	95.20
2009	51	59	11	0.071	−0.929	0.863	96.80
2010	13	60	9	0.058	−0.942	0.887	98.40
Σ	8952					91.60	
均值：	154m^3/s	变差系数：	1.14	均方差：	175.6m^3/s		

$$\overline{Q}_m = \frac{1}{82}\left[\sum_{j=1}^{2}(Q_{1929}+Q_{1934})+\frac{82-2}{60-0}\sum_{i=1}^{60}(Q_{1951}+\cdots+Q_{2010})\right]=154\text{m}^3/\text{s}$$

$$C_V = \frac{1}{154}\sqrt{\frac{1}{82-1}\left[\sum_{j=1}^{2}(Q_j-\overline{Q}_m)^2+\frac{82-2}{60-0}\sum_{i=1}^{60}(Q_i-\overline{Q}_m)^2\right]}=1.14$$

3. 适线推求设计频率曲线

取 $\overline{Q}_m = 154\text{m}^3/\text{s}$，$C_V = 1.14$，$C_S = 2.5C_V$，进行适线，如图 2.3.2 所示。

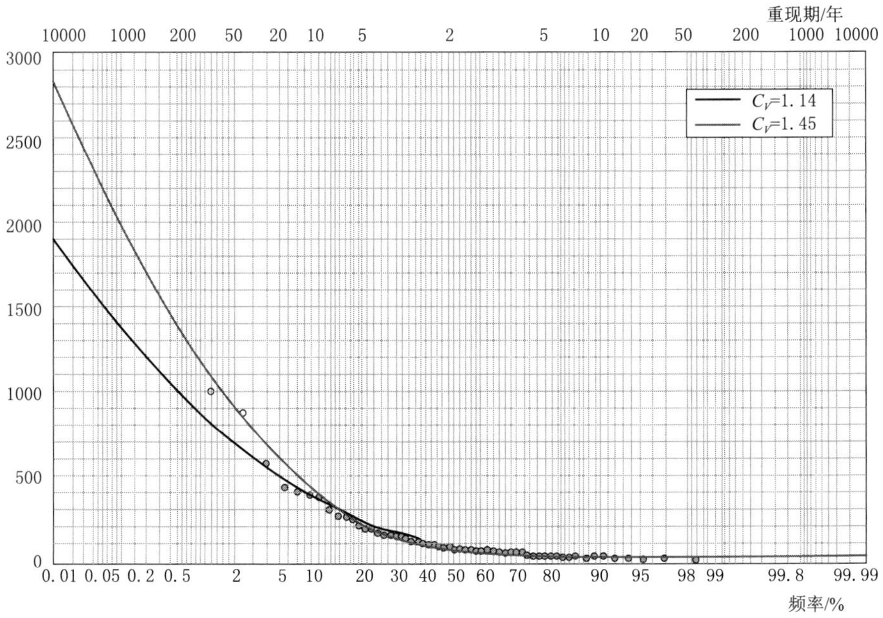

图 2.3.2 庆峡水库洪峰流量频率曲线

发现曲线与经验点配合欠佳，重新调整参数，取 $\overline{Q}_m = 154\text{m}^3/\text{s}$，$C_V = 1.45$，$C_S = 2.5C_V$ 再次适线，配合较好，故采用该参数作为设计依据。

4. 推求设计洪水

根据采用的设计频率曲线推求设计标准 $p=2\%$，$Q_{m2\%}=906\text{m}^3/\text{s}$；校核标准 $p=0.2\%$，$Q_{m0.2\%}=1720\text{m}^3/\text{s}$。

5. 成果的合理性检查

在洪峰流量及洪量计算过程中，会存在各种不可避免的误差，尤其是抽样引起的误差。因此，需要对计算结果进行合理性检查。常用的合理性检查方法如下：

（1）本站洪峰流量及不同时段洪量频率计算成果相互比较。

1）各种历时段洪量频率曲线绘于同一张频率格纸上，要求各条曲线在使用范围内不得有相互交叉的现象。

2）一般情况下，洪量的均值随着历时的增加会逐渐增大，时段平均流量的均值则随历时的增加而减小。C_V 值的变化与河流的峰量关系有关。若河流河槽调蓄作用小，连续暴雨少，其 C_V 值则随着历时的增加而减小；若河流河槽调蓄作用大，连续暴雨多，则长历时洪量的 C_V 值大于短历时洪量的 C_V 值。

（2）与上、下游及邻近站的频率计算成果相比较。

1）若同一条河流上、下游的气候及下垫面条件一致，其洪峰流量及各种历时洪量的均值从上游到下游递增，而洪峰流量模数则递减；若同一条河流上、下游的气候及下垫面条件不一致，则各项参数的变化规律较为复杂，需要结合该地区地理环境及暴雨分布特性等作进一步的分析论证。

2）若与邻近河流的计算成果比较，一般采用洪峰流量模数。通常情况下，洪峰流量的模数随流域面积的增大而减小。

（3）与暴雨频率计算成果对比。一般来说，洪水径流深应小于相应时段的暴雨深，洪水的 C_V 应大于相应时段暴雨 C_V 。

上述三种方法，可作成果合理性检查时参考，但是由于洪水特性值的影响因素较为复杂，若出现成果不合理的现象，要进行多方面的论证和分析。

2.3.2.3 设计洪水过程线的推求

洪水过程是一种随机过程，其形成的流量过程线也均不相同。通常推求洪水过程线的方法是从实测洪水中选出和设计要求相近的洪水过程线作为典型，然后按设计的峰和量将典型洪水过程线放大，即典型洪水放大法。

1. 典型洪水过程线的选取

选择典型洪水过程线是该方法的基础，一般应考虑以下几个方面：

（1）从资料中选择过程完整、精度较高、接近设计值的峰高量大的洪水过程。

（2）选择洪水过程线要具有代表性，即在发生季节、地区组成、洪峰次数、峰量关系等方面能代表该流域的大洪水特性。

（3）考虑水库防洪安全，一般选择对安全不利的典型。如峰型比较集中、主峰靠后的洪水过程。

2.3 ⓕ 典型洪水过程线的选取

2. 典型洪水过程线的放大

目前典型洪水过程线的放大方法有两种：一种是采用按峰或量同倍比控制法，另一种是峰量同频率控制方法。

（1）同倍比放大法。同倍比放大法是将典型洪水过程线中各个时刻的流量（即典型洪水过程的纵坐标）按同一放大系数 K 放大后求得的设计洪水过程线。该方法可选择“以峰控制”进行放大，也可选择“以量控制”进行放大。

“以峰控制”的放大倍比为

$$K_Q = \frac{Q_{mp}}{Q_{md}} \tag{2.3.6}$$

式中 Q_{mp} 、Q_{md} ——设计频率的洪峰流量和典型洪水过程线的洪峰流量。

“以量控制”的放大倍比为

$$K_W = \frac{W_{tp}}{W_{td}} \tag{2.3.7}$$

式中 W_{tp} 、W_{td} ——设计频率的设计时段洪量和典型洪水过程线的设计时段洪量。

同倍比放大法较为简单，易于计算，但应注意 K_Q 、K_W 不会完全相等，因此按峰放大后的洪量不一定等于设计洪量，按量放大后的洪峰不一定等于设计洪峰。

(2) 同频率放大法。同频率放大法是将洪峰和不同历时的洪量分别采用不同的倍比进行放大，放大后的洪峰和不同历时的洪量分别等于设计洪峰和设计洪量。这里的同频率指的是放大后的洪峰流量和不同历时的洪水总量都符合同一设计频率。目前大中型水库规划设计主要采用此法。

该方法的计算过程：先由频率计算求出设计洪峰流量 Q_{mp} 及不同时段的洪量 W_{1p}，W_{3p}，…；同时求典型洪水过程线的相应洪峰流量 Q_{md} 和不同时段的洪量 W_{1d}，W_{3d}，…；然后按洪峰、最大1天洪量、最大3天洪量、……的顺序，采用以下不同倍比值分别进行放大。

洪峰放大倍比：

$$K_{Qm}=\frac{Q_{mp}}{Q_{md}} \tag{2.3.8}$$

最大1天洪量放大倍比：

$$K_1=\frac{W_{1p}}{W_{1d}} \tag{2.3.9}$$

最大3天洪量中除最大1天以外，其余两天的放大倍比为

$$K_{3-1}=\frac{W_{3p}-W_{1p}}{W_{3d}-W_{1d}} \tag{2.3.10}$$

上式说明，最大1天洪量包括在最大3天洪量之中，同理，最大3天洪量包括在最大7天洪量之中，得出的设计洪水过程线上的洪峰和不同时段的洪量，恰好等于设计值。时段划分视过程线的长度而定，但不宜太多，一般以3段或4段为宜。由于各时段放大倍比不相等，以致放大后的过程线在时段分界处出现不连续现象，此时可徒手修匀，修匀后仍应保持洪峰和各时段洪量等于设计值。如放大倍比相差较大，要分析其原因，采取措施，消除这种不合理的现象。

2.6
设计洪水过程线的推求

【例2.3.3】 资料同【例2.3.1】，内蒙古乌兰察布市大黑河流域庆峡河下游的庆峡河水库的设计洪峰流量和24h设计洪量计算成果见表2.3.9，用峰量同频率放大法推求设计洪水过程线。

表2.3.9　　A站（庆峡河水库坝址）设计洪水成果表

项　目	特征值			设计值 p/%	
	均　值	C_V	C_S/C_V	0.2	2
洪峰/(m^3/s)	159	1.45	2.5	1720	906
洪量/万 m^3	196	1.65	2.5	2508	1257

[解] 经分析选定1961年8月20日15时—21日15时的洪水为典型洪水，其典型洪水的洪峰流量 Q_m =1440m^3/s，24h洪量 W_m =2926万 m^3。

当 p=0.2%时，洪峰流量的放大倍比为

$$K_{Qm}=\frac{Q_{mp}}{Q_{md}}=\frac{1720}{1440}=1.194$$

24h洪量的放大倍比为

$$K_1 = \frac{W_{1p}}{W_{1d}} = \frac{2508}{2926} = 0.857$$

其他标准设计洪水的放大倍比计算过程同上。

各种频率的设计洪水过程见表2.3.10及图2.3.3。

表2.3.10 庆峡河水库坝址设计洪水过程线

时间		典型洪水过程	设计洪水过程线			
时	分	Q_m/（m^3/s）	K	p=0.2%	K	p=2%
15	0	85.5	0.857	73.3	0.430	32.6
15	5	88.2		75.6		33.6
15	20	70.9		60.8		26.9
15	40	77.8		66.7		29.6
16	0	68.8		59		26.1
16	15	93.7		80.3		35.5
16	25	80.4		68.9		30.5
16	40	82.9		71.1		31.5
17	0	71		60.9		26.9
19	0	43.9		37.6		16.7
20	0	38		32.6		14.5
20	20	43.9		37.6		16.7
20	45	40.9		35.1		15.6
21	0	45.6		39.1		17.3
22	0	35.2		30.2		13.4
22	40	24.2		20.7		9.24
22	50	42.3		36.3		16.1
23	30	45.6		39.1		17.3
23	40	71		60.9		26.9
23	50	78		66.9		29.6
24	0	71		60.9		26.9
0	30	68.7		58.9		26
1	0	110		94.3		41.8
1	35	146		125		55.5
2	0	218		187		82.4
2	40	262		225		99.3
2	55	310		266		117
3	5	363		311		138
3	33	433		371		164
3	55	480		411		182

续表

时间		典型洪水过程	设计洪水过程线			
时	分	Q_m/（m^3/s）	K	$p=0.2\%$	K	$p=2\%$
4	15	608		521		231
4	30	728		624		276
4	45	832		713		316
4	55	954		818		361
5	0	1060		909		401
5	10	1150		986		438
5	30	1440	1.194	1720	0.629	906
8	20	562		482		213
8	40	536		459		204
10	0	578		495		220
11	0	443		380		168
11	35	363	0.857	311	0.430	138
12	15	232		199		88.5
12	30	218		187		82.4
12	50	168		144		63.6
13	25	128		110		48.6
15	0	70.9		60.8		26.9

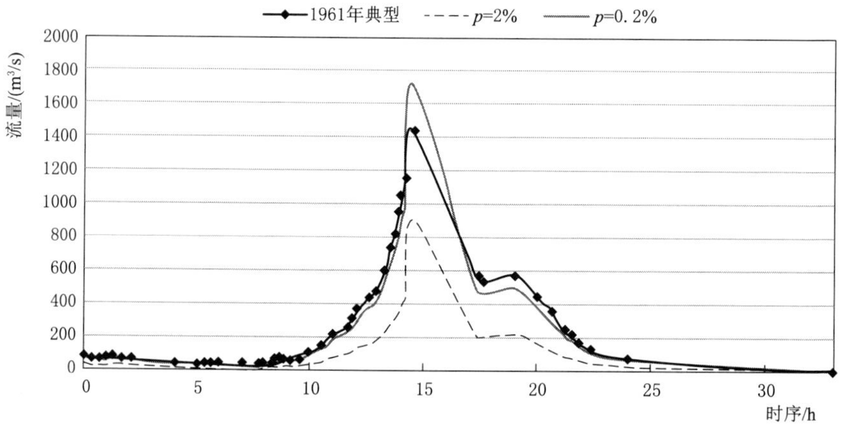

图 2.3.3　设计洪水过程线

2.11

课前学习任务单

2.3.3　由暴雨资料推求设计洪水

2.3.3.1　概述

前面介绍了由流量资料推求设计洪水的方法。但在实际工作中，流量资料的收集较为困难，因此无法利用该方法推求设计洪水。由于洪水主要是由暴雨形成，而大部分地区的暴雨资料一般较多，因此，可用暴雨资料推求设计洪水。一般根据暴雨资料推求设计洪水的情况如下：

(1) 该地区的流量资料不足或代表性较差，并且通过插补延长也不能满足要求的，需用暴雨资料推求设计洪水。

2.13 Ⓣ 课前自测

(2) 受人类活动的影响，径流形成的条件发生显著的改变，破坏了洪水资料系列的一致性。而暴雨资料比流量资料充足，受人类活动影响小，我国绝大部分地区洪水都是由暴雨形成，暴雨与洪水是有必然联系的，就可以通过暴雨资料，利用径流形成条件推求设计洪水。

(3) 采用多种方法推算设计洪水，以论证设计成果的合理性的情况。

(4) 无资料地区小流域的设计洪水和保坝洪水，一般都是根据暴雨资料推求的。

2.4 Ⓕ 由暴雨资料推求设计洪水的主要内容

由暴雨资料推求设计洪水的主要内容如下：

(1) 推求设计暴雨。根据实测暴雨资料，采用统计分析和典型放大法求得。

(2) 拟订产流方案，推求设计净雨。根据实测暴雨洪水资料，利用径流形成的基本原理，通过成因分析方法求得。

(3) 拟订流域汇流方案。根据实测暴雨洪水资料，利用汇流的概念，用成因分析的方法求得。

(4) 推求设计洪水过程线。由求得的设计暴雨，利用产流方案推求设计净雨过程。再利用流域汇流方案由设计净雨过程求得设计洪水过程。

2.3.3.2 设计面暴雨的计算

设计面暴雨量是指设计断面以上流域的设计面暴雨量。一般有直接计算方法和间接计算方法。直接计算方法是当设计流域雨量站较多、分布比较均匀、各站又有长期的同期资料时，可直接选取每年指定统计时段的最大面暴雨量，进行频率计算求得设计面暴雨量。间接计算方法是当设计流域雨量站较少，或资料系列较短，或同期资料很少甚至没有，无法采用直接计算方法，只能先求流域中心附近代表站的设计点暴雨量，再通过暴雨点面的关系，求得面暴雨量。

1. 直接计算设计面暴雨量

搜集相关雨量站的雨量资料后，选定不同的统计时段，找出逐年各种时段的最大暴雨量。统计时段划分多采用单数天数，如1d、3d、5d、7d等。逐年各种时段的最大面暴雨雨量，一般是根据逐日的流域面雨量选出来的。例如，某流域1990年8月的暴雨量大而集中，流域内测站分布较均匀，用算术平均法求得的该月逐日面暴雨量见表2.3.11。从表中可以选出：最大1d（8月14日）面暴雨量为69.6mm，最大3d（8月12—14日）面暴雨量为85.3mm，最大7d（8月12—18日）面暴雨量为153.9mm。

表2.3.11　　某流域逐日面暴雨量

日期/d	1	2	3	4	5	6	7	8	9	10	11	12	13	14	15	
面暴雨量/mm	0	10.3	0	0	0	10.7	28.2	0	0	0.7	4.7	10.2	5.5	69.6	2.9	
日期/d	16	17	18	19	20	21	22	23	24	25	26	27	28	29	30	31
面暴雨量/mm	0	40.1	25.6	25.6	0	0	0	0	0.4	2	4.2	0	0	0.2	0	0

利用逐年最大的各种时段面雨量样本系列，分别进行频率计算，求得面暴雨量频率曲线。频率计算的步骤、使用的线型及公式，与设计年径流和设计洪水的频率计算方法相同，不再多述。但须注意。应将不同历时的面暴雨量频率曲线点绘在同一张频率格纸上，并注明其相应的统计参数，加以比较。各种频率的面暴雨量都必须随统计时段增加而加大，如发现频率曲线有交叉等不合理现象时，应对曲线参数进行适当修正。

2. 间接计算设计面暴雨量

(1) 设计点暴雨量的计算。设计点暴雨量的计算分两种情况：一种是流域中心或附近有一个测站，其观测资料系列较长，这样就可用该站暴雨资料进行频率计算求得设计点雨量，然后利用地理插值法，求出流域中心的设计点雨量；另一种是流域缺乏暴雨资料，则通过各省（自治区、直辖市）《水文手册》（《水文图集》）所提供的各时段年最大暴雨量的 $\overline{H}_t$ 、C_V 的等值线图及 C_S/C_V 的分区图计算设计点雨量。

对于流域面积小、历时短的设计暴雨，也可采用暴雨公式计算设计点雨量。其计算步骤是：根据各地区的《水文手册》（《水文图集》）查得设计流域中心的 24h 暴雨统计参数（ H_{24} 、C_V 、C_S ），计算出该流域 24h 设计雨量 $H_{24,p}$ ，并按暴雨公式求出设计雨力 S_P ，其公式为

$$S_P = H_{24,p}\, 24^{n-1} \tag{2.3.11}$$

任一短历时的设计暴雨 $H_{t,p}$ ，可通过暴雨公式转换得到，计算公式为

$$H_{t,p} = S_P t^{1-n} \tag{2.3.12}$$

暴雨递减指数 n 要经实测资料分析，通过地区综合得出，一般不是常数，当 $t<t_0$ 时，$n=n_1$；当 $t>t_0$ 时，$n=n_2$。经资料分析，在我国大部分地区取 1h，n_1 为 0.5 左右，n_2 为 0.7 左右；少数省份 t_0 取 6h 时，设计暴雨可由另一公式计算，这里不再赘述。

(2) 设计面暴雨量的计算。求得设计点雨量后，再由流域降雨点面关系转换出流域设计年均雨量，即设计面暴雨量。不同历时暴雨的点面关系图（表）可通过各省（自治区、直辖市）的《水文手册》（《水文图集》）查得。较小流域的设计面暴雨量可设计点雨量代替。

3. 设计暴雨的时程分配

一般设计面暴雨量相同，时程分配不同，则形成的洪水过程线也不相同。因此，计算出设计暴雨量后，还应确定设计暴雨的时程分配。通常采用的计算方法是典型暴雨同频率控制缩放法。

典型暴雨过程，应从实测暴雨资料计算各年最大面暴雨量的过程中选择，若资料不足，也可以用流域或者邻近地区有较长资料的点暴雨量过程中选择。选择典型暴雨过程应考虑该典型要具有一定的代表性，且应是设计条件下可能发生的，同时选择对工程安全不利的暴雨过程，如暴雨比较集中、主雨峰靠后的情况。

缩放过程中时段的划分，一般用 1d、3d、7d 3 个时段；24h 暴雨的时段划分，一般取 3h、6h、12h、24h，具体时段划分应根据流域大小和汇流计算的需要而定。

在缺乏实测暴雨资料时，可参考各省（自治区、直辖市）暴雨洪水图集按地区综

合概化的暴雨时程分配进行计算。

2.3.3.3 设计净雨的计算

求得设计暴雨后，还要扣除损失，才能计算出设计净雨。净雨是降雨后形成径流部分的雨量，损失是降雨后未形成径流部分的雨量，如植物截留、地表填洼、土壤下渗、雨期蒸散发等的雨量。扣除损失的方法，常采用径流系数法、降雨径流相关图法和初损后损法。

1. 径流系数法

该法将各种降雨损失综合反映在径流系数中，其计算简单，但精度较低。具体计算过程：对于某次暴雨洪水，先求得流域平均雨量 H（mm），后将洪水过程线割除地下径流，求得相应地面径流深 y（mm），则一次暴雨的径流系数为

$$\alpha = \frac{y}{H} \tag{2.3.13}$$

根据若干次暴雨洪水的 α 值，取加权平均值 $\bar{\alpha}$，或出于安全考虑，选取 α 值中较大或最大者，作为设计值。各地水文手册均载有暴雨径流系数值，可供参考使用。还应指出，径流系数往往随着暴雨强度增大而增大。因此，根据大暴雨资料求得的径流系数，可根据变化趋势修正，用于设计条件。

2. 降雨径流相关图法

该方法是根据次降雨和其相应径流量之间关系建立其相关关系。降雨径流关系的影响因素包括前期流域下垫面的干湿程度、降雨强度、流域植被和季节影响等，其中前期流域下垫面的干湿程度和降雨强度是最重要的影响因素。

（1）前期影响雨量的计算。前期影响雨量 P_a 是反映前期流域下垫面干湿程度指标，其计算式为

$$P_{a,t+1} = K_a(P_{a,t} + H_t)\ (P_{a,t} \leqslant I_m) \tag{2.3.14}$$

式中 $P_{a,t+1}$、$P_{a,t}$——第 $t+1$ 天和第 t 天开始时的前期影响雨量，mm；

H_t——第 t 天的流域降雨量，mm；

K_a——流域蓄水的日消退系数，各月可近似取一个平均值；

I_m——流域最大损失水量，即流域久旱之后（$P_a=0$）普降大雨使流域全面产流的总损失，mm。

K_a 的估算方法：

$$K_a = 1 - \frac{E_m}{I_m} \tag{2.3.15}$$

式中 E_m——流域日蒸发能力，可近似用水面蒸发观测值代替；

K_a——一般取值 0.85～0.95。

（2）降雨径流相关图法。

1）降雨径流相关图的建立。降雨径流相关图反映的是流域面雨量、径流深及影响因素三者之间关系的曲线。该曲线是纵坐标为降雨量 H_F，横坐标为径流深 R，参数为流域前期影响雨量 P_a 的符合点群分布趋势和规律的等值线，即 H_F—P_a—R 三变量降雨径流相关图［图 2.3.4（a）］。曲线建立后需要使用雨洪资料进行检验与修

正，以满足精度的要求。雨洪资料的选取不得与制作相关图上的点群重复。另外，当降雨径资料不多、相关点据较少时，可绘制简化的三变量相关图即以 $H_F + P_a$ 为纵坐标、R 为横坐标［图 2.3.4（b）］。

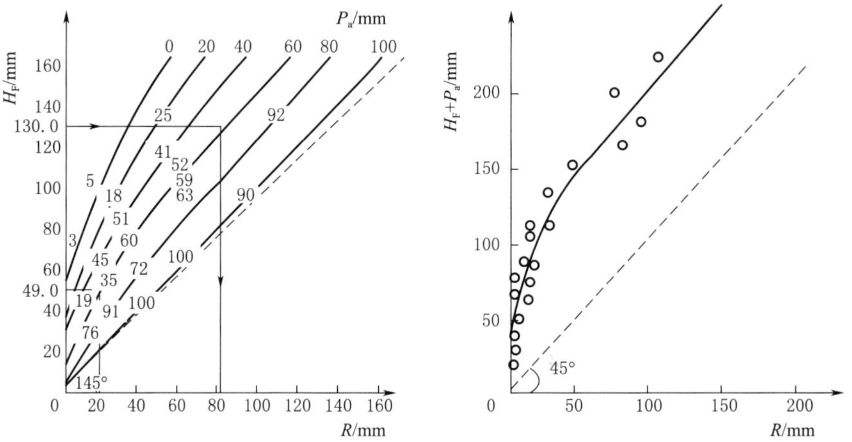

（a）H_F-P_a-R　　　　（b）H_F+P_a-R

图 2.3.4　降雨径流相关图

应注意降雨径流相关图中的径流可以是地面径流，也可以是总径流，前者是以超渗产流为基础建立的，而后者则是以蓄满产流为基础建立的，有时尚需划分地面径流及地下径流。

2）降雨径流相关图的应用。通过降雨径流相关图可以推求设计净雨及过程。其方法是逐时段累加降雨量，求得相应时段的累加净雨量，后将相邻累加净雨量相减求得各时段的设计净雨量。

3）设计净雨的划分 。通常降雨所产生的径流量包括地面径流和地下径流两部分。由于地面径流和地下径流的汇流特性不同，在推求洪水过程线时要分别处理。为此，在由降雨径流相关图求得设计净雨过程后，需将设计净雨划分为设计地面净雨和设计地下净雨。

按蓄满产流方式，流域降雨使包气带缺水得到满足后，全部降雨形成径流，其中按稳定入渗率 f_c 入渗的水量形成地下径流 h_g，降雨强度 i 超过 f_c 的那部分水量形成地面径流 h_s。设时段为 Δt，时段净雨量为 h，则

$$若\ i > f_c，h_g = f_c \Delta t\ h_s = h - h_g = (i - f_c)\Delta t$$

$$若\ i \leqslant f_c，h_g = h = i\Delta t\ h_s = 0$$

计算中 f_c 是个关键数值，只要知道 f_c 就可以将设计净雨划分为 h_s 和 h_g 两部分。f_c 是流域土壤、地质、植被等因素的综合反映。若流域自然条件无显著变化，一般认为 f_c 是不变的，f_c 可通过实测雨洪资料分析求得，也可各省（自治区、直辖市）的水文手册。

（3）初损后损法。对于以超渗产流为主的干旱地区，可以采用初损后损法计算设计净雨。超渗产流是土层未达到田间持水量之前，降雨强度超过入渗强度的产流

方式。

初损后损法是将一次暴雨的损失过程分为初期损失和后期损失（图 2.3.5）。损失强度变化规律为初期损失强度大，后随时间逐渐减小，最后趋于稳定。为简化计算，一般将后期损失过程认为是平均损失过程，用平均下渗率 $\overline{f}$ 表示，则降雨所形成的径流深可用下式计算：

2.7 初损后损法的计算原理

$$R_s = H - I_0 - \overline{f} t_c - H_n \tag{2.3.16}$$

式中 R_s——降雨形成的径流深，mm；

H——一次降雨的净雨量，mm；

I_0——初期损失量，mm；

$\overline{f}$——后期损失的平均入渗率，mm/h；

t_c——后损阶段的产流历时，h；

H_n——降雨后期不产流的雨量，mm。

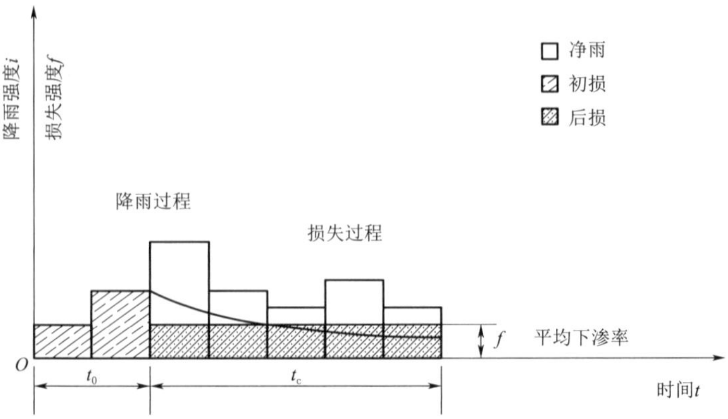

图 2.3.5 初损后损原理图

1）初损 I_0 的确定。对于小流域，由于流域面积小，汇流时间短，可将出口断面流量起涨点以前的雨量累积值作为初损的近似值（图 2.3.6）。对于较大流域，也可在其中找小面积流量站按上述方法近似确定。

降雨的初损 I_0 的大小与前期影响雨量 P_a 、降雨初期 t_0 内的平均雨强 i_0 、月份 M 及土地利用等有关。因此，常根据流域的具体情况，从实测资料分析出 I_0 及 P_a 、i_0 、M，然后从 P_a 、i_0 、M 中选择适当的因素，建立它们与 I_0 的关系（图 2.3.7）。

2）平均下渗率 $\overline{f}$ 的确定 。初损 I_0 确定后，可通过下式计算平均下渗率 $\overline{f}$ ：

$$\overline{f} = \frac{H - I_0 - h_s - H_n}{t_c} \tag{2.3.17}$$

其中，$\overline{f}$ 的确定需结合实测雨洪资料，进行多次试算求出。

2.3.3.4 设计洪水过程线的推求

设计洪水流量过程线是通过设计净雨过程推求的。首先应将净雨划分为地面、地下净雨两部分，然后分别进行流域汇流计算，推求出设计地面径流过程和设计地下径流过程，两者同时叠加，就得到总的设计洪水过程线。

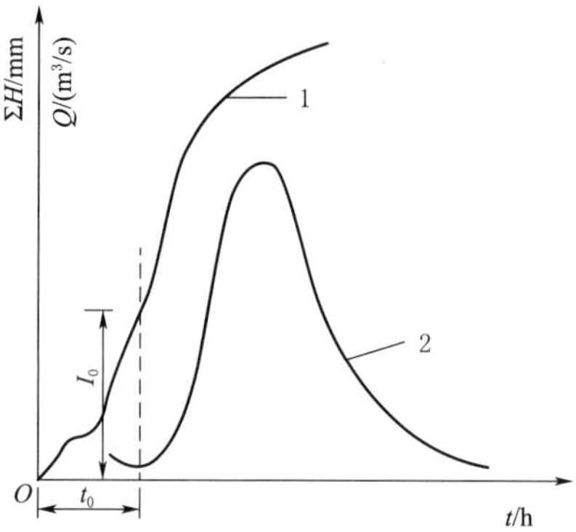

图 2.3.6　小流域初损 I_0 的确定

1—流域平均雨量累积曲线；

2—出口站流量过程线

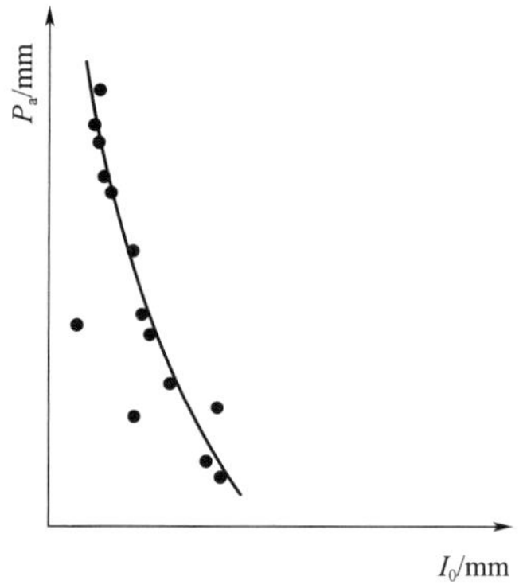

图 2.3.7　$I_0 - P_a$ 相关图

目前常用的计算方法有等流时线法和单位线法，应用最为广泛的是单位线法。

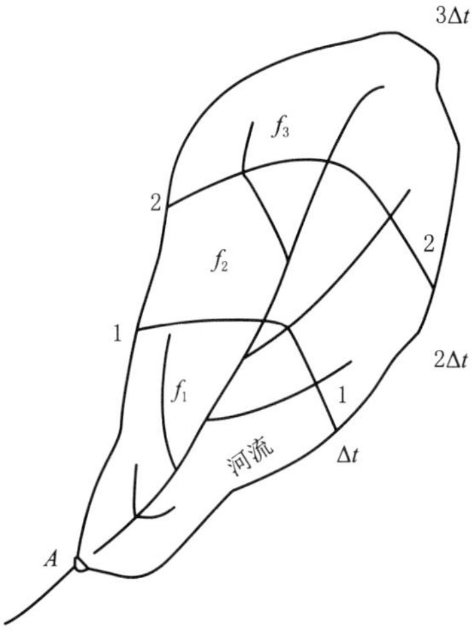

图 2.3.8　等流时线示意图

1. 等流时线法

地面径流过程包括坡面汇流与河槽汇流两个过程。当一次降雨的净雨开始时，首先是离出口断面最近坡面上的净雨注入河槽并流达出口断面，这时出口断面的流量起涨；然后流域较远处的净雨也通过流域坡面与河槽流达出口断面，近处的漫流雨水仍在继续注入河槽时，出口断面的流量就逐渐增大。把净雨从流域最远一点流至出口断面所经历的时间，称为流域最大汇流时间或称流域汇流时间，用了 τ 表示。净雨在单位时间内通过的距离称为汇流速度，用了 v 表示。流域上汇流时间相等的点的连线叫作等流时线，如图 2.3.8 虚线所示。假设单元净雨流达出口断面的汇流时间为 Δt，流域汇流历时为 $\tau = m\Delta\tau$（m 为单元数）。第一条等流时线上的净雨，经 Δt 时间到达出口断面；第二条等流时线上的净雨，则经 2 Δt 时间到达出口断面，以此类推。两条等流时线间所包围的面积称为共时径流面积，用 f_1，f_2，…，f_m 表示。显然共时径流面积的总和流域面积 $F = f_1 + f_2 + \cdots + f_m$。

根据等流时线的汇流原理可知，在任意时刻，出口断面的流量 Q_t，显然是由第一块面积上本时段净雨，加上第二块面积上前一时段的净雨，再加上第三块面积上前二时段净雨……项乘积之和组成。其各项通式为

$$Q_t = \frac{h_1 f_1}{\Delta t} + \frac{h_{t-1} f_2}{\Delta t} + \frac{h_{t-2} f_3}{\Delta t} + \cdots + \frac{h_{t-(m-1)} f_m}{\Delta t} \tag{2.3.18}$$

式中　$h_1, h_{t-1}, \cdots, h_{t-(m-1)}$——各时段的净雨；

$f_1, f_2, \cdots, f_m$ ——各时段的共时面积。

当已知降雨的净雨过程后，绘制流域等流时线图，利用上述计算公式，即可推求流域出口断面的流量过程线。

2. 经验单位线法

单位线是指一个流域上，单位时段 Δt 内均匀分布单位深度的地面净雨，在流域出口断面形成的地面径流过程线。单位线时段划分，应依据流域洪水特性而定，常用3h、6h、12h、24h 等。单位净雨深一般采用 10mm。

该方法有以下两条基本假定：

(1) 倍比假设。同一流域上，两次净雨过程的历时相同，净雨深不同，各为 h_1 和 h_2，则两者所形成径流过程线形状完全相似，相应时段的流量与净雨量大小成正比（$\frac{Q_{a1}}{Q_{b1}} = \frac{Q_{a2}}{Q_{b2}} = \cdots = \frac{h_1}{h_2}$）。

(2) 叠加假设。同一流域上，两相邻单位时段 Δt 的净雨深 h_1 和 h_2，在出口断面形成的地面径流过程线分别为 $Q_a - t$ 和 $Q_b - t$（图 2.3.9）。两者所形成径流过程线的形状仍然相似，且彼此互不影响。那么，总的地面径流过程线，则是由 $Q_a - t$ 过程线和 $Q_b - t$ 过程线叠加而得（图 2.3.10）。

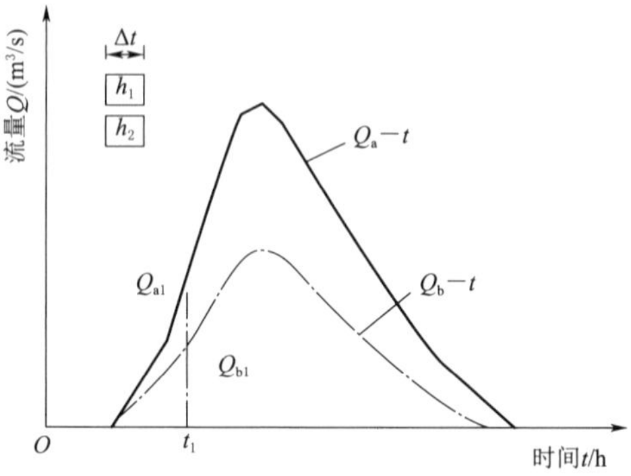

图 2.3.9 不同净雨深的地面径流过程线

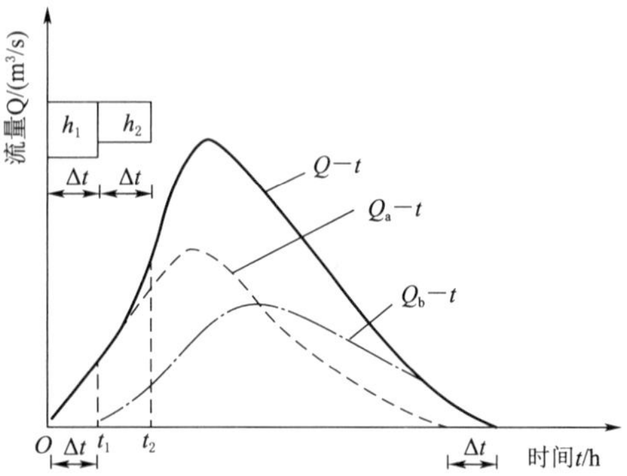

图 2.3.10 相邻时段净雨的地面过程线

(3) 单位线的应用。一个流域根据多次实测雨洪资料分析多条单位线后，经过平均或分类综合，就得到了该流域实用单位线，即汇流计算方案。下面结合实例，利用单位线进行设计洪水过程的计算。

1) 将单位线方案和设计净雨分别列于表 2.3.12 第③栏和第②栏。

2) 按照倍比假设，用单位线求各时段净雨产生的地面径流过程，即用 6.1/10 乘以单位线各流量值得净雨为 6.1mm 的地面径流过程，列于表 2.3.12 第④栏。依此类推，求得各时段净雨产生的地面径流过程，分别列于表 2.3.12 第④～⑥栏。

3) 按叠加假设将表 2.3.12 第④～⑥栏的同时刻流量叠加，得总的地面径流过程，列于表 2.3.12 第⑦栏。

表 2.3.12　　　　　　单位线法推求地面径流过程

时段/h $\Delta t=12h$	净雨 R_s /（mm）	单位线 q (m^3/s)	各时段净雨产生的地面径流过程/(m^3/s)			总的地面径流过程/(m^3/s)
			6.1mm	3.25mm	10.0mm	
①	②	③	④	⑤	⑥	⑦
1	6.1 32.5 10	0	0			
2		28	17	0		17
3		250	153	91	0	244
4		130	79	813	28	920
5		81	49	423	250	722
6		54	33	263	130	426
7		35	21	176	81	278
8		21	13	114	54	181
9		12	7	68	35	110
10		5	3	39	21	63
11		0	0	16	12	28
12				0	5	5
13					0	0
合计			375	2003	616	2994

2.3.4　小流域设计洪水计算

2.12 Ⓜ 课前学习任务单

2.14 Ⓣ 课前自测

2.3.4.1　基本知识

小流域设计洪水的计算是小流域防洪工程设计的重要内容。小流域是指流域面积在 300～500km^2 以下的流域。小流域的设计洪水计算与大中流域有所不同，主要有以下特点：

（1）在小流域上修建的工程数量很多，往往缺乏暴雨和流量资料，特别是流量资料。

（2）小型工程一般对洪水的调节能力较小，工程规模主要受洪峰流量控制，因而对设计洪峰流量的要求，高于对设计洪水过程的要求。

（3）小型工程的数量较多，分布面广，计算方法应力求简便，以便于掌握和应用。

小流域设计洪水的计算方法有经验公式法、推理公式法、综合单位线法及水文模型等方法。由于实测资料短缺，各种方法的计算结果相差较大，目前没有统一标准，给小流域设计洪水计算带来了一定的困难。以下主要介绍推理公式法和经验公式法。

2.3.4.2　设计洪峰流量计算——推理公式法

推理公式法是利用暴雨资料来推求小流域设计洪水的一种简化方法。该方法将流域的产汇流过程进行概化，利用等流时线原理推导得出小流域的设计洪峰流量的计算公式。

1. 推理公式的基本形式

在一个小流域中，若流域的最大汇流长度为 L，流域的汇流时间为 τ，根据等流时线原理，当净雨历时 t_c 大于或等于汇流历时 τ 时称为全面汇流，即全流域面积 F 上的净雨汇流形成洪峰流量；当 t_c 小于 τ 时称为部分汇流，即部分流域面积上 F_{t_c} 的净雨汇流形成洪峰流量，形成最大流量的部分流域面积 F_{t_c}，是汇流历时相差 t_c 的两条等流时线在流域中所包围的最大面积，又称为最大等流时面积。

当 $t_c \geqslant \tau$ 时，根据小流域的特点，假定 τ 历时内净雨强度均匀，流域出口断面的洪峰流量为

$$Q_m = 0.278\frac{h_\tau}{\tau}F \tag{2.3.19}$$

式中 h_τ——τ 历时内的净雨深，mm；

0.278——单位换算系数。

Q_m、F、τ 的单位分别为 m^3/s、km^2、h。

当 $t_c < \tau$ 时，只有部分面积 F_{t_c} 上的净雨形成出口断面最大流量，计算公式为

$$Q_m = 0.278\frac{h_R}{t_c}F_{t_c} \tag{2.3.20}$$

式中 h_R——次降雨产生的全部净雨深，mm。

F_{t_c} 与流域形状、汇流速度和 t_c 大小等有关，因此详细计算是比较复杂的，一般采用简化方法，其近似假定 F_{t_c} 随汇流时间的变化可概化为线性关系，即

$$F_{t_c} = \frac{F}{\tau}t_c \tag{2.3.21}$$

将式（2.3.21）代入式（2.3.20），则部分汇流时计算洪峰流量的简化公式为

$$Q_m = 0.278\frac{h_R}{\tau}F \tag{2.3.22}$$

综合以上两种情况，则计算洪峰流量公式为

$$Q_m = 0.278\frac{h_\tau}{\tau}F\ (t_c \geqslant \tau) \tag{2.3.23}$$

$$Q_m = 0.278\frac{h_R}{\tau}F\ (t_c < \tau) \tag{2.3.24}$$

其中

$$\tau = \frac{0.278L}{mJ^{1/3}Q^{1/4}} \tag{2.3.25}$$

式中 J——流域平均坡度，包括坡面和河网，实用上以河道平均比降来代表，以小数计；

L——流域汇流的最大长度，km；

m——汇流参数，与流域及河道情况等条件有关。

地面净雨计算可分为两种情况，如图 2.3.11 所示。

当 $t_c \geqslant \tau$ 时，历时 τ 的地面净雨深 h_τ 可用下式计算：

$$h_\tau = (\bar{i}_\tau - \mu)\tau = S_p\tau^{1-n} - \mu\tau \tag{2.3.26}$$

当 $t_c < \tau$ 时，产流历时内的净雨深 h_R 可用下式计算：

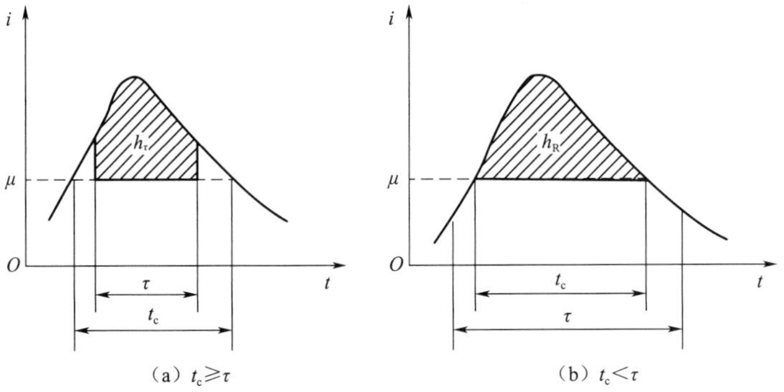

图 2.3.11　地面净雨两种汇流情况

$$h_R = (\bar{i}_{t_c} - \mu)\tau = S_p\tau^{1-n} - \mu t_c = nS_p t_c^{1-n} \tag{2.3.27}$$

式中　$\bar{i}_\tau$、$\bar{i}_{t_c}$——汇流历时与产流历时内的平均雨强，mm/h；

μ——产流参数，mm/h。

净雨历时 t_c 可按下式计算：

$$t_c = \left[(1-n)\frac{S_p}{\mu}\right]^{\frac{1}{n}} \tag{2.3.28}$$

由推导公式计算小流域设计洪峰流量的参数分为三类：流域特征参数 F、J、L；暴雨特性参数 n、S_p，产汇流参数 m、μ。Q_m 可视为上述三类参数的函数：

$$Q_m = f(F, L, J; n, S_p; m, \mu) \tag{2.3.29}$$

流域特征参数与暴雨特性参数的确定可参考各地水文手册（水文图集）。

2. 产汇流参数的确定

产流参数 μ 代表产流历时 t_c 内地面平均入渗率，又称损失参数。推理公式法假定流域各点的损失相同，把 μ 视为常数。μ 值的大小与所在地区的土壤透水性能、植被情况、降雨量的大小及分配、前期影响雨量等因素有关，不同地区其数值不同，且变化较大。

汇流参数 m 是流域中反映水力因素的一个指标，用以说明洪水汇集运动的特性。它与流域地形、植被、坡度、河道糙率和河道断面形状等因素有关。一般可根据雨洪资料反算，然后进行地区综合，建立它与流域特征因素的关系，以解决无资料地区确定 m 的问题。各省在分析大暴雨洪水资料后都提供了 μ 值和 m 值的简便计算方法，可在当地的《水文手册》（《水文图集》）中查到。

3. 设计洪水洪峰流量的推求

应用推理公式推求设计洪峰流量的方法很多，其中试算法和图解交点法是实际应用广泛且易于计算的两种方法，下面将重点介绍 。

(1) 试算法。试算法是用试算的方法联解方程组式 (2.3.23) 或式 (2.3.24)、式 (2.3.25)、式 (2.3.26) 或式 (2.3.27)，具体计算步骤如下：

1) 对设计流域进行调查，并结合当地的水文手册或雨洪图集及流域地形图，确定流域的几何特征值 F、J、L，暴雨的统计参数（$\overline{H}_t$、C_V、C_S/C_V）及暴雨公式中的参

数 n，产流参数 μ 及汇流参数 m。

2）计算设计暴雨的雨力 S_P 与雨量 $H_{t,P}$，并由产流参数 μ 计算设计净雨历时 t_c。

3）将 F、J、L、t_c、m 代入式（2.3.23）或式（2.3.24），其中 Q_{mp}、τ、h_τ（或 h_R）未知，且 h_τ 与 τ 有关，故需用试算法求解。试算的步骤为：先假设一个 Q_{mp}，代入式（2.3.25）计算出一个相应的 τ，将它与 t_c 比较，判断属于何种汇流情况，用式（2.3.26）或式（2.3.27）计算出 h_τ（或 h_R），再将该 τ 值与 h_τ（或 h_R）代入式（2.3.23）或式（2.3.24），求出一个 Q'_{mp}，若 Q'_{mp} 与假设的 Q_{mp} 一致（误差在1%以内），则该 Q_{mp} 与 τ 即为所求；否则，另设 Q_{mp} 重复上述试算步骤，直至满足要求。

（2）图解交点法。该法和试算法基本相同，只是将试算过程变成图解。通过式（2.3.23）或式（2.3.24）与式（2.3.25）分别作曲线 $Q_{mp}-\tau'$ 及 $\tau'-Q_{mp}$，并点绘于同一图上，如图2.3.12所示，两线的交点即为两个方程的解。

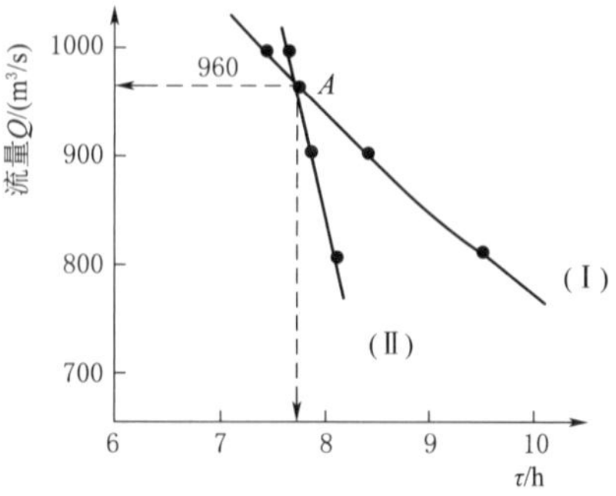

图2.3.12 图解交点法

2.3.4.3 设计洪峰流量计算——经验公式法

经验公式是利用实测洪水资料或调查的相关洪水资料建立洪峰流量与影响因素之间的关系方程式。该方法简单，便于应用。若流域资料具有较好的可靠性与代表性，且经验公式能考虑到影响洪峰流量的主要因素，则该方法的计算成果是比较可靠的。建立经验公式的方法有单因素公式和多因素公式。

1. 单因素公式

目前，以流域面积作参数的经验公式是最为简单的一种形式，称为单因素公式。其他因素用一个综合系数表示，公式的形式为

$$Q_{mp}=C_P F^n \tag{2.3.30}$$

式中 Q_{mp}——设计洪峰流量，m^3/s；

C_P——随地区和频率而变化的综合系数；

n——经验指数；

F——流域面积，km^2。

n 和 C_P 可参考各省（自治区、直辖市）的雨洪图集或水文手册。

2. 多因素公式

多因素公式是以流域特征与设计暴雨等主要影响因素为参数建立的经验公式。公式的形式为

$$Q_{mp}=CH_{24,p}F^n \tag{2.3.31}$$

$$Q_{mp}=Ch_{24,p}^{\alpha}K^{\gamma}F^n \tag{2.3.32}$$

$$Q_{mp}=Ch_{24,p}^{\alpha}J^{\beta}K^{\gamma}F^n \tag{2.3.33}$$

2.15 Ⓣ 课后自测

式中 $H_{24,p}$、$h_{24,p}$——最大24h设计暴雨量与设计净雨量，mm；

α、β、γ、m、n——经验指数；

C——经验系数；

K——流域形状系数；

L——主河道平均比降。

值得注意的是，经验公式是利用地区实测资料建立的相关关系，因此具有较强的地区性。经验公式可参考水文手册或雨洪图集，使用时要特别注意经验公式的适用范围。

专项能力训练

一、填空题

1. 水文中常用的三个统计参数是______、______、______。

2. 在进行水文计算时，首先应对样本资料的______、______、______进行审查。

3. 重现期 $T=100$ 年，称为______。

4. 两种随机变量之间的关系一般有______、______、______三种情况。

5. 按照随机变量的取值情况，随机变量分为______和______两种基本类型。

6. 某一年的年径流量与多年平均的年径流量之比称为______。

7. 描述河川径流变化特性时可用________变化和________变化来描述。

8. 年径流量通常可以用______、______、______表示。

9. 流域的大小对年径流的影响主要通过流域的______而影响年径流的变化。

10. 下垫面对年径流的影响，一方面____________，另一方面，____________。

11. 设计洪水特性可以由三个控制性的要素来描述，分别为____、____、____。

12. 防洪标准一般可用防御洪水相应的______或______来表示。

13. 通常计算设计洪水的三种方法是______、______、______。

14. 洪水资料的审查包括______、______、______。

15. 目前典型洪水过程线的放大方法有：______、______。

16. 不连序系列的统计参数初值估算常采用______、______。

二、判断题

1. 由随机现象的一部分试验资料去研究总体现象的数字特征和规律的学科称为概率论。(　　)

2. 偶然现象是指事物在发展、变化中可能出现也可能不出现的现象。(　　)

3. 在每次试验中一定会出现的事件叫作随机事件。(　　)

4. 皮尔逊Ⅲ型频率曲线在频率格纸上是一条规则的S形曲线。(　　)

5. 改进水文测验仪器和测验方法，可以减小水文样本系列的抽样误差。(　　)

6. 随机事件的概率介于0与1之间。(　　)

7. 水文系列的总体是无限长的，它是客观存在的，但我们无法得到它。(　　)

8. 给经验频率点据选配一条理论频率曲线，目的之一是便于频率曲线的外延。(　　)

9. 湿润地区，降水量多，年径流系数小，从而使年径流量与年降水量关系密切。(　　)

10. 多年平均流量相同的流域，多年平均径流总量相同。(　　)。

11. 干旱地区降水量较少，年蒸发系数较大，从而使年径流量与年降水量关系密切。(　　)

12. 下垫面对年径流的影响，表现在流域蓄水能力上，通过对气候条件的改变间接影响年径流量。(　　)

13. 多年平均径流量大的流域，多年平均径流深大。(　　)。

14. 同一地区内，植物繁茂的流域径流系数小。(　　)

15. 水文资料的主要来源是水文测站对各项水文要素的长期观测。(　　)

16. 防洪标准是各种防洪保护对象或工程本身要求达到的防御洪水的标准。(　　)

17. 防洪标准的确定只考虑工程安全。(　　)

18. 在频率分析计算之前，必须要对洪水资料进行审查。(　　)

19. 在洪水资料选样，样本容量应与实测年限可以不一致。(　　)

20. 适线法有两种：一种是经验适线法（目估适线法），另一种是优化适线法。目前我国多数采用优化适线法。(　　)

21. 一般设计面暴雨量相同，时程分配不同，则形成的洪水过程线也不相同。(　　)

22. 典型暴雨过程，应从实测暴雨资料计算各年最大面暴雨量的过程中选择，若资料不足，不可以用流域或者邻近地区有较长资料的点暴雨量过程中选择。(　　)

23. 求得设计暴雨后，还要扣除损失，才能计算出设计净雨。(　　)

24. 降雨径流相关图法是根据次降雨和其相应径流量之间关系建立其相关关系。(　　)

25. 通过降雨径流相关图不可以推求设计净雨及过程。(　　)

三、选择题

1. 水文统计的任务是研究和分析水文随机现象的（　　）。

A. 必然变化特性　　B. 自然变化特性

C. 统计变化特性　　D. 可能变化特性

2. 偏态系数 $C_S>0$，说明随机变量（　　）。

A. 出现大于均值的机会比出现小于均值的机会多

B. 出现大于均值的机会比出现小于均值的机会少

C. 出现大于均值的机会和出现小于均值的机会相等

D. 出现小于均值的机会为 0

3. 水文现象中，大洪水出现机会比中、小洪水出现机会小，其频率密度曲线为（　　）。

A. 负偏　　B. 对称　　C. 正偏　　D. 双曲函数曲线

4. 百年一遇洪水，是指（　　）。

A. 大于等于这样的洪水每隔 100 年必然会出现一次

B. 大于等于这样的洪水平均 100 年可能出现一次

C. 小于等于这样的洪水正好每隔100年出现一次

D. 小于等于这样的洪水平均100年可能出现一次

5. 在水文频率计算中，我国一般选配皮尔逊Ⅲ型曲线，这是因为（　　）。

A. 已从理论上证明它符合水文统计规律

B. 已制成该线型的Φ值表供查用，使用方便

C. 已制成该线型的k_p值表供查用，使用方便

D. 经验表明该线型能与我国大多数地区水文变量的频率分布配合良好

6. 用配线法进行频率计算时，判断配线是否良好所遵循的原则是（　　）。

A. 抽样误差最小的原则

B. 统计参数误差最小的原则

C. 理论频率曲线与经验频率点据配合最好的原则

D. 设计值偏于安全的原则

7. 相关分析在水文分析计算中主要用于（　　）。

A. 推求设计值　　B. 推求频率曲线

C. 计算相关系数　　D. 插补、延长水文系列

8. 单位流域面积上产生的流量称为（　　）。

A. 径流系数　　B. 平均流量　　C. 径流模数　　D. 径流深

9. 流域中的湖泊围垦以后，流域多年平均年径流量一般比围垦前（　　）。

A. 增大　　B. 减少　　C. 不变　　D. 不肯定

10. 年径流量的影响因素有气候因素、（　　）和人类活动。

A. 植被　　B. 土壤　　C. 地形　　D. 下垫面因素

11. 人类活动（如修建水库、灌溉、水土保持等）通过改变下垫面的性质间接影响年径流量，一般说来，这种影响使得（　　）。

A. 蒸发量基本不变，从而年径流量增加

B. 蒸发量增加，从而年径流量减少

C. 蒸发量基本不变，从而年径流量减少

D. 蒸发量增加，从而年径流量增加

12. （　　）不属于下垫面条件。

A. 植被　　B. 土壤　　C. 地质　　D. 降水

13. 一般情况下，对于大流域由于下述原因，从而使径流的年际、年内变化减小（　　）。

A. 调蓄能力弱，各区降水相互补偿作用大

B. 调蓄能力强，各区降水相互补偿作用小

C. 调蓄能力弱，各区降水相互补偿作用小

D. 调蓄能力强，各区降水相互补偿作用大

14. 平均流量相同的流域，年径流系数（　　）。

A. 相同　　B. 大流域的大　　C. 大流域的小　　D. 大小不确定

15. 降水量常用单位是（　　）。

A. mm　　B. cm　　C. m^3　　D. cm^3

16. 描述洪水过程的三要素不包括（　　）。

A. 洪峰流量　　B. 洪水总量　　C. 洪水历时　　D. 峰型特征

17. 推求设计洪水的基本方法不包括（　　）。

A. 由流量资料推求　　B. 由暴雨资料推求

C. 用水文比拟法或水力学公式推求　　D. 用相关分析法推求

18. 洪水资料选样，目前大多采用（　　）。

A. 年最大值法　　B. 年超大值法　　C. 随机抽取法　　D. 经验选择法

19. 不连序洪水系列的经验频率计算，常用（　　）。

A. 独立样本法　　B. 统一样本法

C. 独立样本法和统一样本法　　D. 相关分析法

20. 由流量资料推求设计洪水过程线采用（　　）方法。

A. 概化三角形　　B. 放大典型洪水过程线

C. 单位线汇流计算　　D. 经验确定

21. 选择对工程防洪不利的大洪水过程线作为典型，如峰型集中、主峰（　　）的过程。

A. 靠前　　B. 靠后　　C. 突出　　D. 分散

22. 放大典型洪水过程线可用（　　）法。

A. 同频率放大、同倍比放大　　B. 同频率放大、不同倍比放大

C. 不同频率放大、不同倍比放大　　D. 不同频率放大、同倍比放大

23. 所谓较长年径流系列是指实测径流系列长度（　　）年以上。

A. 10　　B. 15　　C. 20　　D. 100

24. 当年径流系列的长度不足 20 年时，频率计算需要通过（　　）展延系列长度。

A. 相关关系　　B. 补测　　C. 等待　　D. 经验分析

25. 设计年径流的时程分配一般用（　　）表示。

A. 流量过程线　　B. 日流量过程　　C. 月径流量　　D. 年径流量

四、名词解释

1. 概率
2. 频率
3. 重现期
4. 经验频率曲线
5. 理论频率曲线
6. 适线法
7. 总体
8. 样本
9. 抽样误差
10. 年径流量
11. 设计年径流量

12. 同倍比法
13. 同频率法
14. 水文比拟法
15. 设计代表年法
16. 实际代表年法
17. 水文年
18. 水利年
19. 日历年
20. 设计洪水
21. 设计标准
22. 典型洪水
23. 设计暴雨
24. 设计净雨

五、综合题

1. 简述适线法的具体步骤。
2. 在频率计算之前为什么要审查样本资料?
3. 如何利用三点法计算统计参数?
4. 理论频率曲线与经验频率曲线有什么区别?
5. 简述统计参数对频率曲线的影响。
6. 人类活动对年径流有哪些方面的影响?
7. 简述年径流年内、年际变化的主要特性。
8. 利用参证变量展延年径流系列，应如何选择参证变量?
9. 简述具有实测资料时设计年径流的计算思路。
10. 怎样分析判别水文系列代表性的高低? 如何提高水文系列代表性?
11. 如何确定设计洪水的标准?
12. 在洪水频率计算中，加入特大洪水的意义是什么?
13. 在洪峰流量及洪量计算过程中，常用哪些合理性检查方法?
14. 典型洪水过程线的选取一般应考虑哪些方面?
15. 根据不同的产流方式，常用设计净雨的方法有哪些?
16. 小流域设计洪水主要有哪些特点?
17. 已知某河流某断面的多年平均流量为 $\overline{Q}=120\text{m}^3/\text{s}$，$C_V=0.20$ s，$C_S=0.40$。计算：(1) 10 年一遇设计枯水年的年径流量；(2) 百年一遇设计丰水年的年径流量。
18. 某水利工程，已知设计断面处多年平均径流量 $\overline{Q}=50\ \text{m}^3/\text{s}$，$C_V=0.35$，$C_S=2C_V$。试计算：(1) 设计枯水年（$p=90\%$）和设计平水年（$p=50\%$）的设计年径流量；(2) 根据表 2. 练 .1 中所列资料，推求设计枯水年径流量年内分配；(3) 根据平水年年内分配百分比（表 2. 练 .2)，推求设计平水年年径流量的年内分配。

表 2. 练 .1　　设计站枯水年逐月平均流量

年　份	月平均流量/（m^3/s）											
	5月	6月	7月	8月	9月	10月	11月	12月	1月	2月	3月	4月
1980—1981	29.7	13.2	60.8	62.7	39.6	59.5	44.2	21.8	10.0	7.8	22.6	17.4
1986—1987	62.8	15.8	7.8	54.4	92.5	6.8	14.9	12.7	13.0	2.0	1.5	52.7
设计枯水年												

表 2. 练 .2　　平水年逐月径流分配表

月　份	5	6	7	8	9	10	11	12	1	2	3	4
平水代表年/%	4.2	2.3	12.0	18.0	15.7	8.3	10.0	7.6	6.4	4.2	5.3	6.0
设计平水年水年/（m^3/s）												

19. 已知某水文站（1990—2001 年）径流资料，见表 2. 练 .3。试推求该站设计频率 $p=20\%$、$p=50\%$、$p=80\%$ 的年径流量。

表 2. 练 .3　　某水文站历年逐月平均流量表　　单位：m^3/s

年＼月	1	2	3	4	5	6	7	8	9	10	11	12
1990	2.06	21.8	19.8	14.8	14.0	39.9	16.1	7.80	17.5	3.04	5.78	4.69
1991	3.76	2.14	10.2	16.1	36.4	16.4	14.2	13.4	5.91	2.41	3.67	3.53
1992	2.52	6.83	17.0	40.4	28.2	65.7	9，96	24.5	5.23	9.66	10.4	7.00
1993	6.82	3.84	15.9	17.3	38.1	90.2	17.8	5.49	4.08	3.31	7.19	2.61
1994	2.19	3.25	5.33	5.35	2.42	11.6	12.8	21.8	1.61	1.16	4.70	2.40
1995	9.02	7.42	15.2	26.8	15.3	60.8	6.87	5.45	2.09	4.28	1.67	1.22
1996	1.10	1.50	5.56	17.3	39.9	39.2	6.80	4.73	2.10	7.22	7.91	5.66
1997	4.82	7.33	7.05	24.1	26.7	39.0	17.7	4.40	4.05	3.98	2.57	3.43
1998	2.39	8.66	7.11	15.6	25.1	12.9	8.53	7.36	2.42	1.37	1.19	1.69
1999	1.45	2.46	9.45	17.5	17.2	84.5	4.51	7.09	2.88	2.72	2.27	1.88
2000	3.89	7.02	11.2	13.5	17.9	27.5	6.15	3.53	0.17	17.1	6.57	3.44
2001	5.41	5.30	19.5	54.9	38.5	19.7	6.14	31.8	21.3	26.0	7.08	1.20

20. 现有甲乙两个水文站，设计断面位于甲站附近，但只有 1971—1980 年实测资料。下游的乙站具有 1961—1980 年实测径流资料，见表 2. 练 .4。两站同步年径流观测资料对应关系较好，试将甲站资料插补延长。

表 2. 练 .4　　某河流甲乙两站径流资料

年份	1961	1962	1963	1964	1965	1966	1967	1968	1969	1970
乙站/（m^3/s）	1400	1050	1370	1360	1710	1440	1640	1520	1810	1440
甲站/（m^3/s）										

续表

年份	1971	1972	1973	1974	1975	1976	1977	1978	1979	1980
乙站/（m^3/s）	1420	1560	1440	1730	1630	1440	1480	1420	1350	1630
甲站/（m^3/s）	1230	1360	1160	1450	1510	1200	1240	1150	1000	1430

21. 某站1938—1982年共45年洪水资料，其中1949年洪水比一般洪水大得多，应从实测系列中抽出作特大值处理。另外，通过调查历史洪水资料得知，本站自1903年以来的80年间有两次特大洪水，分别发生在1921年和1903年。经分析考证，可以确定80年以来没有遗漏比1903年更大的洪水，洪水资料见表2. 练.5，试用两种方法分析计算各次洪水的经验频率，并进行比较。

表2. 练.5　　某站洪峰流量系列经验频率分析计算

洪水资料	洪水性质	特大洪水			一般洪水				
	年份	1921	1949	1903	1949	1940	1979	…	1981
	洪峰流量/(m^3/s)	8540	7620	7150		5020	4740		2580
排位情况	排位时期	1903—1982年（$N=80$年）			1938—1982年（$n=45$年）				
	序号								
独立取样分别排位（方法1）	计算公式								
	经验频率/%								
统一取样统一排位（方法2）	计算公式								
	经验频率/%								

22. 某水库坝址断面处有1958—1995年的最大洪峰流量资料，其中最大三年的洪峰流量分别为7500 m^3/s、4900 m^3/s、3800 m^3/s。由洪水调查可知，自1835年到1957年间，发生过一次特大洪水，洪峰流量为9700 m^3/s，并且可以肯定，没有漏掉6000 m^3/s以上的洪水，试计算各次洪水的经验频率。

23. 某水库设计标准$p=1\%$的洪峰和1天、3天、7天洪量，以及典型洪水过程线的洪峰和1天、3天、7天洪量（表2. 练.6）。要求用分时段同频率放大法，推求$p=1\%$的设计洪水过程线。

表2. 练.6　　某水库洪峰与洪量统计表

项　　目	洪峰Q_m/(m^3/s)	洪量W/[（m^3/s）·h]		
		1日	3日	7日
$p=1\%$的设计洪峰及不同时段的洪量	2610	1525	2874	3873
典型洪水过程的洪峰及不同时段的洪量	1810	1083	1895	2565

24. 某水文站根据实测洪水和历史调查洪水资料，已经绘制出洪峰流量经验频率曲线，现从经验频率曲线上读取三点（2080，5%）、（760，50%）、（296，95%），试按三点法计算这一洪水系列的统计参数。

项目3　水利工程调节计算

【导语】

水利工程调节计算是在工程水文分析计算的来水成果——设计年径流、设计洪水上，通过调节计算、经济论证、环境效益分析等环节，合理地确定工程枢纽参数——正常蓄水位、设计洪水位、工程规模——坝顶高程、溢洪道尺寸等。对江河通过修建水库蓄丰补枯是径流调节的主要形式。水库利用库容蓄水，利用泄水设施控制和调节出流。当来水超过出流时，水库蓄水量增加，水位上升；当来水小于出流时，水库蓄水量减少，库水位降低。水库的调节性能越高，径流调节的效益越大。水库通常有兴利、防洪两种调节作用，通过兴利调节计算，可以把枯水年或枯水年组的径流重新分配，以满足各用水部门的需水要求；通过防洪调节计算，可以保证水库的防洪安全，防止或减轻下游洪水灾害。在设计或运行水库时，既要考虑兴利问题，也应注意防洪问题。

【能力目标】

本项目重点内容为水库调节及计算，主要掌握兴利调节的时历列表法和图解法，有闸门控制和无闸门控制的水库调洪演算方法，掌握水库的相关特性、水量损失，了解兴利库容的作用分类、防洪调节的作用、任务、调洪原理等内容。

任务3.1　基　本　知　识

3.1.1　水库的调节作用

河川径流在一年之内或在年际之间的丰枯变化都是很大的。河川径流的剧烈变化，给人类带来很多不利的后果：汛期洪水容易造成灾害；枯水期水少，不能满足兴利部门的用水需要。因此，无论是为了消除或减轻洪水灾害，还是为了满足兴利需要，都要求采取措施，对天然径流进行控制和调节。

3.1 概念及术语——基本知识

在河流上修建一些水利工程，如筑坝（闸）形成水库来控制河道流量变化，按照需要人为地把河流水量在时间上重新加以分配，叫作径流调节。通过开挖渠道进行跨流域调水，解决水量在地区分布不均的现象，从广义上说也属径流调节范围。按其任务，有兴利调节和防洪调节，如灌溉、发电、航运、给水等。

3.1 课前学习任务单

3.1.1.1　兴利调节

为了满足灌溉发电及城镇工业用水等兴利要求而提高枯水期的径流水量的调节称为兴利调节。

根据不同的自然条件和要求，从不同角度对兴利调节进行分类，有助于了解水库设计与运行中的不同特点。

1. 按调节周期分类

3.1 课前自测

3.1 兴利调节的分类

由于来水和用水都具有一定的周期性变化规律，使水库充蓄与泄放也具有一定的周期性变化。水库由库空到蓄满再到库空，循环一次所经历的时间，称为调节周期。由于水库的大小和调节任务的不同，调节周期也不同，可以短到一天，也可以长达数年。水库的兴利调节按调节周期的长短可分为日调节、年调节和多年调节等几种类型，如图 3.1.1 所示。

（1）日调节。河川径流在一昼夜间的变化基本上是均匀的，而某些部门的用水（如发电、灌溉）则白天和夜晚差异甚大。有了水库，就可把当天负荷少时的多余水量蓄存起来，增加当天负荷增长时的发电水量，其调节周期为一天。

（2）年调节。河川径流在丰水期和枯水期的水量相差悬殊，而用水部门如发电、灌溉等，在枯水期水量不足，丰水期水量过剩。这就要求在一年内进行天然径流的重新分配，这种分配称为年调节或季调节，其调节周期为一年。

（3）多年调节。河川径流的年际变化剧烈，枯水年份缺水，丰水年份余水。如将丰水年多余的水量蓄入库内，以补足枯水年水量的不足，这种调节就称为多年调节，其调节周期要长达好几年。

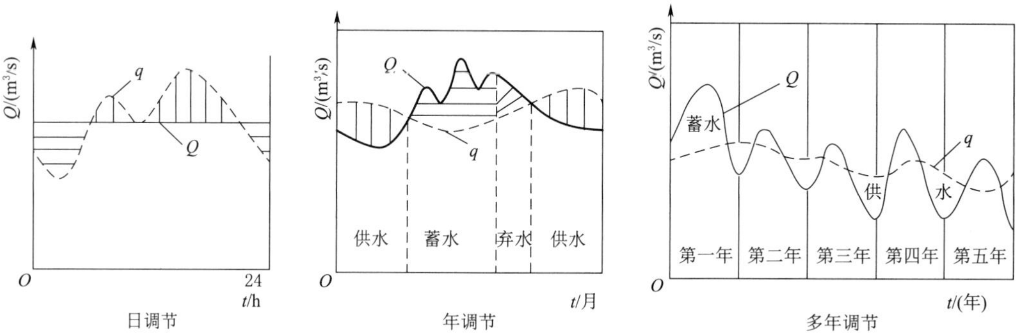

图 3.1.1　日调节、年调节、多年调节示意图

相对于一定的河流来水而言，如果蓄水容积越大，它调节的周期就越长，调节径流的程度也越完善。多年调节的水库可同时进行年调节和日调节，年调节水库也类似。

2. 按服务目标分类

兴利调节可分为灌溉、发电、供水、航运等，它们在调节要求和特点上各有不同。但目前水库已较少为单目标开发，一般都是以一两个目标为主进行综合利用径流调节。

3. 按径流利用程度分

（1）完全年调节。完全年调节是指将设计年内全部来水量完全按用水要求重新分配而不发生弃水的径流调节，如图 3.1.2（a）所示。

（2）不完全年调节。不完全年调节是指仅能存蓄丰水期部分多余水量的径流调节，如图 3.1.2（b）所示。

完全年调节和不完全年调节的概念是相对的，如对同一水库而言，可能在一般年份能进行完全年调节，但遇丰水年就可能发生弃水，只能进行不完全年调节。

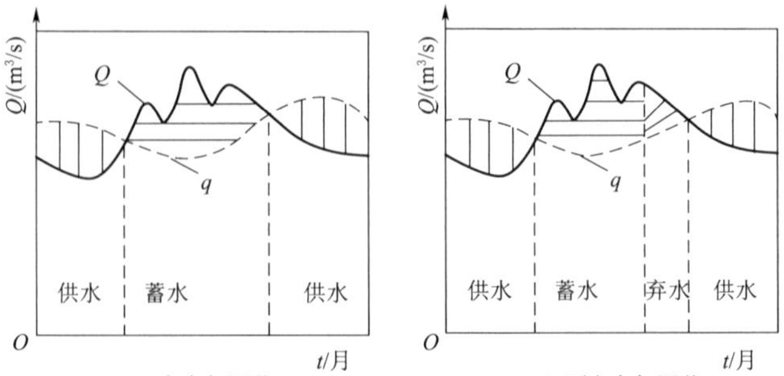

（a）完全年调节　　（b）不完全年调节

图 3.1.2　完全年调节、不完全年调节示意图

3.1.1.2 防洪调节

利用水库拦蓄洪水、削减洪峰流量，以消除或减轻下游洪涝灾害，这种径流调节称为防洪调节。

防洪措施是指人类为防御洪水灾害而采取的各种手段和方法。按对洪水的处理方法不同，分为防洪工程措施和防洪非工程措施两类。

1. 防洪工程措施

（1）防洪工程措施对洪水的作用。

1）挡：主要是运用工程措施挡住洪水对保护对象的侵袭。如修筑河堤，防御河、湖洪水泛滥；修围堤，限制分洪区淹没范围；修海堤和防潮闸，防御海潮、风浪的侵袭等。

3.1 TZ 防洪工程措施

2）泄：主要是增加河道泄洪能力，如修分洪道、整治河道（扩大河槽、裁弯取直等），沿河修堤也有增加泄洪能力的作用，这些措施对防御常遇洪水较为经济，容易实行，因此得到广泛的采用。

3）蓄：主要作用是拦蓄（滞）调节洪水，削减洪峰，为下游减少防洪负担。如水库、分洪区（包括改造利用湖、淀工程）等。水库具有调蓄洪水能力，用水库蓄洪一般可以结合水资源开发利用，发挥综合效益，故成为近代河流治理开发中普遍采用的方法。

（2）治河防洪工程措施的类别。我国治河防洪所采取的工程措施大体划分为泄洪工程、蓄洪工程和分洪工程三大类别。

1）泄洪工程。其主要指行洪河道、沿河堤防，拦河闸和穿堤涵闸，是防洪工程系统中的基础和骨干。行洪河道是宣泄洪水的通道。

2）蓄洪工程。其主要指水库。水库是利用合适地形拦河筑坝，使河谷形成人工水域用以拦蓄、控制天然径流，改变其原有时空分布状况的工程。水库是控制性的防洪工程，防洪作用十分显著。水库因所处地点不同，可分为山谷水库和平原水库，主要由拦河坝、溢洪道和输水洞等部分组成。

3）分洪工程。分洪工程是在洪水有可能超过河道安全水位、流量时，为保护河道堤防的安全而分担超额洪水的工程设施。我国许多河流现有防洪能力不够，防洪标准不高，为了防御较大洪水，大多建有分洪工程。分洪工程因分出洪水的归宿不同，大体上有以下几种类型：①直接分洪入海的称为入海减河；②分洪入邻近河道或经调蓄即回归原河道的称为分洪道；③分洪入邻近湖泊洼淀，停蓄一段时间后仍回归原河道；④分洪入蓄洪垦殖区。习惯上把后两类容纳洪水的地方统称为蓄滞洪区。

2. 防洪非工程措施

防洪非工程措施是指通过法令、政策、行政管理、经济和防洪工程以外的技术等，以减少洪泛区洪水灾害损失的措施。

防洪非工程措施的基本内容，一般可概括为以下几点：

(1) 洪泛区管理。按洪水危险程度和排洪要求，将不宜开发区和允许开发区严格划分开；允许开发区也根据可能淹没的概率规定一定用途，并通过政府颁布法令或条例进行管理，防止侵占行洪区，从而经济合理地利用洪泛区。

(2) 对洪水易淹区内的建筑物及其内部财物设备的放置等方面都给予规定。例如，规定建筑物基础的高程、结构，规定财物存放在安全地点，或在洪水到来前移至安全地点等。

(3) 洪水保险。通常指强制性的洪水保险，即对淹没概率不同的地区，对开发利用者强制收取不同保险费率，从经济上约束洪泛区的开发利用。

(4) 制定居民应急撤离计划和对策。在洪水易淹区设立各类洪水标志，并事先建立救护组织和准备抢救器材，根据发布的洪水警报进行撤离。

(5) 超标准洪水紧急措施的部分措施。

(6) 建立洪水预报警报系统。把实测或利用雷达遥感收集到的水文、气象、降雨、洪水等数据，通过通信系统传递到预报部门分析，有的直接输入电子计算机进行处理，作出洪水预报，提供具有一定预见期的洪水信息，必要时发出警报，以便提前为抗洪抢险和居民撤离提供信息，以减少洪灾损失。它的效果取决于社会的配合程度，一般洪水预见期越长，精度越高，效果就越显著。中国1954年长江洪水预报和1958年黄河洪水预报，以及美国1969年密西西比河洪水预报，均取得良好效果。

(7) 救灾。从社会筹措资金、国家拨款或利用国际援助等进行救济，给受灾者以适当补偿，以安定社会秩序，恢复居民生产生活。救灾虽不能减少洪灾损失，但可减少间接损失，增加社会效益。

从世界各国的实践来看，用防洪工程措施控制洪水是有限度的。因此，防洪非工程措施作为减少洪灾的综合措施之一，越来越被重视。防洪非工程措施还待继续发展完善，非工程措施与工程措施的合理结合及其各自效益的评价尚需研究。

防洪措施种类繁多，功能各异。为了达到费省效宏的防洪目标，选用防洪措施要根据所防洪水的特性、水域特征、防洪保护对象的类别和重要程度、防洪规划的指导思想和战略目标，经过评价、计算，反复比较，慎重选定。

3.2 课前学习任务单

3.1.2 水库调节计算任务

3.1.2.1 兴利调节计算任务

兴利调节计算的任务，一般来说可概括为三类：

(1) 在已知天然来水过程和用水部门需水过程的情况下，确定水库所需兴利库容。

（2）在已知来水过程和水库的兴利库容的情况下，确定设计保证率条件下的水库所能提供的调节流量。

3.2 课前自测

（3）找出天然来水、各部门在设计保证率条件下的用水与兴利库容三者之间的关系。

为完成水库兴利调节计算任务，需要以下基本资料：

（1）河川径流方面的资料。在进行调节计算时，必须具有尽可能长的年、月径流资料。日调节需要有 10 年左右的历年日平均流量资料；年调节需要有 20 年以上的历年月平均流量和汛期旬平均流量资料；多年调节需要 30 年以上的年、月径流资料，以及年径流频率曲线和统计特征值资料。

3.1 兴利调节任务

（2）用水方面的资料。包括各部门正常用水保证率、正常用水量及分配过程。同时还应了解当地工农业生产发展的规划和各用水部门对水质、水量的保证程度，以及引水地点和用水时间的要求。

（3）水库特性方面的资料。包括水库面积、容积关系曲线、水库的蒸发和渗漏、水库的淤积、水库的淹没和浸没等资料。

3.1.2.2 防洪调节计算任务

水库是控制洪水的有效工程措施，其调节洪水的作用在于拦蓄洪水、削减洪峰，延长泄洪时间，使下泄流量能安全通过下游河道。防洪调节计算的任务是在水工建筑物或者下游防护对象的防洪标准一定的情况下，根据已知的设计入库洪水过程线、水库地形特性资料、拟定的泄洪建筑物型式的尺寸、调洪方式，通过调洪计算和工程效益投资分析确定水库的出流过程、最大下泄流量、防洪库容和水库相应的最高洪水位。

为完成水库防洪调节计算任务，需要以下基本资料：

（1）设计洪水过程线。包括与大坝设计标准相对应的设计洪水过程线，与校核标准相对应的校核洪水过程线。当水库下游有防洪任务时，还需要下游防洪标准相对应的设计洪水过程线，坝址至下游防护区的区间设计洪水过程线，上下游洪水遭遇组合方案或分析资料等。

3.3 课后自测

（2）泄洪能力资料。各种不同泄洪建筑物（比如溢洪道、泄洪洞等）组合的泄洪方案的泄洪能力曲线。

（3）有关淹没损失、淹没控制高程等社会经济资料。

（4）水库库容曲线。

任务 3.2　水库特性及基本资料计算

3.2 概念及术语——水库特性及基本资料计算

3.2.1　水库特性曲线与特征水位

3.2.1.1　水库特性曲线

水库是指在河道、山谷等处修建水坝等挡水建筑物形成的蓄积水的人工湖泊。水库的容积（简称库容）一般与库区内的地形及河流的坡降有关，坝筑得越高，水库的容积就越大。在不同的河流上，即使相同的坝高，其库容也不相同。如果库区地形开阔，则库容较大；如果为一峡谷，则库容较小。此外河流坡降小的库容就大，坡降大的库容就小。

3.3 课前学习任务单

一般用来反映水库地形特性的曲线称为水库特性曲线，它包括水库水位与面积关系曲线（简称水库面积曲线）和水库水位与容积关系曲线（简称水库容积曲线）。

不同的水库水位有相应的水库面积和库容，因此，在设计时，必须先作出水库水位-面积曲线及水库水位-容积曲线，它们是最主要的水库特性资料，也是径流调节计算不可缺少的基本资料。

3.4 课前自测

1. 水库面积曲线

库区内某一水位高程的等高线和坝轴线所包括的面积，即为该水位下的水库水面面积。水库的面积特性即指水库水位与水面面积的关系曲线。水库面积曲线可根据水库库区地形图，用求积仪或按比例尺数方格的方法，求得不同高程的水库的水面面积，并以水位为纵坐标，以水库面积为横坐标，点绘出如图 3.2.1 所示的水位面积关系曲线。绘图时，高程间距可取 1m、2m、5m。

3.2 水库特性曲线绘制

在平原河流及山区河流上修建水库，由于库盆形状及河道坡度不同，其水库面积曲线的性质也不同，平原河流水库面积随水位增加而很快增加，面积曲线的坡度较小；山区河流水库面积随水位增加较慢，面积曲线的坡度较大。

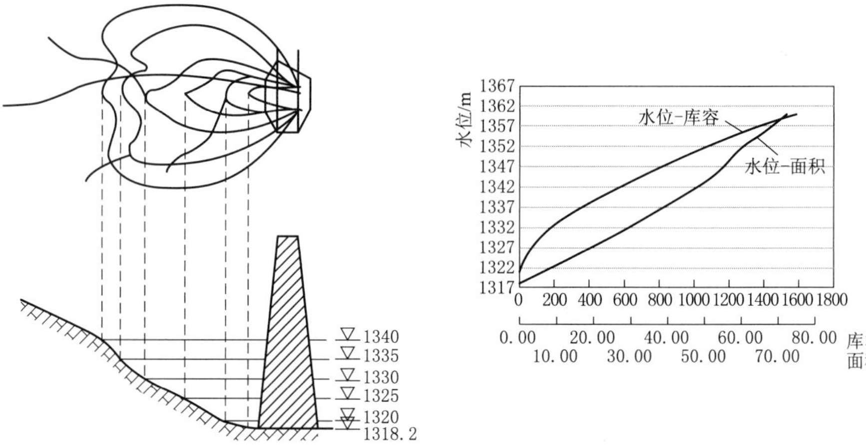

图 3.2.1 水库特性曲线

2. 水库容积曲线

水库容积特性指水库水位与库容的关系曲线。它是在水库面积曲线基础上，通过计算各相邻高程之间的部分容积，自河底向上累加得相应水位的累计库容，即可绘制出水位容积曲线。

两相邻高程间的部分容积可按式（3.2.1）或用较精确的式（3.2.2）计算：

$$\Delta V=(F_1+F_2)\Delta Z/2 \tag{3.2.1}$$

$$\Delta V=(F_1+\sqrt{F_1F_2}+F_2)\Delta Z/3 \tag{3.2.2}$$

式中 ΔV——相邻高程间（即相邻两水位间）的容积，万 m^3；

F_1、F_2——相邻上、下水位相应的水库面积，万 m^2；

ΔZ——相邻两水位间的水位差，m。

水库面积和容积曲线的一般形状，如图 3.2.2 所示。

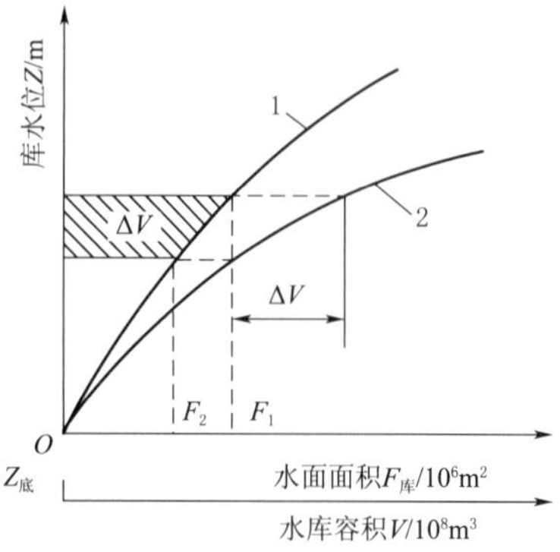

图 3.2.2　水库面积特性和水库容积特性示意图

1—水库面积特性；2—水库容积特性

【例 3.2.1】 内蒙古乌兰察布市大黑河流域庆峡河下游的庆峡河水库，建库时根据表 3.2.1 所给资料绘制水库面积、容积曲线。

［解］（1）根据 1∶10000 比例尺的库区地形图 3.2.1，由堰顶高程开始，假设水位（高程的间距可用 1m、2m 或 5m），见第①列。用求积仪（或按比例尺数方格）计算不同等高线与坝轴线所围成的水库面积，将计算成果填于表 3.2.1 第②列。

表 3.2.1　　水库面积特性曲线绘法示意图

水位/m	库容/万 m^3	面积/万 m^2	水位/m	库容/万 m^3	面积/万 m^2
①	②	③	①	②	③
1318.2	0	0	1340.0	476.45	42.58
1320.0	2.52	4.19	1345.0	707.91	50.11
1325.0	45.41	13.91	1350.0	970.07	54.79
1330.0	141.06	24.87	1355.0	1260.17	61.31
1335.0	286.58	33.55	1360.0	1583.07	67.90

（2）依据式（3.2.2），由下至上计算相邻水位之间的面积，从而推求出各水位所对应的水库容积，填于第③列。

（3）以水位为纵坐标，以水库面积、容积为横坐标，点绘出水位-面积曲线，如图 3.2.3 所示。

应该指出，上述讨论的水库面积曲线和水库容积曲线，均建立在假定入库流量为零时，水面是按水平面进行计算的，实际上，仅当库中流速为零时，库水面才呈水平，因此，称上述计算所得的库容为静库容。如有一定入库流量时，水流具有一定的流速，则水库水面从坝址起沿程上溯呈回水曲线，越靠上游水面越上翘，直到入库端与天然水面相交为止。静库容以上与洪水的水面线之间包含的水库容积为楔形蓄量（图 3.2.4）。静库容与楔形蓄量的总和为动库容。以入库流量为参数的坝前水位与相应动库容的关系曲线，称为动库容曲线。

当需要详细研究水库淹没和浸没的范围，或作库区洪流演进计算时，或当动库容数值占调洪库容比重较大时，必须考虑和研究动库容的影响。

3.3 特征水位与特征库容

3.2.1.2　水库特征水位及库容

水库工程为完成不同时期不同任务和各种水文情况，需控制达到或允许消落的各种库水位称为水库特征水位。水库的规划设计，首先要合理确定各种库容和相应的库

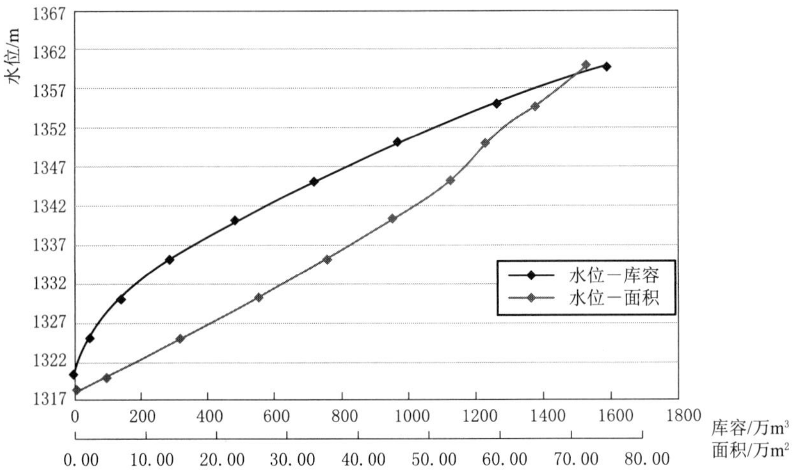

图 3.2.3 庆峡河水库坝址水位-库容、水位-面积曲线

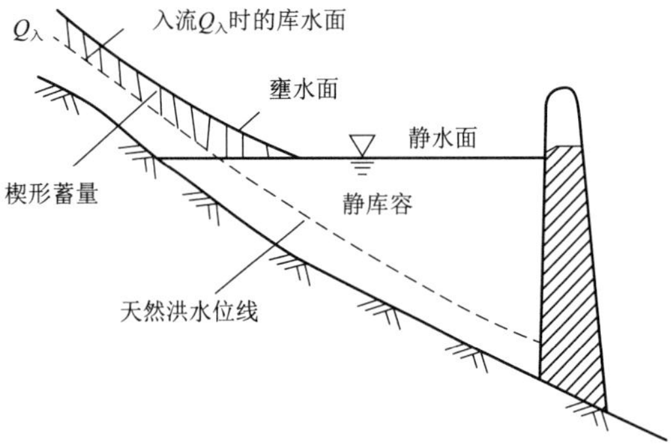

图 3.2.4 动库容示意图

水位。具体讲，就是要根据河流的水文条件、坝址的地形地质条件和各用水部门的需水要求，通过调节计算，并从政治、技术、经济等方面进行全面的综合分析论证，来确定水库的各种特征水位及相应的库容值。这些特征水位和库容各有其特定的任务和作用，体现着水库利用和正常工作的各种特定要求。它们也是规划设计阶段确定主要水工建筑物的尺寸（如坝高和溢洪道大小），估算工程投资、效益的基本依据。

水库特征水位和相应库容包括如下几种：

1. *死水位和死库容*

水库在正常运用情况下，允许消落到的最低水位，称为死水位，又称设计低水位。死水位以下的库容称为死库容，也叫垫底库容。水库正常运行时一般不能低于死水位，死库容的水量除遇到特殊的情况外（如特大干旱年），它不直接用于调节径流。死库容一般用于容纳水库淤沙，抬高坝前水位和库区水深。在正常运用中死库容不调节径流，也不放空。只有因特殊原因，如排沙、检修和战备等，才考虑泄放这部分容积。

2. *正常蓄水位和兴利库容*

正常蓄水位是水库在正常运用情况下，为满足兴利要求应在开始供水时蓄到的高水位，又称正常高水位或兴利水位。它是供水期可长期维持的最高水位。兴利库容，即调节库容，是正常蓄水位至死水位之间的水库容积，用以调节径流、提高枯水时的供水量或水电站出力。正常蓄水位与死水位之间的深度，称为消落深度，又称为工作深度。

正常蓄水位是水库最重要的特征水位之一。因为它直接关系到一些主要水工建筑物的尺寸、投资、淹没、综合利用效益及其他工作指标。大坝的结构设计、强度和稳定性计算，也主要以它为依据。因此，大中型水库正常蓄水位的选择是一个重要的问题，往往牵涉技术、经济、政治、社会环境影响等方面，需要全面考虑、综合分析确定。

3. 防洪限制水位和结合库容

防洪限制水位系指水库在汛期允许兴利蓄水的上限水位，又称为汛期限制水位。这个水位以上的库容是作为滞蓄洪水的库容。在常规防洪调度中是设计调洪计算的起始水位。防洪限制水位的拟定，关系到防洪和兴利的结合问题，要兼顾两方面的需要。如汛期内不同时段的洪水特征有明显差别时，可考虑分期采用不同的防洪限制水位。只有在发生洪水时，为了滞洪，水库水位才允许超过防洪限制水位，当洪水消退时，如汛期未过，水库应尽快地泄洪，使水库水位迅速回降到防洪限制水位。在进行水库设计时，通常根据洪水特性和水文预报条件，尽可能把防洪限制水位定在正常蓄水位之下，腾出部分兴利库容以容纳洪水，并在汛末拦蓄部分洪水尾巴以蓄满兴利库容。

防洪限制水位与正常蓄水位之间的库容称为结合库容，兼作防洪和兴利之用，此库容在汛期腾空，作为防洪库容或调洪库容的一部分，在汛末要蓄满为兴利所用。

4. 防洪高水位和防洪库容

当遇到下游防护对象的设计标准洪水时，水库为控制下泄流量而拦蓄洪水，这时在坝前达到的最高水位称为防洪高水位。只有当水库承担下游防洪任务时，才需确定这一水位。此水位可采用相应下游防洪标准的各种典型洪水，按拟定的防洪调度方式，自防洪限制水位开始进行水库调洪计算求得。防洪库容是防洪高水位至防洪限制水位之间的水库容积，用以控制洪水，满足下游防护对象的防洪标准。

5. 设计洪水位和拦洪库容

设计洪水位是当水库遇到大坝的设计洪水时，在坝前达到的最高水位。它是水库在正常运用情况下允许达到的最高水位，也是挡水建筑物稳定计算的主要依据，可采用相应大坝设计标准的各种典型洪水，按拟定的调度方式，自防洪限制水位开始进行调洪计算求得。设计洪水位至防洪限制水位之间的水库容积称为拦洪库容。

6. 校核洪水位和调洪库容

校核洪水位是水库遇到大坝的校核洪水时，在坝前达到的最高水位，它是水库在非常运用情况下，允许临时达到的最高洪水位，是确定大坝顶高及进行大坝安全校核的主要依据。此水位可采用相应大坝校核标准的各种典型洪水，按拟定的调洪方式，自防洪限制水位开始进行调洪计算求得。校核洪水位至防洪限制水位之间的水库容积称调洪库容，用以拦蓄洪水，在满足水库下游防洪要求的前提下保证大坝安全。

7. 总库容和有效库容

校核洪水位以下的全部库容称为总库容。它是一项表示水库工程规模的代表性指标，可作为划分水库等级、确定工程安全标准的重要依据。通常按总库容的大小，把水库分为以下五级：①大（1）型（总库容≥10 亿 m^3）；②大（2）型（总库容为 1 亿～10 亿 m^3）；③中型（总库容为 0.1 亿～1 亿 m^3）；④小（1）型（总库容为 100 万～1000 万 m^3）；⑤小（2）型（总库容为 10 万～100 万 m^3）。

校核洪水位与死水位之间的库容，称为有效库容。

设计洪水位或校核洪水位，加上一定数量的风浪爬高值和安全超高值，就得坝顶高程。水库的各种特征水位及其相应库容的相互关系，如图 3.2.5 所示。

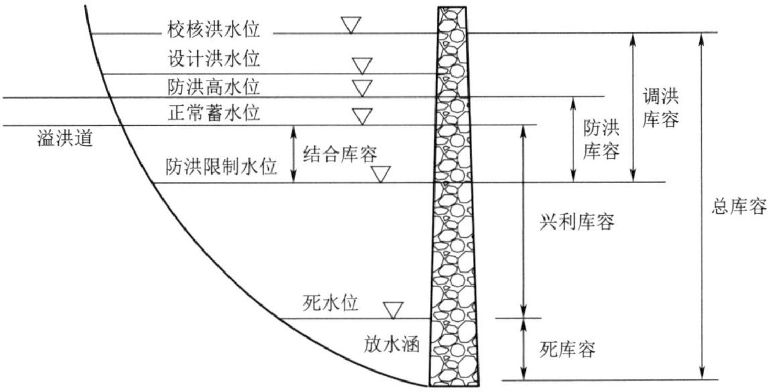

图 3.2.5　水库特征水位和相应库容示意图

3.2.2　水库的兴利用水及设计保证率

3.4 课前学习任务单

3.2.2.1　水库的兴利用水

水库所担负的用水部门有多种形式，不论是直接消耗水量，还是仅利用水的某种性质，都要求有一定的供水数量和水质标准。在供水不足时，便会影响用户的工作，从而造成减产或损失。

由于水利设施非短期可建成，其服务年限也较久，故用水需要不是针对眼前情况，而是应当充分估计未来用水需要的增长水平，定出工程完工投入运用后若干年（工程能较充分发挥作用时，如 5 年后）的需水水平作为设计第一期工程的依据。同时，以工程运用更长一些年数后（如 10 年或 15 年）的需水要求作为设计校核和远景发展的指导参考性数据。

3.5 课前自测

工程运行期间进行水库兴利规划时，用水水平年的确定应视计算目的和水库运用方案的具体情况确定。

当设计水平年确定后，根据水库所负担的用户则可计算或预测各用水部门的用水量。

1. 给水

给水指城市或农村的民用给水与工业用水供给。工业用水量是指工业生产过程所用的水量，包括原料用水、动力用水、冲洗用水和冷却用水等。工业用水量的大小与工业结构、产品种类、工艺流程、用水管理水平等因素有关。

工业用水量等于耗水量、排水量和重复利用水量三者之和，即

$$Q_{总} = Q_{耗} + Q_{排} + Q_{重} \tag{3.2.3}$$

式中 $Q_{总}$——总用水量，在生产设备和工艺流程不变时可视为一定值；

$Q_{耗}$——耗水量，包括生产过程中蒸发、渗漏等损失的水量和产品带出的水量；

$Q_{排}$——排水量，指经过工矿企业使用后，向外排放的水量；

$Q_{重}$——重复利用水量，包括使用两次以上的用水量和循环用水量。

在水利计算中，通常所说的用水量与工业用水总量是不同的，水利计算中的工业用水量是指生产中需要补充的新鲜水量，也称作取水量，则应有

$$Q_{取} = Q_{耗} + Q_{排} \tag{3.2.4}$$

设计条件下，根据行业的单位产品用水定额以及工业用水的重复利用率或万元产值取用水量指标，并考虑输水损失水量，则可确定需要工程供给的水量，即从水源取用的水量。

城镇居民生活用水量是指居民日常生活所需的用水量。它包括居民的饮用、烹调、洗涤、冲厕、洗澡等用水，生活用水标准常按每一居民的每天用水量表示，我国城市居民平均的日用水量在90～190L/人范围内变化。

2. 农业灌溉用水

灌溉用水量是指灌区需要从水源提取的水量。其确定方法在"灌溉排水工程"课程中有详细讲述。

对于一个灌区，所需灌溉总水量的大小及用水过程通常取决于两个因素：一个是灌区面积及农作物的组成，另一个是灌区降雨量的多少及其年内分配的情况。如在湿润年份，降雨量大，蒸发量小，灌溉用水量较小；在干旱年份，降水量小，蒸发量大，作物需水量大，灌溉用水量也大。灌溉用水有以下几个特点：

(1) 具有明显的季节性。作物生长的季节性要求灌溉用水有季节性的变化，一般是夏多冬少。

(2) 灌溉用水量具有多边性。降水量的年际变化不同且各年不一，所以灌溉用水不像其他用水部门，如给水、航运、发电等用水量较固定。

(3) 灌溉对缺水的适应性比其他用水部门大。作物收获量不仅与水量的充足与否有关，也与其他农业措施有关，当水流不足时，常常可采用适当的耕作措施，仍能基本保持正常产量，因此灌溉用水的保证程度较给水用水部门低。

3. 水力发电用水

水力发电是利用水库集中河道的天然落差使水能通过水轮机和发电机转变成电能。水库的发电用水量，取决于用户对电量的要求。当水电站参加电网运行时，可根据河川径流的丰枯情况决定发电量的多少，即供水量的多少，通常水力发电的尾水，可用于下游的给水、灌溉及航运。

4. 航运用水

航运具有运输成本低、运输量大的特点，开发航运事业具有重要的经济意义。由于天然径流时间分配不均匀，往往在枯水季节河道的水深不足，满足不了通航的要求，通过水库调节水量，保证河道具有一定水深以改善航运条件。航运用水可与发电用水结合使用。

5. 其他需水部门用水

除上述主要供水对象外，还有渔业、卫生、环境保护及旅游事业等。

对于渔业，除确定水库死水位时要考虑养鱼水深外，在有必要专为渔业而用水的情况，应当根据实际需要拟定出用水过程线，作为渔业用水资料。

卫生及环境保护的要求可能是多种多样并因地而异的。比如，为了水库下游沿河居民的生活用水，要求水库常年泄放某一最小流量，以供人畜饮用及污水排泄的净化。为了防止库区疟蚊滋生，在蚊子生长的季节，应使水库水位经常升降变动及避免有大面积的库边浅水区等。但这些已属于对水库的操作要求。

与此类似，为了发展旅游事业和文体活动，一般要求夏季及其前后几个月，水库水位能尽量蓄高，并不要有过大的水位变动。

以上这些属次要的用水部门，一般对水量的要求不多。

6. 综合用水过程

在各部门用水过程的基础上，即可绘制综合需水图，推求综合用水过程，它是兴利调节计算所依据的用水资料。综合用水过程的推求，并不是简单地把各部门用水量同步相加，而应考虑到一水多用的可能性，如水力发电的尾水，通常可以用于下游工业、民用给水和灌溉等。但某些用水则是无法结合的，例如，从水库上游引走的灌溉用水就不可能再用于本水库电站的发电。

水库综合需水图和相应各部门的需水过程线的一般形状如图 3.2.6 所示，图中为某一综合利用水库的实例，水库服务于四个用水部门：给水、灌溉、航运、水力发电。水力发电要求全年最小流量不小于 $10m^3/s$，其他部门要求如图 3.2.6（a）（b）（c）所示。需水图的编制，主要是各时刻按各用水部门所需流量求总和，但扣除可以共用的部分。例如，3—11 月发电可与航运给水共用，12 月至次年 2 月发电与给水共用。

3.2 设计保证率

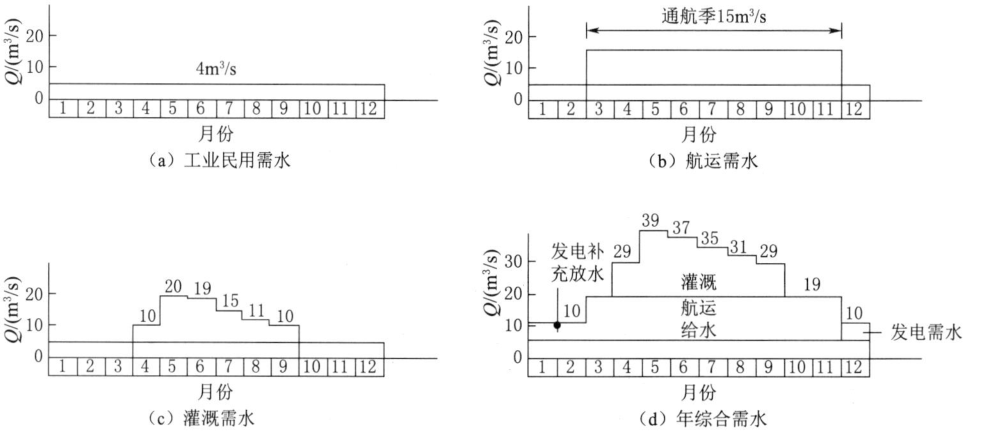

图 3.2.6 各用水部门需水及综合需水图

3.2.2.2 设计保证率

1. 设计保证率的含义

所谓设计保证率，是根据各用水部门的特征所允许的减少供水范围，定出在多年期间用水部门正常工作所能得到保证的程度，以百分数计，即所谓正常用水保证率，由于此值是在设计水库时研究决定的，故称为设计保证率。

设计保证率是一个统计参数，通常有三种不同的表示形式，一种是按照正常工作相对年数计算的“年保证率”，它是指多年期间正常工作年数占运行总年数的百分比，即

$$P=\frac{\text{正常工作年数}}{\text{运行总年数}}\times 100\%=\frac{\text{运行总年数}-\text{工作遭破坏年数}}{\text{运行总年数}}\times 100\% \tag{3.2.5}$$

注意：不论破坏程度和历时如何，凡不能维持正常工作的年份，均同样计入破坏年数之中。

另一种工作保证率的表示形式是按照正常工作相对历时计算的“历时保证率”，指多年期间正常工作历时（日、旬或月）占总历时的百分比，即

$$P'=\frac{\text{正常工作历时}}{\text{运行总历时}}\times 100\%=\frac{\text{运行总历时}-\text{工作遭破坏历时}}{\text{运行总历时}}\times 100\% \tag{3.2.6}$$

年保证率与历时保证率之间的换算式为

$$P=\frac{1-(1-P')}{m}\times 100\% \tag{3.2.7}$$

式中　m——破坏年份的破坏历时与总历时之比，可近似按枯水年份供水期持续时间与全年时间的比值来确定。

对于需水具有一定弹性空间的用水部门，有些时候也采用供水量占需水量的百分比表示保证率，即

$$P''=\frac{\text{供水量}}{\text{需水量}}\times 100\% \tag{3.2.8}$$

采用哪种形式计算工作保证率，视用水特性、水库调节性能及设计要求等因素而定。年保证率：蓄水式电站、灌溉用水采用；历时保证率：径流式电站、航运用水和其他不进行径流调节的用水部门采用。

设计保证率的高低与用水部门的重要性和工程的等级有关，设计保证率越高，用水部门的正常工作受破坏的概率越小，但所需的水库库容也越大。相反，如果设计保证率越低，则库容可以较小，但正常工作受破坏的概率越大。保证率是对工程投资和经济效益影响很大的一个参数。水利计算的任务就是通过调节计算获得设计保证率、库容和调节流量之间的关系，为进一步的经济分析和参数选择提供足够的方案。

2. 设计保证率的选择

设计保证率的选择是一个复杂的技术经济问题。它的实质是确定缩减用水合理程度的经济权衡问题。设计保证率选得太低，正常工作遭到破坏的概率将加大，破坏所带来的国民经济损失及其不良后果加重；设计保证率定得过高，虽可减轻破坏带来的损失，但工程投资和其他费用将增加，或者不得不减小工程的效益。目前设计保证率主要通过技术经济计算，并考虑其他影响，综合分析确定。

（1）水电站设计保证率的选择。水电站设计保证率的取值关系供电的可靠性、水能资源利用程度及电站造价。一般地讲，水电站装机规模越大，系统中水电所占比重越大，系统中重要用户越多，正常工作遭到破坏时的损失越严重，常采用较高设计保证率。而对于河川径流变化剧烈和水库调节性能好的水电站，也多采用较高的设计保证率。此外，水电站设计保证率的取值还与电力系统用户组成和负荷特性，以及可能采取的弥补不足措施等因素有关。

装机容量小于25000kW的小型水电站，设计保证率一般采用65%～90%；以灌溉为主的农村小水电工程的设计保证率，常与灌溉设计保证率取同值；大、中型水电站的设计保证率可参考表3.2.2选择。

表3.2.2 水电站设计保证率 %

系统中水电站容量比重	25以下	25～50	50以上
水电站设计保证率	80～90	90～95	95～98

注 摘自《水利水电工程动能设计规范》（DL/T 5015—1996）。

同一电力系统中，规模和作用相近的联合运行的几座水电站，可当作单一水电站选择统一的设计保证率。

（2）灌溉设计保证率的选择。灌溉设计保证率是指预期灌溉用水量在多年灌溉中能够得到充分满足的年数的出现概率，为灌溉工程设计标准的一项重要指标，以百分率（%）表示。通常根据灌区水、土资源情况，作物组成，气象与水文条件，水库调节性能，国家对当地农业生产的要求，以及地区工程建设和经济条件等因素分析确定。

一般说来，水资源丰富的南方地区的灌溉设计保证率比北方高，大型工程的比中、小型工程的高，自流灌溉的比提水灌溉的高，远期规划工程的比近期工程的高。设计时可根据具体条件，参照表3.2.3选择。

表3.2.3 灌溉设计保证率

灌水方法	地区特点	作物种类	灌溉设计保证率/%
地面灌溉	缺水地区	以旱作为主	50～75
		以水稻为主	70～80
	水资源丰富地区	以旱作为主	70～80
		以水稻为主	75～95
喷灌、微灌	各类地区	各类作物	85～95

注 摘自《灌溉排水渠系设计规范》（SDJ 217—84）。

（3）供水设计保证率的选择。工业及城市民用供水若遭破坏将直接影响人民生活和造成生产上的严重损失，故采用较高的设计保证率，一般按年保证率取值的范围为95%～99%，其中大城市和重要工矿区可选取较高值。对于由两个以上水源供水的城市或工矿企业，在确定可靠性时，常按下列原则确定：任一水源停水时，其余水源除应满足消防和生产紧急用水外，要保证供应一定数量的生活用水。

（4）通航设计保证率的选择。通航设计保证率是指最低通航水位（水深）的保证程度，以计算时期内通航获得满足的历时百分率表示。最低通航水位是确定枯水期航道标准水深的起算水位。

通航设计保证率，一般根据航道等级结合其他因素综合分析比较并征求有关部门意见，报请审批部门确定，一般一级、二级通航设计保证率为 97%～99%，三级、四级通航设计保证率为 95%～97%，五级、六级通航设计保证率为 90%～95%。

3.2.3　水库的水量损失及死水位的确定

3.2.3.1　水库的水量损失

3.5 课前学习任务单

3.6 课前自测

水库建成后，改变了天然河流的情况，形成人工湖泊，增加的蒸发损失和渗漏损失，统称为水库的水量损失。水库水量损失包括蒸发损失、渗漏损失和结冰损失等。

1. 水库的蒸发损失

修建水库前，除原河道有水面蒸发外，整个库区都是陆面蒸发，而这部分陆面蒸发量已反映在坝址断面处的实测年径流资料中。水库建成后，库区内原陆面面积变成水库水面的这部分面积，由原来的陆面蒸发变成水面蒸发，因水面蒸发比陆面蒸发大，故蒸发损失就是指水库建成后库区原有陆地变为水面部分所增加的蒸发损失。所以各计算时段（月、年）的蒸发损失为

$$W_{蒸} = (E_{水} - E_{陆})(F_{库} - f) \tag{3.2.9}$$

式中　$F_{库}$——计算时段内的平均水库面积，km^2；

f——天然河道水面面积，km^2；

$E_{水}$——计算时段内库区水面蒸发深度，mm；

$E_{陆}$——计算时段内库区陆面蒸发深度，mm。

水面蒸发的计算方法大致有 4 类：①经验公式法，系根据气象台站或小水池的蒸发观测资料，定出与各时期气象要素间的相关公式求得；②水量平衡法，系根据水体水量平衡要素间的关系推算；③热量平衡法，系根据各时期太阳辐射量来推算；④由紊流混合和交换理论导出的蒸发计算公式推算。中国的水库设计中多采用第①类方法，以库区及其附近地区蒸发皿观测的蒸发深度（面积加权平均值），乘以某一经验性的折算系数（与蒸发皿的面积、材料、安装方式及地区等有关）求得。

陆面蒸发尚无较成熟的计算方法，在水库设计中常采用多年平均降雨量和多年平均径流深之差，作为陆面蒸发的估算值。

水库蒸发损失随地区不同差别很大。在湿润地区植物茂密处建库，由于陆面蒸发可能大于水面蒸发，两相抵消后，水库蒸发损失可能为负值。在干旱地区建库，水面蒸发大于陆面蒸发很多，当坝高增加，库水面扩大引起蒸发损失大幅度增加时，水库的有效供水量可能并不增加。

【例 3.2.2】　内蒙古乌兰察布市大黑河流域庆峡河下游的庆峡河水库，建库时，坝址处有 A 水文站，具有 58 年水面蒸发观测资料，水面蒸发量逐月分配百分比见表 3.2.4。庆峡河水库坝址以上流域多年平均面雨深为 $\overline{H} = 462.8mm$，水库坝址处径流深 $\overline{y} = 42.6mm$，多年平均蒸发量为 $\overline{E_{测}} = 934.6mm$（E－601 型蒸发器），该值近似为水面蒸发量。试计算庆峡水库的逐月蒸发损失深度。

表 3.2.4 庆峡水库水面蒸发逐月分配系数

月份	1	2	3	4	5	6	7	8	9	10	11	12	全年
月分配百分比/%	2.26	3.62	9.35	19.56	22.63	18.66	3.67	0	7.58	6.45	4.24	2	100

［解］ 1. 计算多年平均路面蒸发量。

$E_{陆} = \overline{H} - \overline{y} = 462.8 - 42.6 = 420.2$ (mm)

2. 计算多年平均水面蒸发量。

$E_{水} = K\overline{E_{测}} = 1 \times 934.59 = 934.6$ (mm)

3. 计算年蒸发损失深度。

$E_{损} = E_{水} - E_{陆} = 934.6 - 420.2 = 514.4$ (mm)

4. 计算逐月蒸发损失深度。

由年蒸发损失深度 $E_{损} = 514.4$ mm，乘以蒸发量各月分配百分比即可，结果见表 3.2.5。

表 3.2.5 庆峡水库蒸发损失深度计算表

月份	1	2	3	4	5	6	7	8	9	10	11	12	全年
月分配百分比/%	2.26	3.62	9.35	19.56	22.63	18.66	3.67	0	7.58	6.45	4.24	2.00	100
蒸发损失/mm	11.6	18.6	48.1	100.6	116.4	96	18.9	0	39.0	33.2	21.8	10.3	514.4

2. 渗漏损失

水库建成后，由于水位抬高，水压力增大，渗水面积增大，地下水情况也发生变化，从而产生渗漏损失。渗漏损失可分为 3 类：①经过能透水的坝身（如土坝、堆石坝等），以及闸门、水轮机等的渗漏；②通过坝基及大坝两翼的渗漏；③通过库底向较低的透水层及库外的渗漏。考虑到近代修建的挡水建筑物均采取了较可靠的防渗措施，在水利计算中通常只计算第③类损失，并根据水文地质勘测资料采用有关公式计算，或参照相似地区已建水库的实测资料推算。由于水文地质条件复杂，渗漏理论尚不完善，实用上也常按地质条件优劣，以每年损失水库水层深度的经验值估计。

3. 结冰损失

严寒地区的水库，冬季水面形成冰盖，其中一部分冰层将随水库供水期间库水位的消落，留在岸边，引起水库蓄水量的临时损失。这项损失一般不大，通常多按结冰期库水位变动范围内库面面积之差乘以平均结冰厚度的 0.9 倍计算。

3.3 死水位与死库容的确定方法

3.2.3.2 水库死水位、死库容的确定

水库死水位是水库在正常运用条件下允许消落的最低水位。确定死水位应考虑以下主要因素：

（1）保证水库有足够的、发挥正常效用的使用年限（俗称水库寿命），主要是考虑留部分库容供泥沙淤积的需要。在规划设计水库时，根据水库要求的使用年限和泥沙淤积量，确定水库的龄积库容和淤积水位。一般要求引水管下缘放在淤积水位以上 1m 左右，以保证引水设备和发电设备的安全运行，这个水深称为管底超高。而对于引水管上缘，也要求有 1～2m 以上的安全水深，保证引水时不致进入空气，以免破

坏水流状态，并保证在特殊枯水年份能动用部分死库容水量，此安全水深也称为管顶安全超高。对于北方河流，有时还要考虑冬季在水面上的冰层厚度。据上述，死水位为

$$Z_{死} = Z_{淤} + 管底超高 + 引水管外径 + 管顶安全水深 \tag{3.2.10}$$

根据 $Z_{死}$ 查 $Z—V$ 曲线可确定死库容 $V_{死}$，如图 3.2.3 所示。

(2) 保证水电站所需要的最低兴利水位和自流灌溉必要的引水高程。水电站水轮机的选择，都有一个允许的水头变化范围，其取水口的高程也要求库水位始终保持某一高程以上。

对于自流灌溉，要求库水位不低于灌区地面高程加上引水水头损失值。死水位越高，则自流灌溉的控制面积也越大；在抽水灌溉时，也可使抽水的扬程减小。具体来说，可根据灌区条件和工程造价进行方案比较，在渠系设计工作中定出干渠渠道设计高程后，根据引水渠坡降和长度推求出进水口出的高程。根据输水结构的形式和尺寸进行水力计算，推求渠道设计流量所需要的最小水头 $H_{最小}$，再加上 1/2 引水管内径，即得相应的死水位。可用下式计算：

$$Z_{死} = Z_{渠} + iL + D_{内}/2 + H_{最小} \tag{3.2.11}$$

式中　$Z_{渠}$——渠道设计控制高程，m；

i——引水坡度；

L——引水长度，m；

$D_{内}$——引水管内径，m；

$H_{最小}$——渠道设计流量的最小水头，m。

(3) 库区航运和渔业的要求。当水库回水尾端有浅滩，影响库尾水体的流速和航道尺寸，或库区有港口或航道入口，则为维持最小航深，均要求死水位不能低于上述相应的库位。水库的建造，为发展渔业提供了优良的条件，因此，死库容的大小，必须考虑在水库水位消落到最低时，尚有足够的水面面积和容积，以维持鱼群生存的需要，同时使死水位时水库周围滩地水层不致太浅，不使水草滋长、蚊虫繁殖、妨碍卫生等。

(4) 对于北方地区的水库，因冬季有冰冻现象，还应考虑在死水位冰层以下，仍能保留足够的容积，供鱼群栖息。

水库在供水期末可以，也应该放空到死水位，以便能充分利用水库库容和河川来水。而死水位以下，则应视为运行禁区。但在过去一段时期，不少地区因供水、供电紧张，常强制水库不断泄放死库容中的存水，致使水库长期处于低水头的不正常状态，这样"死水位不死"的不合理调度，不仅大大降低了水资源利用的效率，导致恶性循环，也使机组设备的损耗加剧。总之，最后选定的水库死水位应是满足上述要求的较大值。之所以不是满足上述要求的最大值，是因为水库死水位的确定不单纯是个技术问题，在规划阶段，也需适当做一些经济比较工作。中小型水库选择死水位的工作可以有所简化，主要根据各用水部门（包括淤积要求）对死水位的技术要求拟定出死水位的可能范围，然后通过必要的综合分析论证选定较合理的死水位。

【例 3.2.3】 已知内蒙古乌兰察布市大黑河流域庆峡河下游庆峡河水库，集水面积为 $303km^2$，由实测泥沙计算可知，每年入库淤积沙量 $M_{蚀}=690t/(km^2 \cdot a)$，泥沙容重按 $1.4t/m^3$ 计。本水库属于小（1）型水库，综合考虑本水库的兴利效益及库区的淹没移民范围等因素，本次确定水库回水计算和径流调节计算泥沙淤积年限按 20 年考虑。本水库兴建的兴利目的是满足供水。试依据资料确定该水库的死水位。

[解] 1. 满足泥沙淤积要求计算死水位。

$$V_{淤}=\frac{mM_{蚀}FT}{(1-\rho)\gamma}=\frac{690\times303\times20}{1.4}=298.6(万m^3)$$

式中　ρ——淤积泥沙孔隙度；

m——入库泥沙留在水库中的相对值。

依据 $V_{淤}=298.6$ 万 m^3，查该水库的 Z－V 曲线，的淤积水位 $Z_{淤}=1335.32$ m。

2. 依据供水要求计算死水位。

根据《水利水电工程进水口设计规范》（SL 285—2003）规定，引水工程进水口底板高程应高于水库冲淤平衡高程，并且有压式进水口顶板高程应保证在上游最低运行水位时仍有足够的淹没深度，保证进水口流态平稳，其淹没深度不小于 1.5～2.0m。

3.7 课后自测

3. 综合考虑确定死水位。

综上所述，在水库 20 年后坝前淤积高程 1335.32m 基础上，考虑预留 2m 水深，死水位确定为 $Z_{死}=1337.32m$，查该水库的 $Z-V$ 曲线，相应死库容为 $V_{死}=375.5$ 万 m^3。

3.3 概念及术语——水库兴利调节

任务 3.3　水库兴利调节

3.3.1　年调节水库兴利调节计算

3.3.1.1　兴利调节计算的基本原理和运行情况

3.6 课前学习任务单

水库兴利调节计算，是指利用水库的调蓄作用，将河川径流洪水期（或丰水年）的多余水量蓄存起来，以提高枯水期（或枯水年）的供水量，满足各兴利部门的用水要求所进行的计算，也就是水库蓄水量变化过程的计算。

兴利调节计算的原理是水量平衡，调节计算时，将整个调节周期划分为若干个计算时段，按时段进行水量平衡计算。水库的时段水流平衡方程是：在任何一时段内，进入水库的水量和流出水库的水量之差，等于水库在这一时段内蓄水量的变化。对于某一时段 Δt 的水库水量平衡方程可以用下式表示：

$$\Delta W=W_{入}-W_{出}=(Q_{入}-q_{出})\Delta t \qquad (3.3.1)$$

3.8 课前自测

式中　ΔW——计算时段 Δt 内的水库蓄水量的变化值，蓄水量增加时为正，蓄水量减少时为负；

$W_{入}$、$W_{出}$——计算时段 Δt 内水库的入库水量和出库水量，m^3；

$Q_{入}$、$q_{出}$——计算时段 Δt 内水库的入库平均流量和出库平均流量，m^3/s；

Δt——计算时段，其长短可根据调节周期的长短、径流和用水变化的剧烈程度而定。

径流调节周期是指水库从死水位开始需水，达到正常蓄水位后又消落到死水位的历时，不同调节性能的水库具有不同的调节周期，如日调节水库的调节周期为一日(24h)，年调节水库的调节周期为一年。在调节周期内，水库的蓄水、供水过程称为水库的运用。蓄泄一次称为一次运用，蓄泄多次称为多次运用。由于水库来水过程 $Q(t)$ 与用水过程 $q(t)$ 不同，一年中，水库的运用情况有以下几种：

1. 一次运用

如图 3.3.1 中，$Q-t$、$q-t$ 分别代表水库天然来水和用水过程。水库在调节周期内只有一次连续蓄水、泄水的情况叫作水库一次运用。图中 W_1 为余水量，W_2 为缺水量，且 $W_1 \geqslant W_2$，此时所需的水库调节库容 $V_{兴} = W_2$。

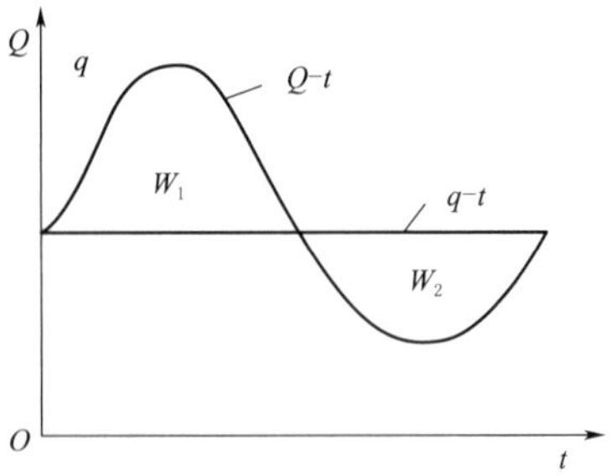

图 3.3.1　水库一次运用示意图

2. 二次运用

当水库在一个调节周期内连续充蓄两次、泄放两次称为水库二次运用。假设第一次运用余水量为 W_1，缺水量为 W_2，第二次运用余水量为 W_3，缺水量为 W_4，此时调节库容的确定可分为以下三种情况：

(1) 如图 3.3.2 (a) 所示，当 $W_1 > W_2$ 且 $W_3 > W_4$ 时，表明两次运用之间无水量联系，因此，此时水库兴利库容应取两个不足水量较大者。因 $W_2 > W_4$，故 $V_{兴} = W_2$。

(2) 如图 3.3.2 (b) 所示，当 $W_1 > W_2$、$W_3 < W_4$ 且 $W_3 < W_2$ 时，表明两次运用之间有水量联系，要满足相应于 W_4 时间的亏水量要求，就必须事先多存 W_3 不能满足的那一部分水量（$W_4 - W_3$），故水库兴利库容为 $V_{兴} = W_2 + W_4 - W_3$。

(3) 如图 3.3.2 (c) 所示，当 $W_1 > W_2$ 且 $W_2 < W_3 < W_4$ 时，表明两次运用之间有水量联系，此时 $W_2 + W_4 - W_3 < W_4$，故 $V_{兴} = W_4$。

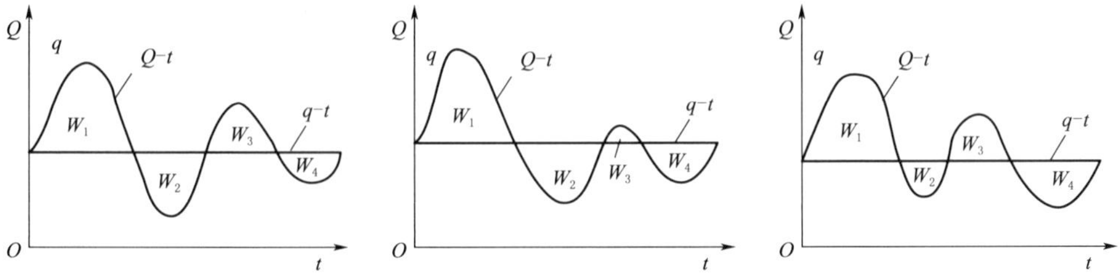

图 3.3.2　水库二次运用各情况示意图

综合考虑上述三种情形，则二次运用水库兴利库容为 $V_{兴} = [W_2, W_2 + W_4 - W_3, W_4]_{max}$。

3. 多次运用

水库在一个调节周期内连续充蓄、泄放多于两次时，即为多次运用。水库多次运用情况更为复杂，调节库容的确定难以通过图形表达。

此时，确定兴利库容可从空库时刻起算（$V_{兴}=0$），按顺时序或逆时序方法进行计算，分述如下：

顺时序计算：从 $V_{兴}=0$ 开始，顺时序累加（$W_{来}-W_{用}$）值，遇余水量相加、亏水量相减，经过一个调节年度又回到计算的起点，当 $\sum(W_{来}-W_{用})$ 不为零时，则有余水量 C，则

$$V_{兴}=\sum(W_{来}-W_{用})_{最大}-C \tag{3.3.2}$$

逆时序计算：从 $V_{兴}=0$ 开始，逆时序累加（$W_{来}-W_{用}$）值，遇亏水量相加、余水量相减，减后若小于零即取为零，这样可求出各时刻所需的蓄水量，其最大累计值即为兴利库容。

$$V_{兴}=\sum(W_{来}-W_{用})_{最大} \tag{3.3.3}$$

3.3.1.2　兴利库容计算方法

根据水库设计年来水资料、兴利用水资料及水库特性资料确定水库必需的兴利库容是水库规划设计的重要内容之一。当用水量为已知值时，根据设计枯水年天然来水资料定出水库补充放水的起止时间，然后按水库的运用情况，即可求出所需的兴利库容。

年调节水库的调节周期为一年，调节计算时，首先确定出水库兴利蓄水为零的时刻，作为计算的起始点，显然，兴利蓄水量为零即库空之时，应为供水期末，从库空之后水库转为蓄水期，从水库开始蓄水到第二年放空的周期称为调节年或水利年。

1. 典型年法

中小型水库一般仅对设计枯水年进行列表调节计算，由来水资料和用水资料及水库特性资料求出该年满足兴利用水的兴利库容，作为设计的兴利库容，这种方法称为典型年法。首先按照项目二中设计年径流讲述的方法求出相应于设计保证率的设计年径流量和年内分配作为水库代表年的来水过程，再列出相应的用水过程，根据兴利计算原理列表逐时段计算，即可求出兴利库容。列表计算可以顺时序向前推算，也可逆时序向后推算，其计算公式如下。

顺时序向前推算：

$$V_{末}=V_{初}+(W_{来}-W_{用}) \tag{3.3.4}$$

逆时序向后推算：

$$V_{初}=V_{末}-(W_{来}-W_{用}) \tag{3.3.5}$$

3.4

不计水库水量损失的列表计算法

（1）不计损失的列表计算。由于不计入水库的水量损失，出库水量只包括各部门用水量，于是可以直接计算来水量与用水量的差值（$W_{来}-W_{用}$），正者为多余水量，负者为不足水量。兴利库容的大小就决定于多余水量与不足水量的组合情况，现举例说明。

【例 3.3.1】 已知内蒙古乌兰察布市大黑河流域庆峡河下游庆峡河水库，该水库要满足水库周边城乡居民用水，依据《水利工程水利计算规范》（SL 104—2015）规定，设计保证率 $p=95\%$。根据水文分析计算，设计年来水量为 454.5 万 m^3，需水量计算依据“人数×用水时间×人均用水定额”确定。调节

计算的水利年为7月至翌年6月，资料见表3.3.1。不计损失，计算水库的兴利库容和时段末的蓄水库容。

表3.3.1　　庆峡水库逐月来水、需水情况表　　单位：万 m^3

月份	7	8	9	10	11	12	1	2	3	4	5	6	合计
来水量	106.4	74.5	39.4	30.9	16.2	8.9	8.2	8.2	28.9	41.3	32.1	59.5	454.50
需水量	30	30	30	30	30	30	30	30	30	30	30	30	360

[解] 1. 录入基本资料。

将水库来水、需水资料填入表3.3.2第①、第②、第③列。

2. 计算余亏水量，即 $W_{来}-W_{用}$ 。

②-③的差值得正时为余水量，填入第④列；得负时为亏水量，填入第⑤列。从第④、第⑤列数据分析可看出，有一次亏水和一次余水，本案例为一次运用。

3. 计算调节年的总来水量 $\sum W_{来}$、总用水量 $\sum W_{用}$ 和总弃水量 C 。

即 $C=\sum W_{来}-\sum W_{用}=454.5-360=94.5$（万 m^3）。

4. 计算时段累积余亏水量 $\sum(W_{来}-W_{用})$。

起调时刻是供水期末，即3月末（4月初），水库为空库，蓄水量为“0”。顺时序计算，遇到余水量相加，遇到亏水量相减，成果填于第⑥列。循环一周带回的余水为94.5万 m^3，否则计算错误。

5. 计算不计损失时的兴利库容。

应用式（3.3.2），$V_{兴}=\sum(W_{来}-W_{用})_{max}-C=174.1-94.5=79.6$（万 m^3）

6. 计算时段末蓄水库容。

由【例3.2.3】可知 $V_{死}=375.5$ 万 m^3，则时段末最大蓄水库容为 $V_{max}=V_{兴}+V_{死}=79.6+375.5=455.1$（万 m^3）。同样从起调时刻3月末（4月初）$V_{死}=375.5$ 万 m^3 算起，可采用方案先蓄后弃，按式（3.3.4）顺时序计算，成果填于第⑦列。以 $V_{max}=455.1$ 万 m^3 控制，大于455.1万 m^3 部分为弃水量，填于第⑧列。以总弃水量 $\sum$⑧$=C=94.5$ 万 m^3 校核。

表3.3.2　　庆峡水库不计损失的年调节库容计算表（早蓄方案）

月份	来水量 $W_{来}$ / 万 m^3	用水量 $W_{用}$ / 万 m^3	$W_{来}-W_{用}$ / 万 m^3		$\sum(W_{来}-W_{用})$（月末）/万 m^3	月末库容 V /万 m^3	弃水量 /万 m^3
			+	−			
①	②	③	④	⑤	⑥	⑦	⑧
7	106.4	30	76.4		119.3	455.1	39.7
8	74.5	30	44.5		163.8	455.1	44.5
9	39.4	30	9.4		173.2	455.1	9.4
10	30.9	30	0.9		174.1	455.1	0.9

续表

月份	来水量 $W_{来}$ /万m^3	用水量 $W_{用}$ /万m^3	$W_{来}-W_{用}$/万m^3		$\sum(W_{来}-W_{用})$（月末）/万m^3	月末库容 V /万m^3	弃水量 /万m^3
			+	−			
①	②	③	④	⑤	⑥	⑦	⑧
11	16.2	30		13.8	160.3	441.3	
12	8.9	30		21.1	139.2	411.2	
1	8.2	30		21.8	117.4	391.4	
2	8.2	30		21.8	95.6	376.6	
3	28.9	30		1.1	0 (94.5)	375.5	
4	41.3	30	11.3		11.3	386.8	
5	32.1	30	2.1		13.4	388.9	
6	59.5	30	29.5		42.9	418.4	
合计	454.5	360	174.1	79.6			94.5
校核	94.5		94.5				

（2）计入损失的列表计算。计入损失的列表计算法是在不计损失列表计算的基础上进行的。具体方法是：先不考虑损失近似求得各时段的蓄水库容，进而求出水库时段损失水量，将水库时段损失水量作为增加的用水量，重新进行调节计算，求得计入损失所需的兴利库容。

3.5
计入水库水量损失的列表计算法

【例 3.3.2】 资料同【例 3.3.1】，庆峡水库水文地质条件较好，渗漏损失按月平均蓄水量的 1.0%计算，蒸发损失见【例 3.2.2】计算成果表 3.2.5。计算考虑水量损失的兴利库容，并查算相应的正常蓄水位。

［解］ 1. 不计损失估算各时段的蓄水库容。

计算方法同例【3.3.1】，将表 3.3.2 的第①、第②、第③、第⑦列数据分别填入表 3.3.3 的第①、第②、第③、第④列。

2. 计算水库水量损失。

表 3.3.3 中，第⑤列是第④列时段始末的平均值 $\overline{V}$，第⑤列 ×1.0%＝⑨列月渗漏损失。依据第⑤列月均库容 $\overline{V}$ 查庆峡水库的 $Z-V$ 曲线得平均水库水面面积 $\overline{F}$，填于第⑥列。蒸发损失水量⑧＝⑥×⑦，总损失水量⑩＝⑧＋⑨。最后用∑⑧＋∑⑨＝∑⑩＝70.2 万m^3 校核。

3. 计入损失计算兴利库容。

⑪＝③＋⑩，并用∑③＋∑⑩＝∑⑪＝430.2 万m^3校核。由②－⑪，正值填于第⑫列，负值填于第⑬列。∑②－∑⑪＝∑⑫－∑⑬＝C'＝24.3（万m^3）。第⑭列从零时刻 5 月末开始起调，遇到余水相加，遇到亏水相减，顺时序循环一周，带回余水为 24.3 万m^3。

$$V'_{兴}=\sum(W_{来}-W'_{用})_{max}-C'=136.3-24.3=112.0(万\ m^3)。$$

表 3.3.3 庆峡水库计入损失的年调节库容计算表（早蓄方案）

月份	来水量 $W_{来}$/万m^3	用水量 $W_{用}$/万m^3	月末库容 V/万m^3	月均库容 $\overline{V}$/万m^3	平均水库水面面积 F/万m^2	蒸发损失 E/mm	损失水量 ΔW/万m^3 蒸发	损失水量 ΔW/万m^3 渗漏	损失水量 ΔW/万m^3 合计	计入损失用水量 $W'_{用}$/万m^3	$W_{来}-W'_{用}$/万m^3 +	$W_{来}-W'_{用}$/万m^3 −	$\sum(W_{来}-W'_{用})$（月末）/万m^3	计入损失月末库容 V'/万m^3	弃水量 C'/万m^3	计入损失月末水库水位 G/m
①	②	③	④	⑤	⑥	⑦	⑧	⑨	⑩	⑪	⑫	⑬	⑭	⑮	⑯	⑰
7	106.4	30	454.1	435.8	39.5	18.9	0.7	4.4	5.1	35.1	71.3		103.0	468.5		1339.8
8	74.5	30	454.1	454.1	41.4	0	0	4.5	4.5	34.5	40.0		133.0	487.5	21.0	1340.24
9	39.4	30	454.1	454.1	41.5	39.0	1.6	4.5	6.1	36.1	3.3		136.3	487.5	3.3	1340.24
10	30.9	30	454.1	454.1	41.5	33.2	1.4	4.5	5.9	35.9		5.0	131.3	482.5		1340.1
11	16.2	30	440.3	447.2	41.2	21.8	0.9	4.5	5.4	35.4		19.2	112.1	463.3		1339.6
12	8.9	30	419.2	429.3	40.4	10.3	0.4	4.3	4.7	34.7		25.8	86.3	437.5		1339.0
1	8.2	30	397.4	408.3	39.3	11.6	0.5	4.1	4.6	34.6		26.4	59.9	411.1		1338.3
2	8.2	30	375.6	386.5	38.3	18.6	0.7	3.9	4.6	34.6		26.4	33.5	384.7		1337.6
3	28.9	30	374.5	375.1	37.8	48.1	1.8	3.7	5.5	35.5		6.6	26.9	378.1		1337.4
4	41.3	30	385.8	380.2	38.0	100.6	3.8	3.8	7.6	37.6	3.7		30.6	381.8		1337.5
5	32.1	30	387.9	386.9	38.3	116.4	4.5	3.9	8.4	38.4		6.3	0 (24.3)	375.5		1337.3
6	59.5	30	417.4	402.7	39.1	96	3.8	4.0	7.8	37.8	21.7		21.7	397.2		
合计	454.5	360					20.1	50.1	70.2	430.2	140	115.7				
校核										24.3	24.3				24.3	

第⑮列计入损失的月末库容从 5 月末 $V_{死}=375.5$ 万 m^3 开始，遇到余水相加，遇到亏水相减，顺时序循环一周。用时段末最大蓄水库容 $V'_{max}=V'_{兴}+V_{死}=112.0+375.5=487.5$(万 m^3) 控制，多余部分为弃水，填于第⑯列。

4. 确定正常蓄水位。

由最大蓄水库容 $V'_{max}=487.5$ 万 m^3，查庆峡水库的 $Z-V$ 曲线得 $Z_{正常}=1340.24$ m。

2. 长系列法

长系列法也称时历年法，这种方法是设计地点有较长时期（最好 20 年以上）的来水资料和用水资料，按前述年调节典型年列表计算法逐年进行调节计算，求出每年所需的兴利库容，再将所求的库容由小到大的次序排列，计算经验频率，并绘制年调节兴利库容经验频率曲线，如图 3.3.3 所示。根据设计保证率在兴利库容频率曲线上即可查出相应的年调节兴利库容。

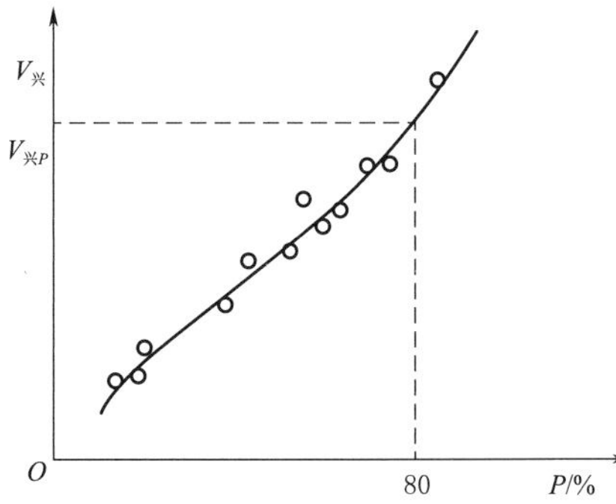

图 3.3.3　兴利库容与频率关系曲线

长系列法直接把兴利库容排列计算经验频率，由兴利库容反映来水和用水的综合情况，概念明确，并适应各种复杂用水情况，因此在生产中得到广泛应用，只是计算量较大。

3.7 Ⓜ
课前学习任务单

3.3.2　多年调节水库兴利调节计算

由水量平衡原理可知，当年用水量小于设计设计保证率相应的年来水量，水库只需蓄当年汛期一部分多余水量就能够补充枯水期的水量不足，这就是年调节水库。但当设计年来水量小于设计年用水量时，这时单纯依靠当年的来水调节，就不可能满足正常供水，为了满足正常供水，必须跨年度调节，需要将丰水年的余水蓄存在水库中，跨年度补给枯水年使用，这种跨年度的径流调节称为多年调节。

3.9 Ⓣ
课前自测

多年调节与年调节的不同之处，在于它不仅能重新分配年内来水量，而且同时能重新分配年与年之间的来水量。因此，多年调节所需的调节库容也大，调节程度高，对来水的利用也较充分。多年调节计算，要考虑年径流系列中各种枯水年组成的总缺水情况，其兴利库容的大小将决定于连续枯水年组的总亏水量，故对年径流系列要求更长一些。兴利调节计算的基本原理与方法，与年调节计算类似。

水库兴利调节计算的基本方法有两类，即时历法和数理统计法，分别介绍如下。

3.3.2.1　时历法

时历法的已知资料和计算成果，如来水、用水、调节流量、蓄水量等均为具有时间顺序的变化过程。时历法又分为列表法和图解法，本课程中主要介绍了时历列表法。时历列表法适用于水库兴利调节计算的各种课题，同时便于使用计算机，是当前主要的实际使用方法。

多年调节计算时历法的基本原理和计算步骤与年调节计算相似，即先通过逐年调节计算，求得每年所需库容，再进行频率计算，以求得满足设计保证率要求的兴利库容。只是多年调节计算中，水库要经过若干个连续丰水年才能蓄满，经过若干个连续枯水年才能放空。因此完成一次蓄泄循环需要很多年，在这种情况下确定这些年份需要的库容时，不能只考虑本年度供水期的缺水量，还必须联系前一年或前几年的余缺水情况进行分析，即取决于连续枯水年组的总亏水量。为此，用时历法进行多年调节计算时，所需要的水文资料远较年调节长，一般应具有 30 年以上，且是能较好地代表多年变化情况的径流资料，否则所得结果不可靠。

图 3.3.4 绘出了某水库坝址断面多年来的来水过程线和相应的用水过程线。从图中可以看出第 1、第 2、第 3 年调节年度是丰水年，来水大于用水，各年所需兴利库容分别为 V_2、V_4、V_6，而第 4、第 5、第 6 年为连续枯水年组。对第 4 年来说，其缺水要由第 3 年的余水补充，计算第 4 年的兴利库容时应将第 3 年、第 4 年两年联系在一起考虑，相当于水库二次运用情况，因此第 4 年的兴利库容为 V_8，第 5 年则应联系前两年一起考虑，相当于三次运用情况，则 $V_5 = V_8 + (V_{10} - V_9)$，同理，$V_6 = V_8 + (V_{10} - V_9) + (V_{12} - V_{11})$。

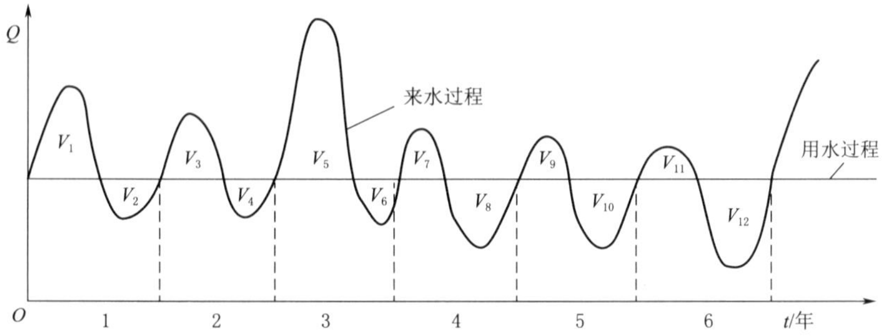

图 3.3.4　来、用水过程线

【例 3.3.3】 假定某水库坝址断面有 35 年流量资料（表 3.3.4 中只列出了前面 15 年），其多年平均流量 $Q = 51.3m^3/s$，设计保证率 $P = 90\%$ 时，相应设计年平均流量 $Q_P = 27.5m^3/s$，若全年需水均匀，调节流量 $Q_{调} = 40m^3/s$，求设计兴利库容。

表 3.3.4　　　　坝址断面月平均流量

年份＼月份	5	6	7	8	9	10	11	12	1	2	3	4	平均
1937—1938	26.9	101.5	154.4	81.1	126.2	126.1	43.1	17.5	9.1	4.3	25.4	116.4	69.4
1938—1939	46.1	153.0	307.1	30.8	169.2	72.5	23.9	12.1	7.4	7.7	9.9	47.3	73.9
1939—1940	31.8	42.6	55.2	64.3	4.3	2.5	6.5	2.9	1.1	1.1	8.4	17.2	19.8
1940—1941	29.6	13.1	60.9	62.6	39.5	59.5	44.1	21.8	10.0	7.9	22.5	17.4	32.4

续表

年份＼月份	5	6	7	8	9	10	11	12	1	2	3	4	平均
1941—1942	62.6	15.7	8.0	54.4	92.6	6.7	14.9	12.7	13.0	2.0	1.4	52.6	28.1
1942—1943	69.6	158.6	8.1	12.7	10.8	59.3	65.1	31.3	5.9	1.5	40.5	54.8	43.2
1943—1944	134.1	80.4	32.8	91.0	2.9	27.3	30.7	21.3	12.6	12.8	4.3	10.9	38.4
1944—1945	33.4	28.3	40.6	11.8	55.9	88.7	71.5	13.6	1.9	22.4	6.2	43.3	34.8
1945—1946	120.2	85.0	101.9	33.8	37.5	62.7	56.5	28.1	7.3	8.1	2.0	8.5	46.0
1946—1947	79.7	189.0	127.5	48.9	43.5	5.9	57.0	18.7	11.0	4.1	17.2	50.7	54.4
1947—1948	138.8	205.8	177.6	55.9	6.6	16.0	17.9	9.8	5.1	7.1	18.5	53.0	59.3
1948—1949	176.5	195.0	38.5	37.5	115.4	79.2	29.0	11.7	11.2	12.7	18.1	71.6	66.4
1949—1950	43.1	73.2	35.0	108.0	15.0	65.6	12.4	9.2	7.2	6.4	10.2	15.5	33.4
1950—1951	116.6	102.7	101.8	52.6	155.5	65.2	36.7	16.7	8.5	5.7	23.5	50.5	61.4
1951—1952	142.2	31.4	14.4	39.6	30.7	44.4	57.4	17.3	10.4	7.9	2.4	17.6	34.7

[解] 1. 首先根据 $Q_{调}=40m^3/s$，按简化水量平衡方程将各水利年划分为余水期和亏水期。

2. 求各年余水期的余水量[表 3.3.5 第（3）栏]和亏水期的亏水量[表 3.3.5 第（4）栏]，并依次求其代数和[表 3.3.5 第（5）栏]。

3. 根据表 3.3.4 中的资料求各年的兴利库容。首先比较本水利年的余水量和亏水量，如余水量≥亏水量，则兴利库容＝亏水量，如表 3.3.5 中 1938—1939 年，兴利库容为 139.9（m^3/s）·月。

如余水量＜亏水量，则表明本年水量不够，需与前面一年一起分析。

4. 分析本年与上一年两年的余水量和亏水量

如∑余水量≥∑亏水量，则兴利库容＝两年中最大累积亏水量（类似于年调节中的两回运用），如表 3.3.5 中 1939—1940 年，兴利库容为 139.9＋313.3－42.1＝411.1[（m^3/s）·月]。

如∑余水量＜∑亏水量，则表明两年来水不能满足两年需水要求，需将这两年与再前面一年分析。

5. 连续三年及多年情况依此类推（类似于年调节中的多回运用），库容均为其中最大累积亏水量。如 1941—1942 年库容为

139.9＋313.3＋154.1＋189.3－42.1－66.6－67.0＝620.9[（m^3/s）·月]。

表 3.3.5　　　　多年调节计算表

年份	起止月份	余水量(+)/[(m³/s)·月]	亏水量(−)/[(m³/s)·月]	累积水量/[(m³/s)·月]	库容/[(m³/s)·月]
(1)	(2)	(3)	(4)	(5)	(6)
				0	
1937—1938	1937年6—11月	392.4		392.4	
	1937年12月—1938年3月		103.7	288.7	103.7
1938—1939	1938年4—10月	615.1		903.8	
	1938年11月—1939年5月		139.9	763.9	139.9
1939—1940	1939年6—8月	42.1		806.0	
	1939年9月—1940年6月		313.3	492.7	411.1
1940—1941	1940年7—11月	66.6		559.3	
	1940年12月—1941年7月		154.1	405.2	498.6
1941—1942	1941年8—9月	67.0		472.2	
	1941年10月—1942年3月		189.3	282.9	620.9
1942—1943	1942年4—6月	160.8		443.7	
	1942年7月—1943年2月		125.3	318.4	125.3
1943—1944	1943年3—8月	193.6		512.0	
	1943年9月—1944年8月		242.7	269.3	634.5
1944—1945	1944年9—11月	96.1		365.4	
	1944年12月—1945年3月		115.9	249.5	654.3

年份	起止月份	余水量(+)/[(m³/s)·月]	亏水量(−)/[(m³/s)·月]	累积水量/[(m³/s)·月]	库容/[(m³/s)·月]
(1)	(2)	(3)	(4)	(5)	(6)
1945—1946	1945年4—11月	220.9		470.4	
	1945年12月—1946年4月		146.0	324.0	146.0
1946—1947	1946年5—11月	301.5		625.9	
	1946年12月—1947年3月		109.0	516.9	109.0
1947—1948	1947年4—8月	428.8		945.7	
	1947年9月—1948年3月		199.0	746.7	199.0
1948—1949	1948年4—10月	415.1		1161.8	
	1948年11月—1949年4月		117.3	1044.5	117.3
1949—1950	1949年4—10月	131.5		1176.0	
	1949年11月—1950年4月		179.1	996.9	179.1
1950—1951	1950年5—10月	354.4		1351.3	
	1950年11月—1951年3月		108.7	1242.6	108.7
1951—1952	1951年4—5月	112.7		1355.3	
	1951年6月—1952年2月		166.5	1188.8	166.5

除时历列表法外，下面再介绍一种较为常用的差积曲线法（同样适用于年调节水库）。

根据逐年逐月来、用水资料，计算个月来、用水量差值，将其逐时段累积后，绘出来、用水差累积曲线，如图 3.3.5 所示。可在图上求得各年需要的兴利库容。在分析某年的兴利库容和哪些年份有关时，可从曲线上供水期末点向前引水平线，若交于本年蓄水期线，如图 3.3.5 中的第 1、第 2、第 3 年，则说明该年余水量大于缺水量，该年的兴利库容只根据本年供水期的缺水量确定，图中的第 1、第 2、第 3 年的兴利库容是这样确定的：曲线下降段（供水期）内最高点与最低点之纵坐标差值，即表示该调节年度内的最大累积缺水量，也就是该年所需兴利库容。若所引水平线交到前面某一年的蓄水期线，则本年兴利库容的确定期应向前延续到交点所在年份，兴利库容的大小等于确定期内的累积最大缺水量，即曲线上最高点与最低点之纵坐标差。图中第 4 年末引水平线交于第 3 年蓄水期前线，因此第 4 年所需兴利库容的确定期为第 3 年、第 4 年，其间差积曲线最高点与最低点之纵坐标差即为保证第 4 年正常供水所需要的兴利库容，第 5 年、第 6 年正常供水所需要的兴利库容确定以此类推。

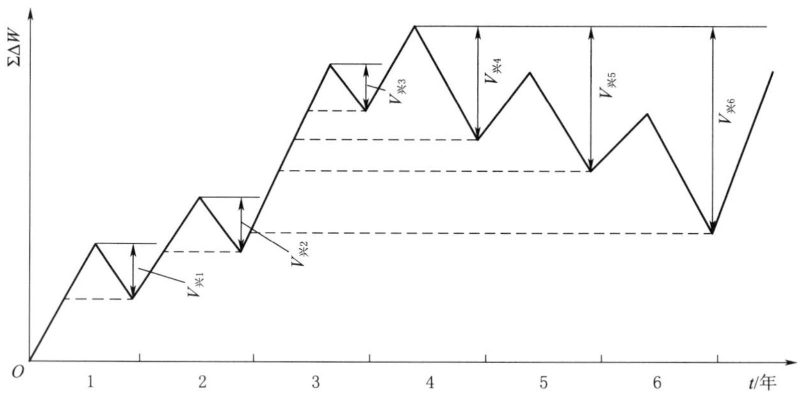

图 3.3.5 来、用水量差积曲线

3.3.2.2 数理统计法

在多年调节中，由于调节周期可长达几年至几十年，即使有较长的水文资料，多年调节循环的数目也不多，因此，用时历法根据不太长的实测系列计算的结果，难免有一定的偶然性，不能正确反映水库未来工作的一切可能情况。特别是当用水保证率和调节程度较高时，用时历法来考虑稀遇的径流变化和组合情况就更困难。

大量资料表明，河川径流变化可认为是随机事件，它的统计规律可用适当的线性和统计参数加以描述，于是利用这种统计规律根据概率组合理论，可推求水库的供水保证率、水库多年蓄水量变化和弃水情况等。

目前国内外常用的多年调节数理统计法的计算方法可分为两大类：一类是把总库容划分成多年库容和年库容两部分，分别计算这两部分库容后再相加得总库容，这类方法称为合成总库容法；另一类是同时考虑径流的年际和年内变化，一次求出总的兴利库容，称为直接总库容法。

应用数理统计法时，由于先利用径流多年变化的统计规律性，对来水进行数理统计的概括，然后再进行调节计算，因此就可大致解决时历法的计算结果难以用数理统计的理论来处理和概括问题。其次，由于径流变化的频率曲线可以概括为几个统计参数，如 Q_0（均值）、C_V（变差系数）、C_S（偏态系数），因此，在多年调节数理统计法计算中使用了一些以多年平均径流量 W_0 为量度单位的相对系数，其中有模比系数 K 、调节系数 α 和库容系数 β 。

来水量用模比系数 K 为第 i 年的年径流量 W_i 与 W_0 的比值，即 $K=\dfrac{W_i}{W_0}$ 。

用水量用调节系数 α 为第 i 年的年用水量 M_i 与 W_0 的比值，即 $\alpha_i=\dfrac{M_i}{W_0}$ ，若为固定用水，即用水量各年不变，则 $\alpha_i=\dfrac{M}{W_0}$ 。

库容采用库容系数 β 为有效（兴利）库容 V 与 W_0 的比值，即 $\beta=\dfrac{V}{W_0}$ 。

1. 合成总库容法

如前面所述，合成总库容法的兴利库容由多年库容和年库容两部分组成，因此，水利计算的任务也就可以分为独立的两部分，即多年库容用数理统计法计算，年库容用时历法进行计算。

（1）多年库容的计算。在灌溉水库进行多年调节时，最常用而最简单的求多年库容的统计方法是查算普列什柯夫的固定用水多年调节线解图。

为了减少工作量，普列什柯夫于1938年根据理论频率曲线（P-Ⅲ型曲线，$C_S=2C_V$），通过分析计算，制成了各种常用保证率（$P=75\%$、80%、85%、90%、95%、97%）的 $\alpha-\beta_{多年}-C_V$ 线解图，如图3.3.6所示。正是由于有了线解图，才增加了数理统计法的实用意义。从图中可以看出：C_V 大、α 大或 P 大，都需要较大的 $\beta_{多年}$ ，这是符合一般规律的。应用普氏线解图时，只要已知 α 、$\beta_{多年}$、年径流量的 C_v 和设计保证率 P 中的任意3个数，即可求解第四个数。

线解图是假定年径流量偏态系数 $C_S=2C_V$ 的情况下绘制的，在 $C_S\neq 2C_V$ 时使用线解图，必须用下列变数代换，把原来的 C_V 和 α 换算成 C_V' 和 α' 之后，再由线解图查得 $\beta_{多年}$ ，然后代入式（3.3.8）求得 $\beta_{多年}$ ，转换公式如下：

$$C_V'=\frac{C_V}{1-\alpha_0} \tag{3.3.6}$$

$$\alpha'=\frac{\alpha-\alpha_0}{1-\alpha_0} \tag{3.3.7}$$

$$\beta'_{多年}=\frac{\beta_{多年}}{1-\alpha_0} \tag{3.3.8}$$

$$\alpha_0=\frac{m-2}{m} \tag{3.3.9}$$

$$m=\frac{C_S}{C_V} \tag{3.3.10}$$

【例3.3.4】 某多年调节水库，已知多年平均的年径流量 $W_0=4000$ 万 m^3，

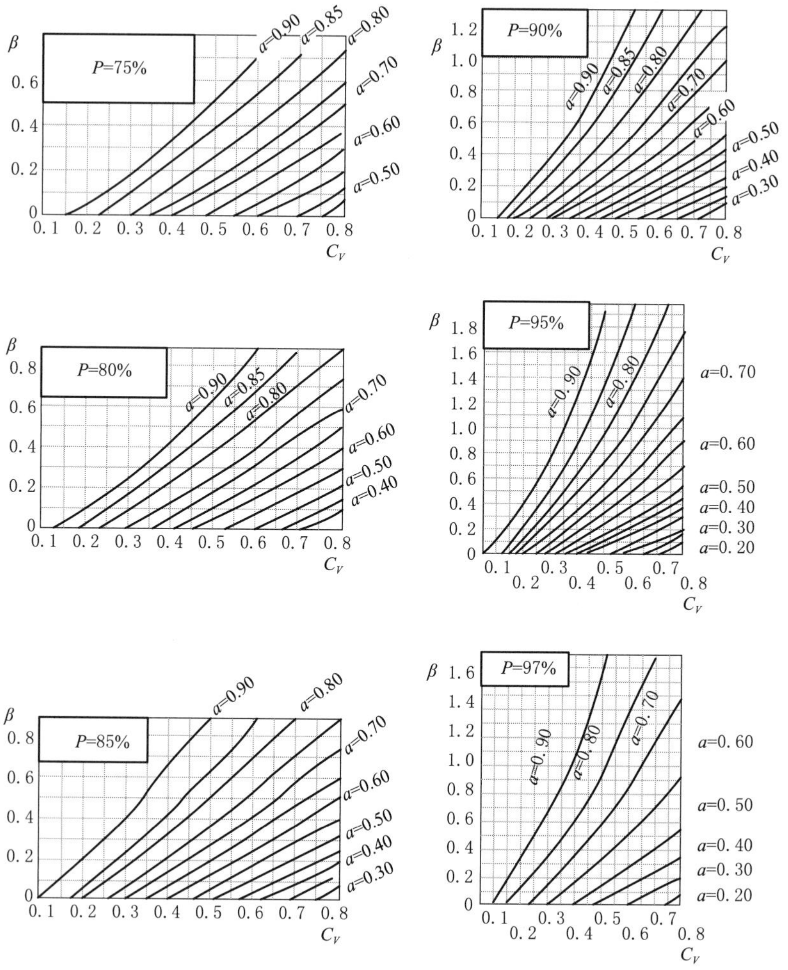

图 3.3.6　普列什柯夫线解图（$C_S = 2C_V$）

$C_V = 0.4$，$C_S = 2C_V$，调节系数 $\alpha = 0.85$，$P = 75\%$，求多年调节库容 $V_{多年}$。

［解］ 从 $P = 75\%$ 的线解图（图 3.3.6）中查出 $C_V = 0.4$ 和 $\alpha = 0.85$ 对应的 $\beta_{多年} = 0.23$，因此，多年库容 $V_{多年} = \beta_{多年} W_0 = 0.23 \times 4000 = 920$（万 m^3）。

【例 3.3.5】 已知 $C_V = 0.3, C_S = 3C_V, \alpha = 0.8, \beta_{多年} = 0.25$，求 P。

［解］ 因为 $C_S \neq 2C_V$，故先进行变数代换：

$$\alpha_0 = \frac{3-2}{3} = 0.33,\ \alpha' = \frac{0.8-0.33}{1-0.33} = 0.70$$

$$\beta'_{多年} = \frac{0.25}{1-0.33} = 0.37,\ C'_V = \frac{0.3}{1-0.33} = 0.45$$

先在 $P = 90\%$ 图上，由 $C'_V = 0.45$ 及 $\alpha' = 0.70$ 查得 $\beta'_{多年} = 0.29$，小于 $\beta'_{多年} = 0.37$，故下次应在 $P = 95\%$ 图上查，得 $\beta'_{多年} = 0.42$，由直线内插求得供水保证率：

$$P = 90\% + \frac{5\% \times (0.37 - 0.29)}{0.42 - 0.29} = 93\%$$

（2）年库容的计算。图 3.3.7 中，实线为按月径流绘制的差量累计曲线，由此可看出每年洪枯期的径流变化。如不考虑年内径流变化，以一年为一个计算时段，用年平均流量来绘制差量累计曲线，则如图中虚线所示。图中 4、5、6、7 为一持续 4 年的枯水年组，此枯水年组所需要的最大兴利库容为 $V'_{兴}$。用数理统计法计算出来的多年库容，只是多年调节总兴利库容的一部分，它是用来调节年与年之间径流与用水分配不均匀性的，即按虚线求得的多年库容是以一年为计算时段，没有考虑年内来水与用水的分配不均匀性。实际上，由于径流和用水的年内变化，仅多年库容是不够的。由图 3.3.7 也可看出，若仅有 $V'_{多年}$，此 $V'_{多年}$ 在 f 时刻蓄满，则枯水年组一年（图 3.3.7 中第 4 年）汛期余水量将无法再蓄，这就影响这年枯期用水的需要。从另一方面看，当仅有多年库容时，枯水年组前一年（图 3.3.7 中第 3 年为丰水年）枯期的缺水将无法得到满足。因此，除了调节年际间水量变化的多年库容外，还必须有调节径流年内变化所需的年库容 $V'_{年}$，这一 $V'_{年}$ 的作用是蓄存枯水年组前一年［见图 3.3.7（a）中的第 3 年］的余水，以备该年供水期使用。如图 3.3.7（b）所示，则 $V'_{年}$ 的作用是蓄存枯水年组第一年（第 4 年）汛期的余水，给该年供水期使用。

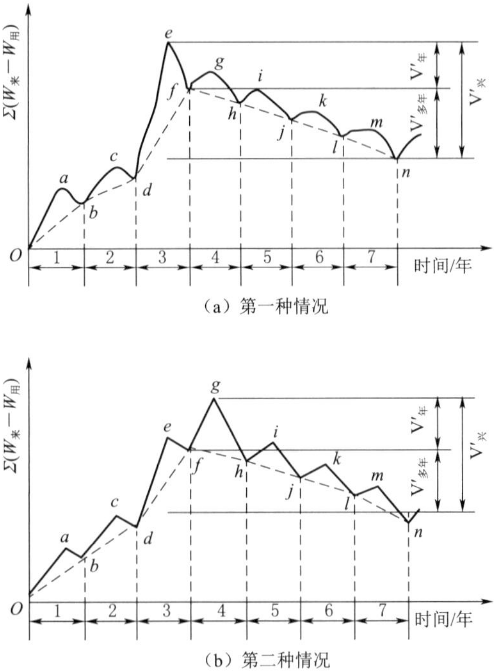

（a）第一种情况

（b）第二种情况

图 3.3.7　多年调节中年库容和多年库容示意图

以上的分析只是对一个枯水年组进行的，这绝不是说数理统计法多年调节计算得到的 $V_{多年}$ 就是图 3.3.7 中的 $V'_{多年}$，$V_{年}$ 就是图 3.3.7 中的 $V'_{年}$。而且多年调节的兴利库容 $V_{兴}$ 实际上起着年调节和多年调节的作用，即水库的总兴利库容并不是按硬性划分的年库容与多年库容来起径流调节作用的。把有保证率概念的多年库容加上一个没有严格保证率概念的年库容来作为兴利库容，仅是考虑计算上的方便，那么 $V_{年}$ 该如何计算呢？

$V_{年}$ 的计算可采用实际代表年法。因为多年调节水库总兴利库容中的 $V_{年}$ 与年调节水库的设计兴利库容不一样，所以计算 $V_{年}$ 的代表年的选择也与年调节计算时的代表年选择不一样，一般应考虑下列原则：

1）年来水量不应小于年用水量，因为小于用水量（即余水量小于亏水量）的年份已属枯水年，该年水量不足应由 $V_{多年}$ 补充；年来水量也不能大于年用水量，因这种年份为丰水年，按这样的年份确定的年库容将偏小，不安全。因此，用年来水量恰好等于年用水量的年份计算年库容才合理。但实际上，很少有年来、用水量恰好相等的年份，所以可选取年来水量稍大于年用水量的年份为代表年。

2）代表年的年内分配选取多年平均的年内分配过程。这是因为极限枯水年组出现的机会不多，其第一年的年来水量接近年用水量的机会较少，若这一年的年内分配又是极不利的话，这种机会就更为稀遇，故选多年平均的年内分配。

按上述原则选得代表年后，即可进行代表年的调节计算，从而确定满足该年用水要求的年库容，即 $V_{年}$。此外，在灌溉用水每年不同，且来、用水量两者关系不密切或无相关关系时，从理论上讲，年来水量等于年用水量的年份可能不止一个。在这种情况下，可以在实测系列中选择年来水量接近并稍大于年用水量的几个年份进行调节计算，求得几个年库容，从中选取一个中等偏大的年库容作为多年调节总兴利库容中的 $V_{年}$。

2. 直接总库容法

上面介绍的将多年调节总兴利库容人为地划分成多年库容和年库容两部分的方法，虽然给计算带来了方便，而且似乎在多年库容的计算中，来水、用水、库容和保证率这四者之间的关系比较明确，但对总兴利库容而言，这四者之间的关系却是不明确的，特别是当总兴利库容中的年库容占很大比重时，保证率的概念就越不明确了。此外，这种截然分开的计算方法也不符合多年调节水库的运用实际，这就促使人们进一步研究多年调节总兴利库容的计算方法，如一年内多时段的多年调节数理统计法、多年库容与年库容的频率组合法等。此类方法一般都用了一些假定，且计算工作量很大，尤其对灌溉变动用水来说更是如此，故未能在灌溉水库的兴利计算中获得实际应用。

3.10 Ⓣ 课后自测

3.4 概念及术语——水库防洪调节

任务3.4 水库防洪调节

水库防洪调节计算的主要任务是根据水文计算提供的设计洪水成果，通过调节计算和工程效益投资分析确定水库防洪库容、最高洪水位、坝高和泄洪建筑物尺寸，计算依据《水利工程水利计算规范》(SL 104—2015)。

3.4.1 概述

3.8 课前学习任务单

防洪是一项长期而艰巨的工作。目前，解决洪水问题一般都趋向于采取综合治理的方针，合理实施泄、分、蓄、滞、拦的措施。防洪措施是指为防止或减轻洪水灾害损失而采取的各种手段和对策，包括防洪工程措施和防洪非工程措施。

3.4.1.1 防洪工程措施

防洪工程措施主要包括修筑堤防、河道整治工程、分蓄洪工程、水库拦洪、水土保持等。

3.11 Ⓣ 课前自测

1. 修筑堤防

堤防是古今中外采用最广泛的一种防洪工程措施，这一措施对于防御常遇洪水来说较为经济，容易施行。沿河筑堤，束水行洪，可提高河道宣泄洪水的能力。但是筑堤也会带来一些负面的影响，如因河宽束窄，河道槽蓄能力下降，河段同频率的洪水抬高，筑堤后洪水位还有可能因河床逐年淤积而抬高，致使堤防需要经常加高加固，甚至需要改建。

2. 河道整治

河道整治是流域综合开发中的一项综合性工程措施。可根据防洪、航运、供水等方面的要求及天然河道的演变规律合理进行河道的局部整治。从防洪意义上讲，靠河道整治提高全河道（或较长的河段）的泄洪能力一般是很不经济的，但对提高局部河道泄洪能力、稳定河势、护滩保堤作用较大。例如，对河流天然弯道裁弯取直，可缩短河线、增大水面比降、提高河道过水能力，并对上游临近河段起拉低其洪水位的作用；对局部河段采取扩宽或挖深河槽的措施，可扩大河道过水断面并相应地增加其过水能力。

3. 开辟分洪道和分蓄洪工程

在适当地点开辟分洪道行洪可将超出河道安全泄量的峰部流量绕过重点保护河段后回归原河流或分流入其他河流。分洪道的作用是提高其临近的下游重点保护河段的防洪标准，但应分析研究分洪道对沿程及其承泄区可能产生的不良影响，不能造成将一个地区（河段）的洪水问题转移到另一个地区的后果。分蓄洪工程则是利用天然洼地、湖泊或沿河地势平缓的洪泛区，加修周边围堤、进洪闸门和排洪设施等工程措施面形成分蓄洪区。其防洪功能是分洪削峰，并利用分蓄洪区的容积对所分流的洪量起蓄、滞作用。分蓄洪区内一般土地肥沃，而由于我国人多地少，许多分蓄洪区已形成区内经济过度开发、人口众多的局面，这将导致分洪损失恶性膨胀的严重后果。因此，必须在分蓄洪区内研究采用防洪非工程措施，以确保区内居民可靠避洪或安全撤离，减小分洪损失。

4. 水库拦洪

水库是水资源开发利用的一项重要的综合性工程措施，其防洪作用比较显著。在河流上兴建水库，使进入水库的洪水经水库拦蓄和阻滞作用之后，自水库泄入下游河道的洪水过程大大展平，洪峰被削减，从而达到防止或减轻下游洪水灾害的目的。防洪规划中常利用有利地形合理布置干支流水库，共同对洪水起有效的控制作用。

5. 水土保持

水土保持指对自然因素和人为活动造成水土流失所采取的预防和治理措施。主要包括工程措施、生物措施和蓄水保土耕作措施。通过在流域中上游地区采取水土保持措施，控制水土流失、拦截径流和泥沙、削减河道洪峰流量。

综上所述，防洪工程措施通过对洪水的泄、分、蓄、滞、拦，起到防洪减灾的效果，这种减灾效果包括两方面：一是提高了江河抗御洪水的能力，减少了洪灾的出现频率；二是出现超防洪标准的大洪水时，虽不能避免产生洪水灾害，但可在一定程度上减轻洪灾损失。必须强调指出，由于受自然、技术、经济等条件的限制，不能设想可以由防洪工程措施来实现对洪水的完全控制。防洪工程措施只能减轻洪灾损失，而不可能根除洪灾。

3.4.1.2 防洪非工程措施

防洪非工程措施是指为了减少洪泛区洪水灾害损失，采取颁布和实施法令、政策及防洪工程以外的技术手段等方面的措施。如洪泛区管理、建立洪水预报和洪水警报系统、洪水保险、避洪安全设施、安全撤离计划等均属于防洪非工程措施。

1. 洪泛区管理

洪泛区管理是减轻洪灾损失的一项重要措施。根据我国的国情，这里所指的洪泛区主要是分蓄洪区（包括滞洪区及为特大洪水防洪预案安排出路所涉及的行洪范围），而不是泛指江河的洪泛平原。必须通过政府颁布法令及政策加强对洪泛区的管理，以实现对洪泛区进行有计划的、合理的开发利用。我国人多地少，洪泛区已呈现的过度开发的趋势有增无减，必须通过制定政策及下达法令对这种不合理开发的现状予以限制和调整。如有的国家采用调整税率的政策，对不合理开发的区域采用较高的税率。

2. 建立洪水预报和洪水警报系统

建立洪水预报和洪水警报系统是防洪减灾的有效技术手段。利用水情自动测报系统自动采集和传输雨情、水情信息，及时作出洪水预报；利用洪水预报的预见期，配合洪水调度及洪水演算，预见将出现的分洪、行洪灾情，在洪水来临之前，及时发出洪水警报，以便分蓄洪区居民安全转移。洪水预报越精确，预报预见期越长，减轻洪灾损失的作用越大。

3. 洪水保险

洪水保险作为一项防洪非工程措施主要是由于它有助于洪泛区的管理，对防洪减灾在一定程度上起有利的作用。洪水灾害的发生状况是：小洪水年份不出现洪灾，而一旦发生特大洪水，灾区将蒙受惨重的损失，国家也不得不为此突发性灾害付出巨额的救济资金。实行洪水保险是指洪泛区内的单位和居民必须为洪灾投保，支付一定的年保险费，若发生洪灾，可用积累的保险费赔偿投保者的洪灾损失。显然，洪水保险对防洪事业具有积极意义，其主要表现在：一是它将极不规则的洪灾损失的时序分布转化为均匀支付的年保险费，从而减小突发性洪灾对国民经济和灾区的严重冲击和不利影响；二是配合洪泛区管理，规定对具有不同洪灾风险的区域交纳不同的洪水年保险费，与调节洪泛区内不同区域的纳税率的政策相似，可以借助于洪水保险对洪泛区的合理利用起促进作用。目前，此项措施在我国还处于研究和准备试行阶段。

3.4.2 水库的调洪作用与计算原理

3.9 课前学习任务单

3.4.2.1 水库的调洪作用

水库设有调洪库容就能起到调洪的作用：当水库有下游防洪任务时，它的作用主要是削减下泄洪水流量，使其不超过下游河床的安全泄量，起到滞洪的作用；当水库下泄的洪水与下游区间洪水或支流洪水遭遇，相叠加后其总流量会超过下游的安全泄量，这时水库使下泄洪水不与下游洪水同时到达需要防护的地区，起到错峰的作用；当水库是防洪与兴利相结合的综合利用水库，则水库除滞洪作用外还起蓄洪兴利作用。

3.12 课前自测

3.4.2.2 水库防洪调节的计算步骤

水库防洪调节计算的主要任务是根据水文计算提供的设计洪水成果，通过调节计算和工程效益投资分析确定水库防洪库容、最高洪水位、坝高和泄洪建筑物尺寸。计算步骤如下：

1. 基本资料的收集与计算

(1) 设计洪水资料。包括大坝设计洪水、校核洪水。当水库下游有防洪任务时，还需有下游防洪标准所对应的设计洪水、坝址与防护区的区间设计洪水，上下游洪水遭遇组合方案或分析资料等。

(2) 泄洪能力资料。各种不同泄洪建筑物（溢洪道、泄洪洞、底孔）组合的泄洪方案的泄洪能力曲线。

(3) 有关淹没损失淹没控制高程等社会经济资料。

(4) 水库库容曲线。

2. 拟订比较方案

根据地形、地质、建筑材料、施工能力和施工设备等条件，拟订不同方案的泄洪建筑物形式（溢洪道或泄洪底孔）、位置、尺寸，拟订几种可供选择的起调水位。

3. 防洪调节计算

根据泄洪建筑物特性和下游防洪要求的不同，水库调洪计算也有所区别。

(1) 下游无防洪任务时，泄洪建筑物的尺寸和水库的调洪库容主要由水库大坝等水工建筑物对防洪安全的要求确定。即在设计洪水和校核洪水条件下，通过对不同方案的调洪计算、分析比较，合理地选定水库所需的调洪库容和泄洪建筑物尺寸。

(2) 下游有防洪任务时，水库的防洪库容和相应的泄洪建筑物尺寸，应在确保水库主要建筑物（大坝等）防洪安全的前提下，同时满足下游防洪要求。这种情况多属有闸门控制泄洪的大中型水库。所谓下游防洪要求，就是在一定标准的洪水前提下，通过水库调节和选定的闸门操作方式，控制其最大下泄流量，使之不超过下游河道的安全泄量，以保证下游防护对象的安全。

4. 方案选择

根据防洪调节计算成果，计算各方案大坝、泄洪建筑物及下游堤防等的造价、库区淹没损失及下游受淹经济损失等。通过技术经济比较选择最优方案。

在运行管理阶段，调洪计算的任务是求出某种频率洪水（或预报洪水）在不同防洪限制水位时，水库洪水位与最大下泄流量的关系，为编制防洪调度规程、制定水库防洪措施提供依据，以期满足下游防洪要求和保证坝体防洪安全。

3.4.2.3　水库防洪调节的计算原理

1. 水库水量平衡方程

在某一时段 Δt 内，入库水量与出库水量之差等于该时段内水库蓄水量的变化量，即水库的水量平衡方程［式(3.4.1)］，如图3.4.1所示。

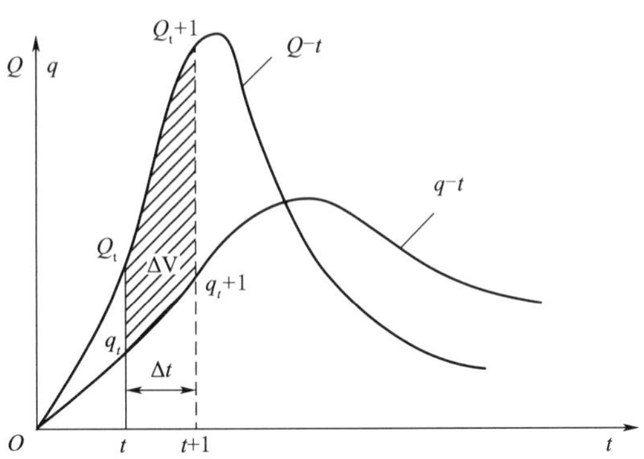

图3.4.1　水量平衡示意图

$$\frac{(Q_t+Q_{t+1})}{2}\Delta t-\frac{(q_t+q_{t+1})}{2}\Delta t=V_{t+1}-V_t=\Delta V \tag{3.4.1}$$

式中 Δt——计算时段长度，s；

Q_t、Q_{t+1}——Δt 时段初、末的入库流量，m^3/s；

q_t、q_{t+1}——Δt 时段初、末的出库（下泄）流量，m^3/s；

V_t、V_{t+1}——Δt 时段初、末水库蓄水量，m^3；

ΔV——V_{t+1} 与 V_t 之差，即时段 Δt 内水库蓄水量的变化量，m^3；

Δt——计算时段，一般取 1～6h，需化为秒数。

计算时段 Δt 的长短视入库流量的变化程度和调洪计算的精度而定。陡涨陡落的中小河流，Δt 可取短些；流量变化平缓的大河流，Δt 可适当取长些。

2. 水库蓄泄方程或水库蓄泄曲线

水库的蓄泄方程反映的是水库蓄水量 V 与泄洪能力 q 之间的关系。在泄洪建筑物形式、尺寸一定的情况下，泄流量取决于水头 h，即 $q=f(h)$。当水库内水面坡降较小，可视为静水面时，h 只是水库蓄水量 V 的函数，即 $h=f(V)$，故下泄流量 q 又可写成蓄水量 V 的函数式，此式称为蓄泄方程［式（3.4.3)］，通过式（3.4.1）与式（3.4.3)，即可求出时段末的 q_{t+1} 和 V_{t+1}。

$$q=f(h) \tag{3.4.2}$$

$$q=f(V) \tag{3.4.3}$$

由于水库形状极不规则，很难列出 $q=f(V)$ 的具体函数式。进行调洪计算时，只能借助于库容曲线 $Z-V$，以库中水位 Z 反映泄流水头 h，以库容 V 反映蓄水量 W，用列表或图示的方式表示蓄泄方程 $q=f(V)$ 中 q 与 V 的关系。需要注意的是，当水库在汛期有其他兴利泄水时，下泄流量必须考虑到这部分泄流流量，以使计算结果正确。

水库通过泄洪建筑物泄洪，不同泄洪建筑物的泄流能力是不同的，下面我们对常见的泄洪建筑物溢洪道和泄洪洞的泄流能力作简要介绍，详细请参考水力学方面的相关资料。

对于溢洪道，其泄洪能力 q 按堰流公式计算：

$$q=\varepsilon\sigma_s m\sqrt{2g}Bh^{\frac{3}{2}} \tag{3.4.4}$$

式中 q——下泄流量，m^3/s；

ε、σ_s、m——堰的侧收缩系数、淹没系数（自由出流时，$\sigma_s=1$）和流量系数，其值可查水力学手册或通过模型试验确定；

B——溢洪道宽度，m；

h——堰顶水头，m。

对于泄洪洞，其泄洪能力 q 可按有压管流（或无压流管流）计算：

$$q=\mu\omega\sqrt{2gh}\ [q=\mu\omega\sqrt{2g(H-\varepsilon e)}] \tag{3.4.5}$$

式中 q——下泄流量，m^3/s；

μ——泄洪洞的流量系数；

ω——泄洪洞洞口面积，m^2；

h——计算水头（淹没出流时 h 为上、下游水位差，m；非淹没出流时 h 为泄洪洞出口处的洞心水头，m)；

H——水头，m；

ε——垂直收缩系数；

e——闸孔高度，m。

3.4.3　无闸门控制水库调洪演算

水库溢洪道无闸门控制时，防洪库容和兴利库容很难结合共用，调洪的起调水位多采用与正常蓄水位相同，即与溢洪道堰顶齐平。常用的水库调洪计算方法有列表试算法、半图解法和概化三角形法三种。调洪计算的主要成果有选择溢洪道宽度 B、确定调洪库容 V 及其相应的洪水位 Z 和最大下泄量 q_m。

3.10 课前学习任务单

3.4.3.1　列表试算法

为了求出水库水量平衡方程及水库蓄泄方程的联立解，通过列表试算，可逐时段求得水库的蓄水量和下泄流量，这种通过试算求方程组解的方法称为列表试算法。该方法的计算基本原理明确，可适用于固定时段、变时段、有闸门、无闸门等情况下的调洪计算。目前该方法可利用计算机程序进行求解，方便快捷。

3.13 课前自测

列表试算法的步骤大体如下：

(1) 引用水库的设计洪水过程线 $Q-t$。

(2) 根据已知的水库水位库容关系曲线 $Z-V$ 和泄洪建筑物方案，应用式(3.4.4)或式(3.4.5)求出下泄流量与库容的关系曲线 $q-f(V)$。具体方法是：根据水位变化的大致范围，取不同的水库水位 Z（一般情况下自起调水位算起即可）计算相应的水头 h 和下泄流量 q，再由库容曲线 $Z-V$ 查得相应的 V，这样就可由相同水位情况下的下泄流量与库容的关系绘制出 $q-f(V)$ 曲线。

(3) 选取合适的计算时段 Δt（以 s 为计算单位）。由设计洪水过程线 $Q-t$ 找出相应流量 Q_1，Q_2，Q_3，Q_4，…

(4) 调洪计算。确定起始计算时刻的 V_t 和 q_t，然后列表计算。计算过程中，对每一计算时段的 V_{t+1} 和 q_{t+1} 都要进行试算。

试算方法是：当 $t=1$ 时，根据起始条件，已知时段初的 V_1、q_1 和入库流量 Q_1、Q_2，假设时段末的下泄流量 q_2，根据式(3.4.1)求出时段末水库的蓄水变化量 ΔV，则 $V_2=V_1+\Delta V$，由 V_2 查 $q-f(V)$ 曲线得 q_2'。若 $|q_2'-q_2|<\varepsilon$，即 q_2' 与 q_2 相差很小，则 q_2 为所求；否则，说明原假设的 q_2 与实际不符，重新假设 q_2（可令 $q_2=q_2'$），再进行试算。

(5) 将计算出的 V_2 和 q_2 当成下一时段的起始值 V_1 和 q_1，重复上述试算，可求出下一时段末的 V_2 和 q_2。这样逐时段试算，就可求得水库下泄流量过程和相应的水库蓄水量（水位）过程。

(6) 根据计算成果将下泄流量过程线 $q-t$ 和设计洪水过程线 $Q-t$ 绘在一张图上，若计算的最大泄流量 q_m 正好是两线的交点，则计算的 q_m 是正确的；否则，应缩短交点附近的计算时段，重新进行试算，直至计算的 q_m 正好是两线的交点为止。

(7) 由 q_m 查 $q-f(V)$ 关系线，可得最高洪水位时的库容 V_m。由 V_m 减去起调水位相应库容，即得水库为调节该入库洪水所需的调洪库容 $V_洪$。再由 V_m 查水位库容曲线，即可得到最高洪水位 Z_m。显而易见，当入库洪水为相应枢纽设计标准的洪水而起调水位为汛限水位时，求得的$V_{洪}$和Z_m即是设计调洪库容与设计洪水位。当入库洪水为校核标准的洪水起调水位为汛限水位时，求得的$V_{洪}$和Z_m即是校核调洪库容与校核洪水位。

3.6 列表试算法

【例3.4.1】 庆峡水库泄洪建筑物为底孔泄洪洞加溢洪道方案，其中泄洪洞1孔，尺寸为5.0m×5.0m，泄洪洞洞底高程为1321.5m；溢洪道堰型为宽顶堰，堰顶高程为1340.24m，堰宽为20m，拟选坝址汛限水位为1340.24m，$V_{正常}=487.5$万m^3。水库500年一遇（$p=0.2\%$）的校核洪水过程线（注：校核洪水过程线原始计算成果资料见表2.3.10，现为计算方便，成果转为$\Delta t=0.5h$等时距资料）见表3.4.1，试用试算法求水库的出流过程、校核调洪库容及校核洪水位。

表3.4.1　庆峡水库设计洪水过程线

时间 t	15时		16时		17时		18时		19时	
	0分	30分	0	30分	0分	30分	0分	30分	0分	30分
流量 Q_m/（m^3/s）	73.3	63.8	59.0	69.6	60.9	55.1	49.3	43.4	37.6	35.1
时间 t	20时		21时		22时		23时		24时	
	0分	30分	0分	30分	0分	30分	0分	30分	0分	30分
流量 Q_m/（m^3/s）	32.6	36.6	39.1	34.1	30.2	23.1	37.0	39.1	60.9	58.9
时间 t	1时		2时		3时		4时		5时	
	0分	30分	0分	30分	0分	30分	0分	30分	0分	30分
流量 Q_m/（m^3/s）	94.3	121	187	216	289	365	439	624	909	1720
时间 t	6时		7时		8时		9时		10时	
	0分	30分	0分	30分	0分	30分	0分	30分	0分	30分
流量 Q_m/（m^3/s）	1500	1280	1060	846	628	471	468	482	495	438
时间 t	11时		12时		13时		14时		15时	
	0分	30分	0分	30分	0分	30分	0分	30分	0分	30分
流量 Q_m/（m^3/s）	380	321	241	187	134	107	91.9	76.3	60.8	57.4
时间 t	16时		17时		18时		19时		20时	
	0分	30分	0分	30分	0分	30分	0分	30分	0分	30分
流量 Q_m/（m^3/s）	54.0	50.7	47.3	43.9	40.5	37.2	33.8	30.4	27.0	23.6
时间 t	21时		22时		23时		24时			
	0分	30分	0分	30分	0分	30分	0分	30分	0分	30分
流量 Q_m/（m^3/s）	20.3	16.9	13.5	10.1	6.76	3.38	0			

［**解**］ 1. 确定起调水位。

水库下游无控泄要求，又由于该水库运用方式为蓄洪运用，本着尽可能保证供水量的原则，本次汛限水位取值和正常蓄水位相同，即拟选坝址汛限水位为1340.24m。

2. 绘制水库库容曲线$Z-V$，如例【3.2.1】中的图3.2.3所示。

3. 计算并绘制$q-f(V)$。

泄洪洞按出口为无压流的无压隧洞考虑，泄洪洞下泄流量按下式计算：

$$q_{泄}=\mu\omega\sqrt{2g(H-\varepsilon e)}$$

式中，μ 取 0.88；ε 取 0.914。闸口底高程为 1321.5m。

溢洪道宽顶堰泄量按下式计算：

$$q_{溢}=\varepsilon\sigma_{s}m\sqrt{2g}Bh^{\frac{3}{2}}$$

式中，ε 取 0.874；σ_s 取 1；m 取 0.375。

根据出流公式和水位库容曲线计算水库蓄泄关系值，见表 3.4.2。依据表中第②、第⑦列，绘制蓄泄曲线 $q-f(V)$，如图 3.4.2 所示。

表 3.4.2　　庆峡水库蓄泄曲线计算表

水位 Z/m	库容 V/万m^3	堰顶水头 H_0/m	水头 H/m	溢洪道泄量 $q_{溢}$/(m^3/s)	泄洪洞泄量 $q_{洞}$/(m^3/s)	总泄流量 q/(m^3/s)
①	②	③	④	⑤	⑥	⑦
1340.24	487.5	0	18.74	0.00	367	367
1341	520.0	0.76	19.5	19.20	377	396
1342	558.6	1.76	20.5	67.80	389	457
1343	605.2	2.76	21.5	133.10	401	534
1344	648.5	3.76	22.5	211.70	413	624
1345	707.9	4.76	23.5	301.50	424	725
1346	756.8	5.76	24.5	401.40	435	836
1347	808.8	6.76	25.5	510.30	446	956
1348	865.2	7.76	26.5	627.60	456	1084
1349	919.2	8.76	27.5	752.80	467	1219
1350	970.1	9.76	28.5	885.30	477	1362
1351	1030.8	10.76	29.5	1024.80	487	1511
1352	1093.1	11.76	30.5	1170.90	496	1667
1353	1145.2	12.76	31.5	1323.40	506	1829
1354	1205.6	13.76	32.5	1482.00	515	1997
1355	1260.2	14.76	33.5	1646.50	524	2171
1356	1315.4	15.76	34.5	1816.60	533	2350
1357	1379.9	16.76	35.5	1992.20	542	2534

4. 逐时段推求水库出流过程。取计算时段 $\Delta t=0.5\text{h}=1800\text{ s}$。

由表 3.4.2 可知，从第 1 时段至第 25 时段，第 45 时段至第 66 时段，入库流量 Q 均小于泄洪洞泄量367m^3/s，所以不需要计算，下泄流量 $q=Q$。

第 26 时段，$q_{25}=365\ m^3/s$，$V_{25}=487.5$ 万m^3，假设 $q_{26}=372\ m^3/s$，代入式(3.4.1)（水量平衡方程）得 $\Delta V=(\overline{Q}-\overline{q})\times\Delta t=(402-368.5)\times1800=6.0$（万$m^3$），则 $V_{26}=493.5$ 万m^3，查 $q-f(V)$ 得 $q'_{26}=372\ m^3/s$，与假设值 q_{26} 相符，所以 $q_{26}=372\ m^3/s$，将计算成果填入表 3.4.3。

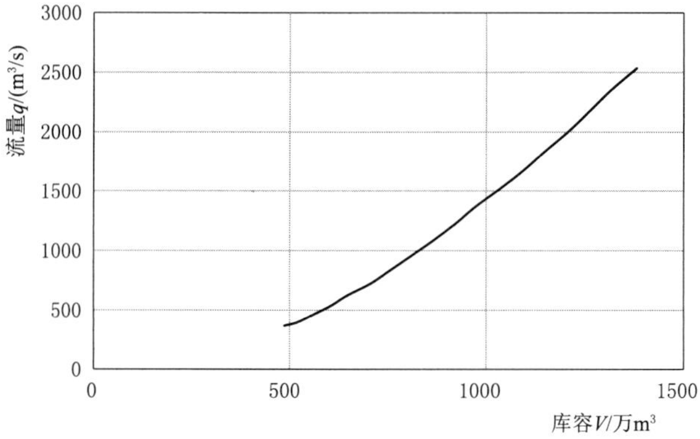

图 3.4.2　庆峡水库 $q-f(V)$ 曲线

依次类推，逐时段试算，可得计算时段 $\Delta t=0.5h$ 庆峡水库下泄过程，见表 3.4.3 第⑤列。

表 3.4.3　　　庆峡水库列表调洪计算成果

Δt /h	Q /(m³/s)	$\overline{Q}$ /(m³/s)	q /(m³/s)	$\overline{q}$ /(m³/s)	ΔV/ 万m³	V/ 万m³	Z/m
①	②	③	④	⑤	⑥	⑦	⑧
0	73.3		73.3			487.5	1340.24
1	63.8	68.6	63.8	68.6	0	487.5	
…	…	…	…	…	…	…	…
25	365	327	365	327	0	487.5	
26	439	402	372	368.5	6.0	493.5	1340.37
27	624	531.5	394	383	26.7	520.2	1340.95
28	909	766.5	475	434.5	59.8	580.0	1342.24
29	1720	1314.5	727	601	128.4	708.4	1345.01
30	1500	1610	1020	873.5	132.6	841	1347.53
31	1280	1390	1160 (1160.4)	1090	54	895.0	1348.59
32	1060	1170	1160	1160	1.8	896.8	1348.02
33	846	953	1090	1125	−31.0	865.8	1347.03
34	628	737	959	1024.5	−51.8	814	1345.86
35	471	549.5	820	889.5	−61.2	752.8	1344.83
36	468	469.5	708	764	−53.0	699.8	1344.07
37	482	475	631	669.5	−35.0	664.8	1343.60
38	495	488.5	588	609.5	−21.8	643	1343.20
39	438	466.5	552	570	−18.6	624.4	1342.72
40	380	409	512	532	−22.1	602.3	1342.17
41	321	350.5	470	491	−25.3	577	1341.52

续表

Δt/h	Q/(m³/s)	$\overline{Q}$/(m³/s)	q/(m³/s)	$\overline{q}$/(m³/s)	ΔV/万m³	V/万m³	Z/m
①	②	③	④	⑤	⑥	⑦	⑧
42	241	281	428	449	−30.2	546.8	1340.77
43	187	214	387	407.5	−34.8	512	1340.31
44	134	160.5	170	278.5	−21.2	490.8	1340.24
45	107	120.5	107	138.5	−3.2	487.5	1340.24
…	…	…	…	…	…	…	…
65	3.38	5.07	3.38	5.07	0	487.5	1340.24
66	0	1.69	0	1.69	0	487.5	1340.24
66	0	1.69	0	1.69	0	487.5	1340.24

5. 确定最大下泄流量、校核调洪库容和校核洪水位。

依据表3.4.3中第①列和第④列，点绘下泄流量过程线 $q-t$，如图3.4.3所示，由图可知 $q_m = 1160.4\ m^3/s$。

由下泄最大流量 $q_m = 1160.4\ m^3/s$ 反查蓄泄曲线 $q-f(V)$，得相应的总库容 $V_总 = 896.9$ 万m³，校核调洪库容 $V_{校洪} = 896.9 - 487.5 = 409.4$(万m³)。

由总库容 $V_总 = 896.9$ 万m³ 反查库容曲线 $Z-V$，得相应的校核洪水位 $Z_{校洪} = 1348.6$ m。

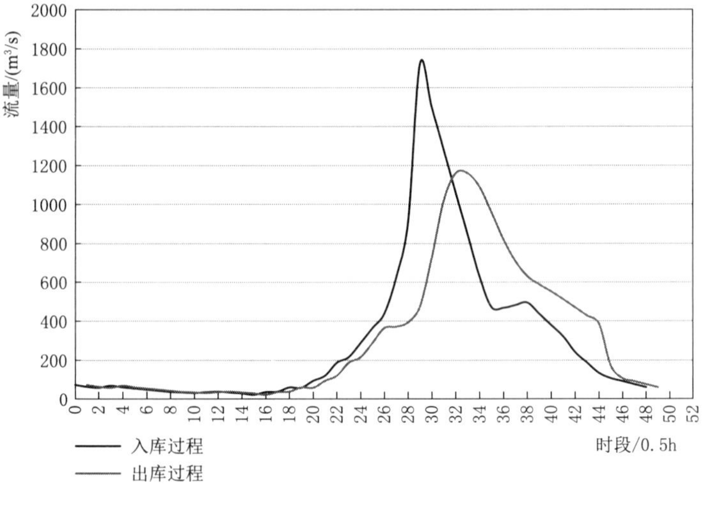

图3.4.3 洪水调节过程图

3.4.3.2 半图解法

水库水量平衡方程和水库蓄泄方程组也可用图解和计算相结合的方式求解，这种方法称为半图解法。常用的有双辅助曲线法和单辅助曲线法。计算过程相对简单，但该方法受时段 Δt 限制，且只适用于无闸或闸门全开情况下的自由泄流计算。

1. 双辅助曲线法

(1) 双辅助曲线法原理。将水量平衡方程式(3.4.1)改写为

$$\frac{Q_t + Q_{t+1}}{2} - \frac{q_t + q_{t+1}}{2} = \frac{V_{t+1} - V_t}{\Delta t}$$

移项,整理得

$$\overline{Q} + (\frac{V_t}{\Delta t} - \frac{q_t}{2}) = \frac{V_{t+1}}{\Delta t} + \frac{q_{t+1}}{2} \tag{3.4.6}$$

其中 $\overline{Q} = (Q_t + Q_{t+1})/2$

式中 $\overline{Q}$ —— Δt 时段内的入库平均流量,m^3/s。

因为 V 是 q 的函数,故 $\frac{V}{\Delta t} + \frac{q}{2}$ 和 $\frac{V}{\Delta t} - \frac{q}{2}$ 也是 q 的函数,因此可以写成

$$q = f(\frac{V}{\Delta t} + \frac{q}{2})$$

$$q = f(\frac{V}{\Delta t} - \frac{q}{2})$$

将上述两式绘制成两条关系曲线(假定 $t=1$),如图 3.4.4 所示。根据时段初 V_1 和 q_1,应用这两条辅助曲线推求时段末的 V_2 和 q_2 的方法,称为双辅助曲线法。实际上,因为 q、Z、V 这三个参数是可以互相转换的,$\frac{V}{\Delta t} + \frac{q}{2}$ 和 $\frac{V}{\Delta t} - \frac{q}{2}$ 也可以与水库水位 Z 或库容 V 建立函数关系。

$$Z = f(\frac{V}{\Delta t} + \frac{q}{2}) \text{ 和 } Z = f(\frac{V}{\Delta t} - \frac{q}{2})$$

$$V = f(\frac{V}{\Delta t} + \frac{q}{2}) \text{ 和 } V = f(\frac{V}{\Delta t} - \frac{q}{2})$$

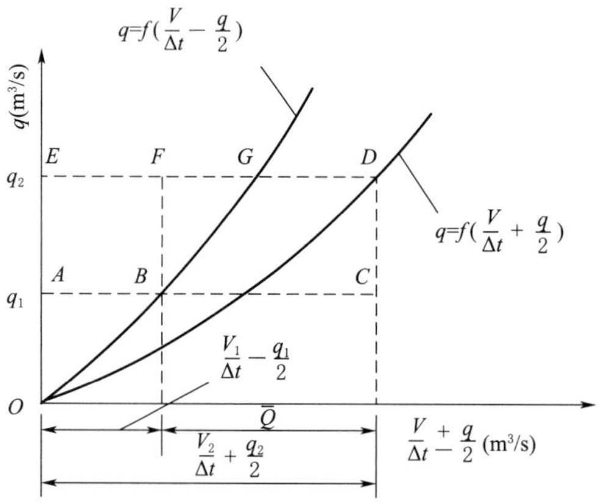

图 3.4.4 双辅助曲线

(2) 双辅助曲线法调洪计算步骤。

1) 已知时段初的出库量 q_1,在图 3.4.4 纵坐标上取 $OA = q_1$,得 A 点。

2) 过 A 点向右平行于横坐标引线,交 $q = f(\frac{V}{\Delta t} - \frac{q}{2})$ 曲线于 B 点,则 $AB = \frac{V_1}{\Delta t} - \frac{q_1}{2}$,延长 AB 至 C 点,取 $BC = \overline{Q}$。

3) 由 C 点向上作垂线(过了 q_m 后则向下作垂线),交 $q = f(\frac{V}{\Delta t} + \frac{q}{2})$ 曲线于 D 点。

4) 由 D 点向左作平行于横坐标的直线交纵坐标于 E 点,则 $DE = \frac{V_2}{\Delta t} + \frac{q_2}{2}$,$D$ 点的纵坐标 $OE = q_2$。

由图 3.4.4 可知,$DE = BC + AB$,即是 $\frac{V_2}{\Delta t} + \frac{q_2}{2} = \overline{Q} + (\frac{V_1}{\Delta t} - \frac{q_1}{2})$,故 D 点的纵

坐标 $OE = q_2$ ，即为所求时段末的下泄流量。

按以上步骤，利用求得的 q_2 作为下一时段的 q_1 ，依次逐时段的进行计算，求得水库下泄流量过程 $q-t$ 。

2. 单辅助曲线法

3.4 ⓕ
单辅助曲线法原理

(1) 单辅助曲线法原理。将水量平衡方程式改写为

$$\frac{V_{t+1}}{\Delta t}+\frac{q_{t+1}}{2}=(\frac{V_t}{\Delta t}+\frac{q_t}{2})+\overline{Q}-q_t \tag{3.4.7}$$

式中　$\overline{Q}$——Δt 时段内的入库平均流量，m^3/s；

V_t 、q_t——时段初已知值；

V_{t+1} 、q_{t+1}——时段末的未知值。

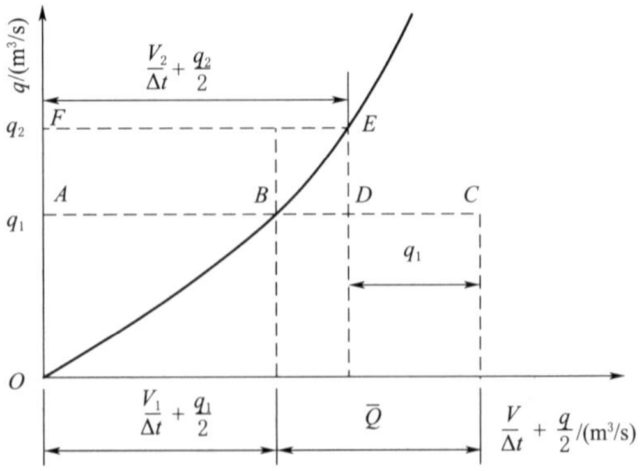

图 3.4.5　单辅助曲线

由式 (3.4.7) 可以看出 $\frac{V}{\Delta t}+\frac{q}{2}$ 是 q 的函数，故可将 q 与 $\frac{V}{\Delta t}+\frac{q}{2}$ 的关系绘制成调洪辅助曲线。因式 (3.4.7) 两边都有 $\frac{V}{\Delta t}+\frac{q}{2}$ ，只需绘制一条辅助曲线就能求解 V_{t+1} 、q_{t+1} ，故称单辅助曲线法，如图 3.4.5 所示。同双辅助曲线一样，单辅助曲线也可以建立 Z 或 V 与 $\frac{V}{\Delta t}+\frac{q}{2}$ 的函数关系。

取 $OA = q_1$ ，由图 3.4.5 可知 $EF = AB + BC - CD$ ，即 $\frac{V_2}{\Delta t}+\frac{q_2}{2}=(\frac{V_1}{\Delta t}+\frac{q_1}{2})+\overline{Q}-q_1$ ，故 E 的纵坐标 $OF = q_2$ ，即为所求时段末的下泄流量。

(2) 单辅助曲线调洪计算方法。首先，根据起始条件 ($t=1$ 时) q_1 ，在辅助曲线上查出相应的 $\frac{V_1}{\Delta t}+\frac{q_1}{2}$ 值；然后由式 (3.4.7) 计算出 $\frac{V_2}{\Delta t}+\frac{q_2}{2}=(\frac{V_1}{\Delta t}+\frac{q_1}{2})+\overline{Q}-q_1$；再由 $\frac{V_2}{\Delta t}+\frac{q_2}{2}$ 在单辅助曲线上反查出相应的 q_2 值。以 q_2 作为下一时段的 q_1 ，重复上述图解计算，即可求得水库下泄流量过程 $q-t$ 。

【例 3.4.2】 资料同【例 3.4.1】，$\Delta t = 0.5h$ 。试用半图解法进行调洪计算，求水库的出流过程、校核调洪库容及校核洪水位。

[解] 1. 作单辅助曲线。

庆峡水库单辅助曲线计算过程见表 3.4.4，利用第④列与第⑥列绘制单辅助曲线 $q-\left(\frac{V}{\Delta t}+\frac{q}{2}\right)$，如图 3.4.6 所示。

2. 用单辅助曲线法进行调洪计算。计算成果见表 3.4.5。

由表 3.4.5 可知，从第 1 时段至第 25 时段，第 45 时段至第 66 时段，入库流量 Q 均小于泄洪洞泄量367m^3/s，所以不需要计算，下泄流量 $q = Q$ 。

表 3.4.4　　庆峡水库单辅助曲线计算表

水库水位 Z/m	库容 $V_总$/万m^3	$\frac{V}{\Delta t}$/(m^3/s)	下泄流量 q/(m^3/s)	$\frac{q}{2}$/(m^3/s)	$\frac{V}{\Delta t}+\frac{q}{2}$/($m^3$/s)
①	②	③	④	⑤	⑥
1340.24	487.5	2708.3	367	183.5	2891.8
1341	520.0	2888.9	396	198.0	3086.9
1342	558.6	3103.3	457	228.5	3331.8
1343	605.2	3362.2	534	267.0	3629.2
1344	648.5	3602.8	624	312.0	3914.8
1345	707.9	3932.8	725	362.5	4295.3
1346	756.8	4204.4	836	418.0	4622.4
1347	808.8	4493.3	956	478.0	4971.3
1348	865.2	4806.7	1084	542.0	5348.7
1349	919.2	5106.7	1219	609.5	5716.2
1350	970.1	5389.4	1362	681.0	6070.4
1351	1030.8	5726.7	1511	755.5	6482.2
1352	1093.1	6072.8	1667	833.5	6906.3
1353	1145.2	6362.2	1829	914.5	7276.7
1354	1205.6	6697.8	1997	998.5	7696.3
1355	1260.2	7001.1	2171	1085.5	8086.6
1356	1315.4	7307.8	2350	1175.0	8482.8
1357	1379.9	7666.1	2534	1267.0	8933.1

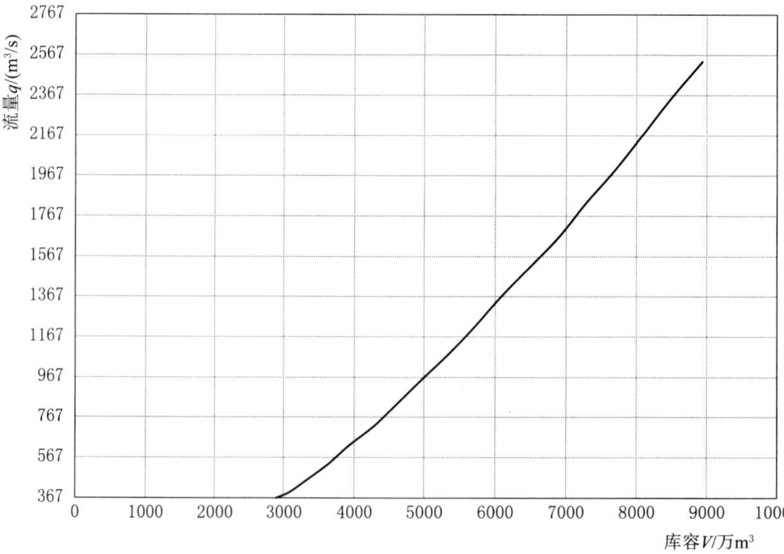

图 3.4.6　庆峡水库 $q-\left(\frac{V}{\Delta t}+\frac{q}{2}\right)$ 辅助曲线

第 26 时段，$q_{25}=365\text{m}^3/\text{s}$，$V_{25}=487.5$ 万 m^3，代入式（3.4.7）得：$\frac{V_{26}}{\Delta t}+\frac{q_{26}}{2}=\left(\frac{V_{25}}{\Delta t}+\frac{q_{25}}{2}\right)+\overline{Q_{26}}-q_{25}=2927.8(\text{m}^3/\text{s})$，填入第④列，在单辅助曲线上以 $\frac{V_{26}}{\Delta t}+\frac{q_{26}}{2}=2927.8\ \text{m}^3/\text{s}$ 为横坐标，读取纵坐标 $q_{26}=372\ \text{m}^3/\text{s}$，填入第⑤列。

其他时段，依次类推，连续求解，成果对应时段填入表 3.4.5 中第④、第⑤列。

3. 确定最大下泄流量。

由第①列和第⑤列数据，绘制下泄流量过程线 $q-t$，如图 3.4.7 所示，读出最大下泄流量 $q_m=1160.4\ \text{m}^3/\text{s}$。

4. 确定校核调洪库容和校核洪水位。

由下泄最大流量 $q_m=1160.4\ \text{m}^3/\text{s}$，反查蓄泄曲线 $q-f(V)$，得相应的总库容 $V_{总}=896.9$ 万 m^3，校核调洪库容 $V_{校洪}=896.9-487.5=409.4$(万 m^3)。

由总库容 $V_{总}=896.9$ 万 m^3，反查库容曲线 $Z-V$，得相应的校核洪水位 $Z_{校洪}=1348.6\text{m}$。

表 3.4.5　　庆峡水库单辅助曲线法调洪计算表

Δt/h	Q/(m^3/s)	$\overline{Q}$/(m^3/s)	$\frac{V}{\Delta t}+\frac{q}{2}$/($\text{m}^3$/s)	下泄流量 q/(m^3/s)	库容 $V_{总}$/万 m^3	水库水位 Z/m
①	②	③	④	⑤	⑥	⑦
0	73.3		2744.9	73.3	487.5	1340.24
1	63.8	68.6	2740.2	63.8		
…	…	…	…	…		
25	365	327	2890.8	365		
26	439	402	2927.8	372		
27	624	531.5	3087.3	394		
28	909	766.5	3459.8	475		
29	1720	1314.5	4299.3	727		
30	1500	1610	5182.3	1020		
31	1280	1390	5552.3	1160 (1160.4)	(896.9)	(1348.6)
32	1060	1170	5562.3	1160		
33	846	953	5355.3	1090		
34	628	737	5002.3	959		
35	471	549.5	4592.8	820		
36	468	469.5	4242.3	708		
37	482	475	4009.3	631		
38	495	488.5	3866.8	588		
39	438	466.5	3745.3	552		

续表

Δt/h	Q/(m^3/s)	$\overline{Q}$/(m^3/s)	$\frac{V}{\Delta t}+\frac{q}{2}$/($m^3/s$)	下泄流量q/(m^3/s)	库容$V_{总}$/万m^3	水库水位Z/m
①	②	③	④	⑤	⑥	⑦
40	380	409	3602.3	512		
41	321	350.5	3440.8	470		
42	241	281	3251.8	428		
43	187	214	3037.8	387		
44	134	160.5	2811.3	170		
45	107	120.5	2761.8	107		
…	…	…		…		
65	3.38	5.07	2710.0	3.38		
66	0	1.69	2708.3	0		

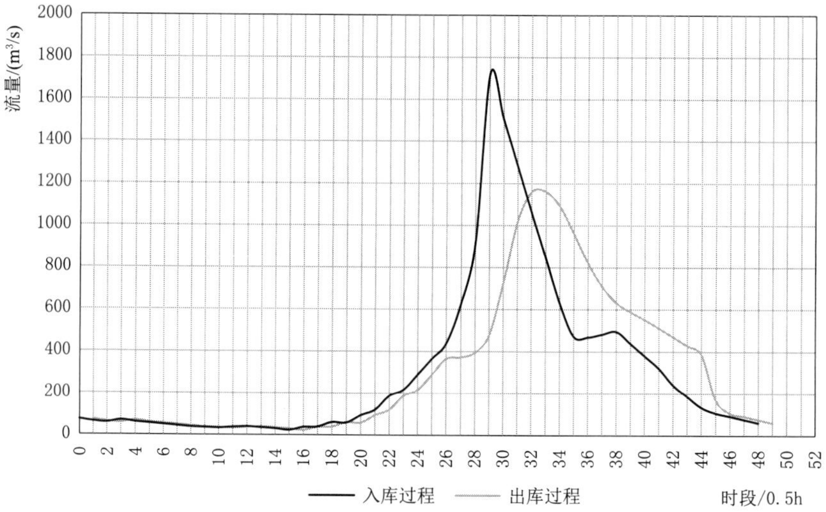

图 3.4.7 庆峡水库入库、出库流量过程线

3.4.3.3 概化三角形法

中小型水库在初步规划阶段进行调洪方案比较时，只要求确定最大调洪库容 V_m 和最大泄流量 q_m，不需计算蓄泄过程，故常采用概化三角形法。其应用条件和假定如下：

（1）设计洪水过程线近似为三角形。

（2）洪水来临前水库水位与溢洪道堰顶齐平，溢流方式为无闸门控制的自由溢流，下泄流量过程近似为直线，如图 3.4.8 所示。

1. 概化三角形解析法

由图 3.4.8 可知，最大调洪库容为 $V_m=\frac{1}{2}Q_mT-\frac{1}{2}q_mT=\frac{Q_mT}{2}(1-\frac{q_m}{Q_m})$

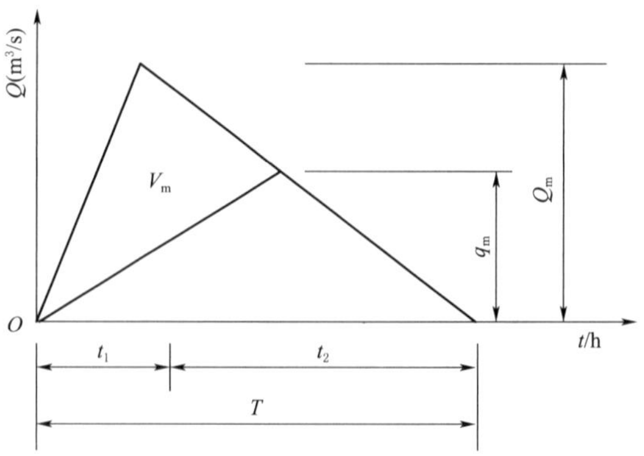

图 3.4.8 概化三角形解析法示意图

因洪水总量 $W_m=\dfrac{Q_m T}{2}$，则

$$V_m = W_m(1-\frac{q_m}{Q_m}) \quad (3.4.8)$$

或

$$q_m = Q_m(1-\frac{V_m}{W_m}) \quad (3.4.9)$$

求解式（3.4.8）采用试算法。先假定 q_m，用式（3.4.8）求出 V_m，在 $q-f(V)$（V 为溢洪道堰顶以上库容）曲线上查得相应的 q_m 值，若与原假设 q_m 相符，则 q_m 和 V_m 即为所求，否则需重新假定 q_m，继续试算。

3.7 概化三角形解析法

【例 3.4.3】 拟建某小型水库，已知 $p=2\%$，设计洪峰流量 $Q_m=99\text{m}^3/\text{s}$，洪水历时 $T=6\text{ h}$（$t_1=2\text{ h}, t_2=4\text{ h}$），三角形洪水过程。溢洪道宽度为 10m，其 $q-f(V)$ 曲线见表 3.4.6，用概化三角形解析法求最大泄量 q_m 和设计调洪库容 $V_{设洪}$（即图 3.4.10 中的 V_m）。

表 3.4.6 某水库 q－V 关系

下泄流量 q/（m^3/s）	0	5.0	15.0	28.0	42.0	59.0	78.0
溢洪道堰顶以上库容 V/万 m^3	0	14	30	45	62	79	96

［解］ 1. 根据表 3.4.6 绘制 $q-f(V)$ 曲线，如图 3.4.9 所示。

2. 计算设计洪水总量 W_m。

$$W_m=\frac{Q_m T}{2}=\frac{99\times 6\times 3600}{2}=107\ (\text{万 m}^3)$$

3. 用试算法求 q_m 和设计调洪库容 $V_{设洪}$。第一次假设 $q_m=47\text{m}^3/\text{s}$，计算 $V_{设洪}=W_m(1-\dfrac{q_m}{Q_m})=107\times(1-\dfrac{47}{99})=56$（万 m^3），查得 $q_m=38\text{m}^3/\text{s}$，与原假设不符，应重新试算。

第二次假设 $q_m=42\text{m}^3/\text{s}$，计算 $V_{设洪}=107\times(1-\dfrac{42}{99})=62$（万 m^3），查 $q-f(V)$ 曲线得 $q_m=42\text{m}^3/\text{s}$，即为所求的设计最大调洪库容和最大下泄流量。

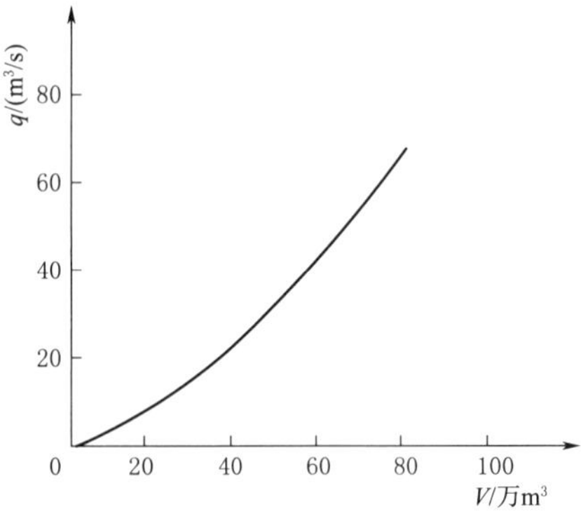

图 3.4.9 水库下泄流量-库容关系

3.5 概化三角形图解法

2. 概化三角形图解法

将设计洪水过程线绘制于图 3.4.10 的右边，$q-f(V)$ 曲线绘制于左边。具体步骤：由 Q_m 向左引水平线，与纵轴相交于 M 点，

在横轴上取 $ON=W_m$，连接 MN 与 $q-f(V)$ 曲线相较于 C 点。则 C 点的纵坐标 $DC=q_m$，横坐标 $BC=V_m$。

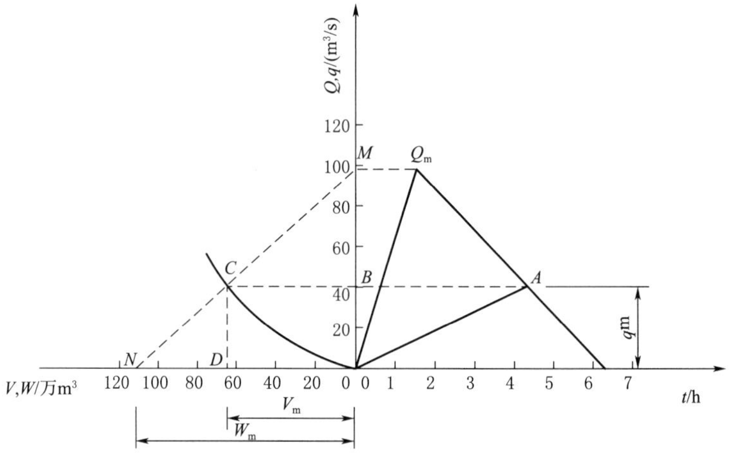

图 3.4.10 概化三角形图解法示意图

3.11 课前学习任务单

3.4.4 有闸门控制水库调洪演算

设置闸门可控制泄洪流量的大小及泄流时间。对于一些承担下游防洪任务的水库，溢洪道上的闸门将有利于解决水库防洪与兴利的矛盾，提高水库的综合效益。对于防洪来说，汛期要求水库水位低一些，以利防洪；对于兴利来说，则要求水库水位高一些，以免汛后蓄水量不足，影响到兴利用水。根据水库是否承担下游防洪任务，可将有闸门控制的调洪演算分为水库不承担下游防洪和水库承担下游防洪等两种情况：

3.14 课前自测

1. 水库不承担下游防洪任务

水库下游无防洪任务的调洪计算情况如图 3.4.11 所示。其闸门操作方式为：$t_0\sim t_1$ 时段内，随着入库流量 Q 不断增大，闸门开度也逐渐加大，使下泄流量 q 等于入库流量 Q，整个过程保持水库水位不变，至 t 时刻。当闸门开启到与防洪限制水位齐平后，若洪水继续增大，说明入库流量将要大于防洪限制水位 $Z_{限}$ 所对应的泄流量 $q_{限}$，闸门应逐步开大至全部开启，按下泄能力 q 下泄。$t_1\sim t_4$ 时段内 $Q>q$，水库水位逐渐上升，至 t_4 时刻水库水位上升到最高值 Z_m，下泄流量达到最大值 q_m。t_4 时刻以后，$Q<q$ 随着入库流量逐渐减小，水位逐渐降低，下泄流量逐渐减小，到 t_5 时刻水库水位已恢复到防洪限制水位，将闸门逐渐关闭，保持水库水位在防洪限制水位，即一次洪水调节结束。

综上所述，用闸门控制泄流，在调洪原理上与无闸门控制的情况一样，区别在于无闸门控制时的泄流方式是自由溢流，有闸门控制时泄流方式是人为控制。

2. 水库承担下游防洪任务

在有闸门控制的情况下，当下游有防洪任务时一般采用不同设计标准洪水的两级（或多级）调洪计算方法。对于某一确定的溢洪道宽度 B 而言，首先对下游防洪标准 P_1 的设计洪水进行调洪计算，按下泄流量 q 不超过下游安全泄量 $q_{安}$ 要求，计算出满

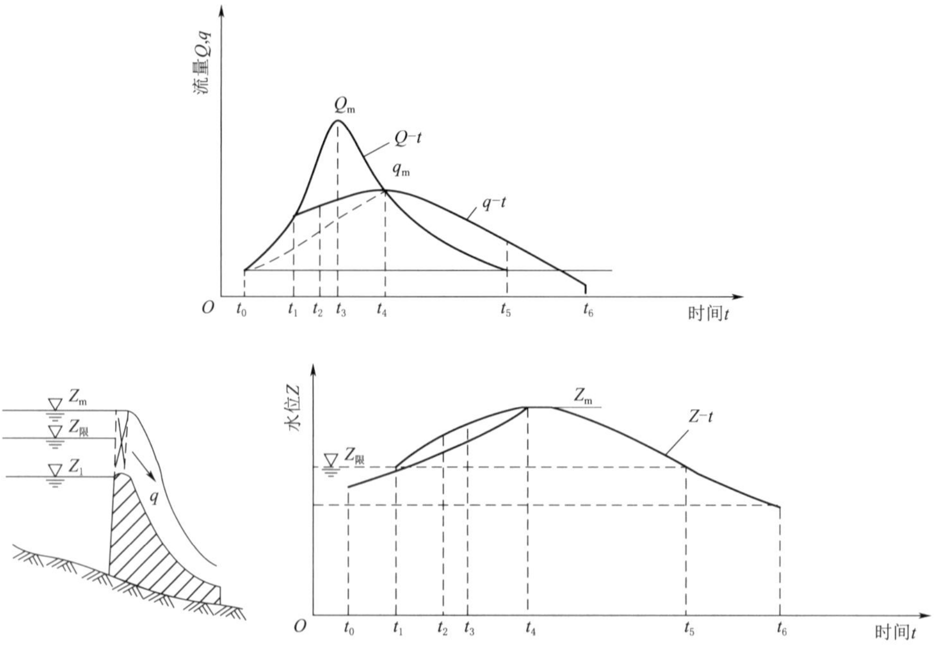

图 3.4.11　水库下游无防洪任务的调洪示意图

足下游防洪要求所需的防洪库容 $V_防$ 及其相应的防洪高水位 $Z_防$。然后，对大坝设计标准 P_2 的计洪水进行调洪计算，开始仍应尽量使下泄流量 q 不超过 $q_安$，当水库蓄洪量达到 $V_防$，水位到达防洪高水位 $Z_防$ 时，若入库流量仍较大，说明该次洪水已超过下游设计标准 P_1，此时主要考虑大坝本身的安全，不能再以 $q_安$ 控制下泄，应将闸门全部打开全力泄洪。以下将分别讨论两级调洪的计算方法。

（1）满足下游防洪要求的调洪计算。当出现下游防护对象的防洪标准洪水时，需控制泄量来保证下游的防洪安全。水库防洪调节计算，就是在满足下游防洪要求：下泄流量 $q \leqslant q_安$ 的情况下，推求水库所需要的防洪库容 $V_防$ 和相应的水库水位（即防洪高水位）$Z_防$。这里说明一点，当水库至防护区的防洪控制站区间流量 $Q_区$ 较大而不能忽略时，水库允许泄放流量 $q_允 \leqslant q_安 - KQ_区$。式中 K 为加大系数，视各地具体情况而定。

调洪计算方法：采用相应于下游防洪标准的设计洪水过程线，通过水库水量平衡方程及蓄泄方程，在水库下泄流量 $q \leqslant q_安$ 或 $q_允 \leqslant q_安 - KQ_区$ 的条件下，逐时段推求水库蓄水过程，其中水库蓄水量的最大值减去防洪限制水位所相应的库容即为所求的防洪库容 $V_防$，如图 3.4.12 所示。

按上述防洪要求闸门的操作过程分两种情况：

1）$q_安 < q_限$ 的情况。$q_限$ 为闸门全开时防洪限制水位 $Z_限$ 所对应的泄流量，如图 3.4.12（a）所示，当设计洪水来临时，其闸门操作方式的一般过程为：在 $t_0 \sim t_1$ 时段内，随着入库流量 Q 不断增大，闸门逐渐开启加大，使下泄流量 q 等于入库流量 Q，即来多少泄多少，保持水库水位不变，至 t_1 时刻。在 $t_1 \sim t_2$ 时段内，$Q > q_安$，为保证

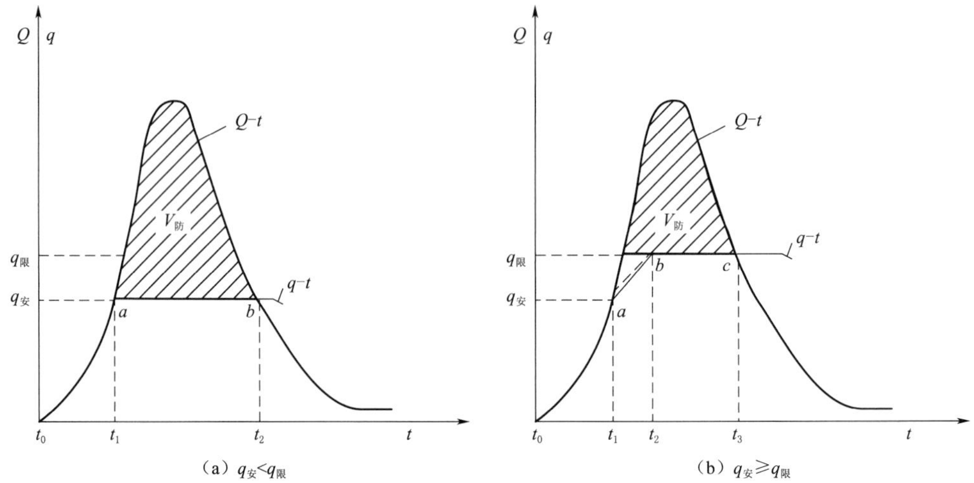

图 3.4.12　满足下游防洪要求的调洪计算示意图

下游防护对象的防洪安全，将闸门逐渐关闭，控制下泄流量，令 $q=q_{安}$，水库水位逐渐上升，b 点以后水库水位才逐渐降低。图 3.4.12（a）的 ab 段均按 $q_{安}$ 来泄洪，其相应库容即防洪库容 $V_{防}$，这种泄洪方式俗称“削平头”操作法。

2）$q_{安}\geqslant q_{限}$ 的情况。如图 3.4.12（b）所示，当设计洪水来临时，其闸门操作方式的一般过程为：在 $t_0\sim t_1$ 时段内，随着入库流量 Q 不断增大，闸门逐渐开启加大，使下泄流量 q 等于入库流量 Q，即来多少泄多少，保持水库水位不变，至 t_1 时刻 $Q=q_{限}$（即 $q=q_{限}$）时闸门全部开启。在 $t_1\sim t_2$ 时段内，$Q>q$，水库水位逐渐上升，按下泄能力 q 下泄，至 t_2 时刻下泄流量 q 达到下游安全泄量 $q_{安}$。在 $t_2\sim t_3$ 时段内，下泄能力 $q>q_{安}$，为保证下游防护对象的防洪安全，使闸门逐渐关闭，控制下泄流量，令 $q=q_{安}$，水库水位逐渐上升，c 点以后水库水位才逐渐降低。

（2）满足水库防洪要求的调洪计算。水库的防洪要求，主要是当出现水工建筑物的设计（或校核）标准洪水时，确保水库工程的安全。一般水工建筑物的设计洪水标准高于下游防护区的设计洪水标准。这样，就需要分两级调洪计算：一级调洪计算，以相应于下游防护标准的设计洪水作为入库洪水，控制下泄流量 $q\leqslant q_{安}$，进行调洪计算，求出防洪库容 $V_{防}$ 和防洪高水位 $Z_{防}$；二级调洪计算，用大坝的设计标准洪水作为入库洪水，进行调洪计算。

按上述防洪要求闸门的操作过程分两种情况：

1）$q_{安}<q_{限}$ 的情况。如图 3.4.13（a）所示，当设计洪水来临时，其闸门操作方式的一般过程为：在 $t_0\sim t_1$ 时段内，随着入库流量 Q 不断增大，闸门逐渐开启加大，使下泄流量 q 等于入库流量 Q，即来多少泄多少，保持水库水位不变，至 t_1 时刻。在 $t_1\sim t_2$ 时段内，$Q>q_{安}$，为保证下游防护对象的防洪安全，将闸门逐渐关闭，控制下泄流量 $q=q_{安}$，水库水位逐渐上升，当水库蓄水量蓄满 $V_{防}$ 后，水库水位达到防洪高水位 $Z_{防}$，如果此时来水量仍然较大，说明该次洪水超过了下游防洪标准相应的洪水，为保证水库大坝本身的安全，不再考虑下游防洪要求，将闸门全部打开，形成自由泄流，作二级调洪计算，按下泄能力 q 下泄，$q>q_{安}$，下泄流量过程与无闸门控制下游无防洪任务的情况相同。

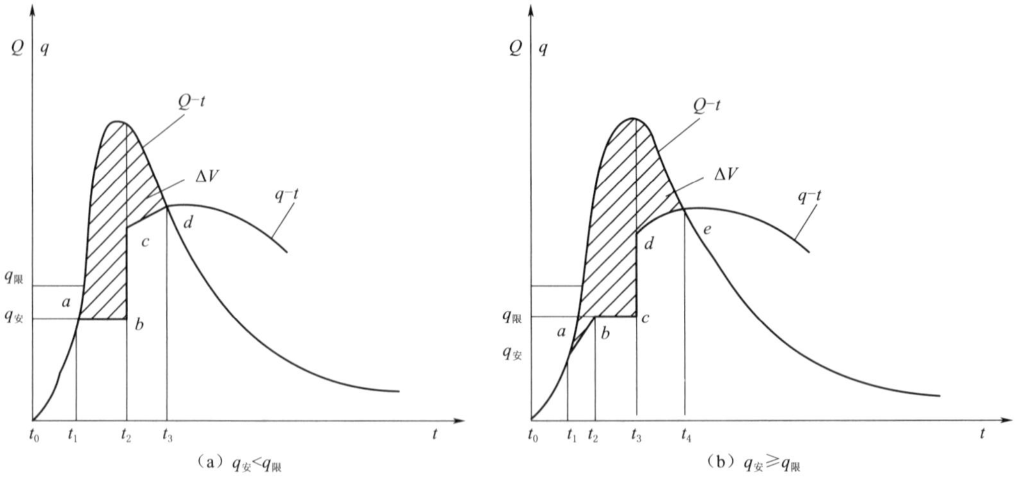

图 3.4.13 满足水库防洪要求的调洪计算示意图

2）$q_{安}\geqslant q_{限}$的情况。如图 3.4.13（b）所示，当设计洪水来临时，其闸门操作方式的一般过程为：在 $t_0\sim t_1$时段内，随着入库流量 Q 不断增大，闸门逐渐开启加大，使下泄流量 q 等于入库流量 Q，即来多少泄多少，保持水库水位不变，至 t_1时刻 $Q=q_{限}$（即 $q=q_{限}$）时闸门全部开启。在 $t_1\sim t_2$时段内，$Q>q$，水库水位逐渐上升，按下泄能力 q 下泄，至 t_2时刻下泄流量 q 达到下游安全泄量 $q_{安}$。在 $t_2\sim t_3$时段内，下泄能力 $q>q_{安}$，为保证下游防护对象的防洪安全，使闸门逐渐关闭，控制下泄流量令 $q=q_{安}$，水库水位逐渐上升，当水库蓄水量蓄满 $V_{防}$后，水库水位达到防洪高水位 $Z_{防}$，如果此时来水量仍然较大，说明该次洪水超过了下游防洪标准相应的洪水，为保证水库大坝本身的安全，不再考虑下游防洪要求，将闸门全部打开，形成自由泄流，作二级调洪计算，按下泄能力 q 下泄，$q>q_{安}$，下泄流量过程与无闸门控制下游无防洪任务的情况相同。

上述调洪计算方法是首先考虑其下游的防护要求，当洪水超过了防护对象的洪水标准时，就应只考虑大坝的安全。这样的二级防洪调节所需要的调洪库容为 $V_{防}+\Delta V$。若入库洪水为大坝设计标准的洪水，则调洪计算得到的最高水位和最大调洪库容即为设计洪水位和设计调洪库容。若入库洪水为大坝校核标准的洪水，则调洪计算得到的最高水位和最大调洪库容就为校核洪水位和校核调洪库容。

3.4.5 水库的防洪调度

3.4.5.1 水库防洪调度的内容

3.12 课前学习任务单

水库调度是指按照国民经济各部门的要求，运用水库的调蓄能力，由水利枢纽的各种建筑物与设备，控制并调节河川天然径流，达到除水害兴水利的目的，也称为水库的控制运用。

水库调度工作是调节河川径流、保障水库安全、充分发挥水库综合利用效益的关键环节。其防洪调度的内容包括分期防洪限制水位的分析与确定、水库防洪泄流方式、非常情况下的保坝措施，以及防洪调度图的绘制。

3.15 Ⓣ

课前自测

3.4.5.2 水库的防洪调度的任务

水库防洪调度的任务是根据规划设计确定或上级主管部门核定的水库安全标准和下游防护对象的防洪标准、防洪调度方式及各防洪特征水位对入库洪水进行调蓄，保障大坝和下游防洪安全。遇超标准洪水时，应力求保护大坝安全并尽量减轻下游的洪水灾害。具体可分为以下两个方面：

1. 解决水库蓄洪与泄洪的矛盾

解决水库蓄洪与泄洪的矛盾，即正确处理下游防洪安全与水库防洪安全的矛盾。汛期流域发生暴雨或特大暴雨时，洪量很大，而水库能够拦蓄的洪量有限。如果蓄洪过多，使水库的水位超过设计洪水位，将会危及水库的安全，故必须泄洪。当泄洪量加上区间流量超过下游河道的安全下泄流量时，就会造成下游水灾。究竟泄洪量为多大、泄洪时间怎样安排，需要通过防洪调度恰当地解决水库蓄洪与泄洪的矛盾，以满足下游及水库的防洪要求。如果发生超标准洪水或可能最大洪水，需采取有效措施，确保大坝安全，尽量减小洪灾损失。

2. 解决防洪安全与兴利蓄水的矛盾

对于防洪安全来说，防洪限制水位低一些会比较安全，但对兴利蓄水不利；对于兴利蓄水来说，若防洪限制水位高可多蓄水兴利，但调洪库容可能不够，从而影响防洪安全。若防洪调度得当，既可满足一定的防洪要求，又可增加水库需水量，充分发挥水库的兴利效益。

3.4.5.3 水库的防洪调度的方式

水库防洪调度的方式是指根据水库防洪要求（包括大坝安全和下游防洪要求），对一场洪水进行防洪调度时，利用泄洪设施泄放流量的时程变化的基本形式，也常称为水库泄洪方式或水库调洪方式。所采用的水库调洪方式应根据泄洪建筑物的型式、是否担负下游防洪任务，以及下游防护地点洪水组成情况等因素来考虑和区分。

对于没有下游防洪任务的水库，水库调洪的出发点是确保水工建筑物安全。对于这种水库一般是采用水库水位达到一定高程后泄洪建筑物敞泄的方式，以确保大坝不失事。

对于有下游防洪任务的水库，既要考虑下游的防洪要求，又要保证大坝安全。若水库距防洪控制点很近，坝址至防洪控制点区间洪水很小，洪水不超过下游防洪标准的洪水，水库可按下游河道安全泄量下泄，这种泄洪方式常称为固定泄量调洪方式。当判断洪水已经超过下游防洪标准洪水时，水库应转为考虑水工建筑物安全的调洪方式。若坝址至防洪控制点有一定距离，二者之间的未控区间洪水较大，出现洪水不超过下游防洪标准洪水，为保证下游防洪安全，应控制水库下泄流量，使水库下泄流量与区间汇入流量之和不超过防洪控制点的河道安全泄量，这种泄洪方式常称为补偿调洪方式。此外，还有考虑洪水预报的调洪方式。

对于有闸门控制的溢洪道或泄洪隧洞，常用的防洪调度方式有 4 种：控制泄流与自由泄流相结合、固定泄量调洪方式、防洪补偿调度方式、防洪预报调度方式。

这里重点介绍防洪补偿调度方式：若水库坝址至下游防洪控制点之间存在较大区间面积，区间产生的洪水不能被忽视。对于这种情况，显然应考虑未控区间洪水的变化对水库泄流方式的影响。当发生的洪水未超过下游防洪标准洪水时，水库应根据区间流量的大小控泄，使水库泄流量与区间洪水流量的合成流量不超过防洪控制点的河道安全泄量。这种视区间流量大小控泄的调洪方式称为防洪补偿调节。当然，实现防洪补偿调节的前提条件是水库泄流到达防洪控制点的传播时间小于（至多等于）区间洪水集流时间，否则无法获得确定水库下泄流量大小所需的相对应的区间流量信息；或者是具有精度较高的区间水文预报方案（包括产汇流预报相应水位或相应流量等），其预见期不短于水库泄流量至防洪控制点的传播时间。

图 3.4.14 为水库防洪补偿调节示意图。图中 $Q_{库}-t$ 为水库 A 的入库洪水过程线；支流水文站 C 的流量可代表区间流量，以 $Q_{区}-t$ 表示区间洪水过程线；防洪保护区控制点 B 的河道安全泄量为 $q_{允}$。记水库泄流至控制点 B 的传播时间为 t_{AB}；C 点流量 $Q_{区}$ 至控制点 B 的传播时间为 t_{CB}；设 $t_{CB}>t_{AB}$，二者的传播时差为 $\Delta t=t_{CB}-t_{AB}$。即是说，t 时刻 A 水库下泄 $q_{A,t}$ 与 $t-\Delta t$ 时刻的区间流量 $q_{区,(t-\Delta t)}$ 同时达到控制点 B。

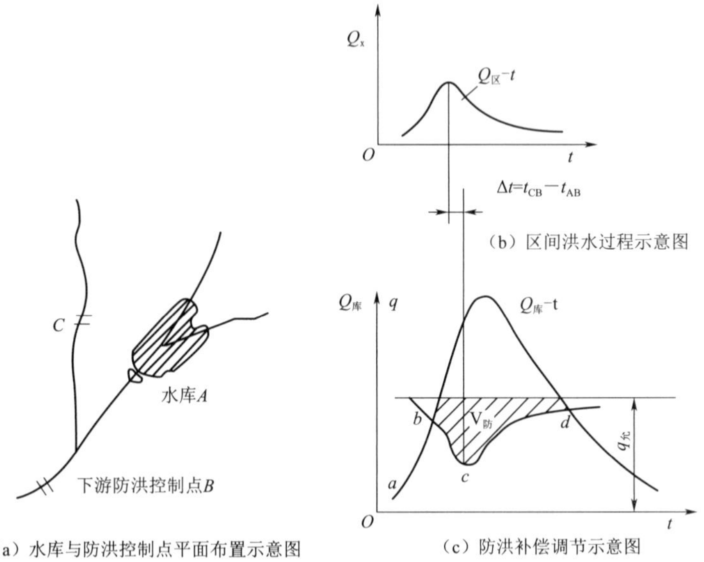

（a）水库与防洪控制点平面布置示意图　（b）区间洪水过程示意图　（c）防洪补偿调节示意图

图 3.4.14　水库防洪补偿调节示意图

根据防洪要求，为保证下游防洪保护地区的安全，当出现的洪水不超过下游防洪标准的洪水时，应使水库泄流满足下式要求，即

$$q_{A,t}+Q_{区,(t-\Delta t)}\leqslant q_{允}$$

可结合图 3.4.14 的作图方法说明水库 A 采用防洪补偿调节方式的控泄情况。为便于反映水库下泄流量和区间流量同时到达控制点 B 的情况，根据上述 $t_{CB}>t_{AB}$，传播时差 $\Delta t=t_{CB}-t_{AB}$ 的特定条件，在图 3.4.14（b）中将区间流量过程线沿水平轴向右平移 Δt，将 $Q_{区,(t-\Delta t)}-t$ 倒置于图 3.4.14（c）中 $q_{允}$ 水平线之下，即得出水库 A 按防洪补偿调节方式控泄的下泄流量过程为 $abcd$。由图 3.4.14（c）可见，a 点以前 $q_{A,t}+q_{区,(t-\Delta t)}<q_{允}$，水库按入库流量下泄，水库水位维持起调水位不变；$abcd$ 段水库按该曲线所指示的流量过程下泄，使 $q_{A,t}+Q_{区,(t-\Delta t)}=q_{允}$。从图 3.4.14（c）可以

看出，若水库按固定泄量 $q_{允}$ 下泄（即未考虑区间洪水的汇入），水库所需的蓄洪容积为 $V_{防}$；而对区间洪水进行补偿调节时，所需的防洪库容将增加至 $V_{防}+V_{补}$。

必须指出，若与下游防洪标准相应的区间洪水的洪峰流量本身大于防洪控制点的河道安全泄量，这时即使水库完全不泄流也无法达到下游防洪标准的安全要求。

上述的水库防洪补偿调节是一种理想化的调洪方式。实际上，由于受各种条件的限制，通常或是只能采用近似的防洪补偿调节方式，或是转而采用一些带经验性的、偏于安全的水库控泄方式。例如，若严格按防洪补偿调节要求控泄，必将造成泄洪闸门操作过于频繁。当泄洪建筑物闸门只能按全开、全关的两种状态运用时，显然只能合理改变开闸孔数来近似体现防洪补偿调节的控泄方式。更重要的情况是，当下游区间面积较大、区间洪水预报方案存在误差较大时，再考虑到区间洪水峰值及峰现时刻的误差，则不得不采用错峰的调洪方式。

错峰调洪方式的基本做法是：根据区间洪峰流量可能出现的某一时间段，水库按减小的流量下泄（甚至完全不泄水），以避免出现区间洪水与水库下泄流量的组合流量超过防洪控制点的安全泄量的情况。采用错峰调洪方式时必须合理确定错峰期的限泄流量及开始错峰与停止错峰的判断条件。

规划设计中一般可根据与下游防洪标准洪水相应的区间洪峰流量来确定水库的限泄流量，即取其限泄流量小于或等于防洪控制点河道安全泄量与区间洪峰流量的差值。与图 3.4.13 防洪补偿调节的水库控泄方式相比可以看出，错峰调洪方式是在错峰期用该图中 c 点所示的水库最小泄流量作为水库错峰方式的限泄流量，而且在 c 点前后一段时期维持这一限流量，因此采用错峰调洪方式比防洪补偿调节需要更大的防洪库容。由此可见错峰调洪方式是在不具备上述理想防洪补偿调节条件下采用的近似防洪补偿调节方式。

错峰期的长短及相应的起止时刻的确定没有成熟的方法，一般应从区间洪水变化规律的分析入手，寻求可作为调度中判断错峰起止的指标，例如，通常采用水库水位或入库流量作为判断开始错峰的指标，采用这类指标意味着认同了入库洪水与区间洪水的涨洪过程具有较好的同步趋势。另一做法是直接利用区间雨洪信息作为判断开始错峰的指标，如采用区间降雨量为指标。

3.16 Ⓣ 课后自测

下述两种情况可以分别得出停止错峰的条件：一种情况是水库已不具备继续错峰能力，应立即终止错峰。出现这种情况的判断条件是水库蓄水位已达到或超出水库的防洪高水位，这时，水库的调洪方式应立即转为保证大坝安全的敞泄方式，而不应该继续为下游防洪而控泄。另一种情况是区间洪水明显消退，不需要继续实施错峰控泄。一般可根据区间洪水情况作出停止错峰判断，例如，区间洪峰已出现，且其洪水过程呈明显消落即可终止错峰。

专项能力训练

一、填空题

1. 控制和调节径流的措施，称为____________________。

2. 用来反映水库地形特性的曲线，称为“水库特性曲线”，分为__________和__________。

3. 水库的调节周期是指____________________。

4. 水库的水量损失主要包括__________、__________、__________。

5. 水库兴利调节计算的基本方法有两类，即__________和__________。

6. 防洪措施通常包括__________、__________。

7. 常用的水库调洪计算方法有__________、__________、__________。

8. 调洪计算的主要成果有__________、__________、__________、__________。

9. 常用的半图解法有__________、__________。

10. 概化三角形法包括__________、__________。

二、判断题

1. 多年调节水库在调节周期内蓄满或放空一次。(　　)

2. 水库的调节周期越长则调节性能越好。(　　)

3. 设计保证率的选择最为关键的是工程的重要性，因此只根据工程的重要性就可选定。(　　)

4. 水库兴利计算的任务之一是根据来水、用水、兴利库容，校验水库供水的保证率。(　　)

5. 确定灌溉水库死水位时，主要考虑自流灌溉的要求，其他方面可不考虑。(　　)

6. 洪水保险作为一项防洪工程措施，主要是由于它有助于洪泛区的管理，对防洪减灾在一定程度上起有利的作用。(　　)

7. 水库设有调洪库容就能起到调洪的作用。(　　)

8. 溢洪道所能通过的流量主要取决于溢流堰的堰顶水头、宽度和堰型。(　　)

9. 水库溢洪道无闸门控制时，调洪的起调水位多采用与正常蓄水位相同，即与溢洪道堰顶齐平。(　　)

10. 列表试算法适用于固定时段、变时段、有闸门、无闸门等情况下的调洪计算。(　　)

11. 半图解法只适用于无闸或闸门全开情况下的自由泄流计算。(　　)

12. 一般水工建筑物的设计洪水标准高于下游防护区的设计洪水标准。(　　)

13. 对于防洪来说，汛期要求水库水位低一些，以利防洪；对于兴利来说，则要求水库水位高一些，以免汛后蓄水量不足，影响到兴利用水。(　　)

三、选择题

1. 对于一个灌溉水库来讲，当兴利库容一定时，灌区灌溉面积越大，其灌溉设计保证率（　　）。

A. 越小　　B. 越大　　C. 不一定

2. 计入水库各种水量损失的 $V_{兴1}$，比不计入损失求得的 $V_{兴2}$(　　)。

A. 大　　B. 小　　C. 不一定

3. 水库的蒸发损失是指库区的（　　）。

A. 水面蒸发损失　　B. 陆面蒸发损失　　C. 水面与陆面蒸发损失的差值

4. 某调节水库，不考虑损失求得保证率为 $P_1=85\%$时的兴利库容为2亿m^3，如果考虑水量损失使兴利库容不变，则其保证率将 P_2( )。

A. 大于 P_1 B. 小于 P_1 C. $P_2=P_1$

5. 设计代表年法进行调节计算时，采用（ ）。

A. 来水与库容同频率

B. 用水与库容同频率

C. 来水、用水同频率

6. 无闸自由泄流的调洪中，当堰顶高程一定时，对一定的设计洪水而言，若堰顶宽度越宽，则水库最高洪水位（ ）。

A. 基本不变 B. 越高 C. 越低 D. 稍有抬高

7. 当正常蓄水位受某种因素限制已选定时，死水位抬高，水库调节能力（ ）。

A. 基本不变 B. 增加 C. 降低 D. 逐渐增加

8. 多年调节水库的兴利调节库容的大小，取决于（ ）。

A. 设计代表年内连续枯水期的亏水量 B. 实际代表年的亏水量

C. 连续枯水年组的亏水量 D. 设计枯水年的亏水量

9. 当水库下游有防洪要求时，且防洪控制点距水库较远，区间洪水较大不容忽视，水库应采用的调节方式是（ ）。

A. 有闸控制调节 B. 有预报的调节

C. 多年调节 D. 补偿调节

10. 由于建库后流域的缠流、汇流条件都有所改变，一般来说，入库洪水洪峰与坝址洪水洪峰比较（ ）。

A. 前者要低 B. 前者要高

C. 两者基本不变 D. 两者相等

四、名词解释

1. 兴利调节
2. 防洪调节
3. 正常蓄水位
4. 调洪库容
5. 径流调节周期
6. 防洪工程措施
7. 蓄泄关系曲线
8. 单辅助曲线
9. 概化三角形

五、综合题

1. 兴利调节计算的原理是什么？
2. 水库死水位的确定原则是什么？
3. 兴利调节的计算任务有哪些？
4. 简述水库的调洪作用。

5. 水库调洪计算的原理是什么？它与兴利调节计算的原理有何异同？

6. 水库调洪计算的主要任务是什么？

7. 简述列表试算法的做法步骤。

8. 简述概化三角形法的适用条件及做法步骤。

9. 试计算水库的蒸发损失。

（1）资料：甲水库集水面积 $F=472km^2$，多年平均径流量 $\overline{Q}=18.92m^3/s$，多年平均降水量 $\overline{H}=2004mm$，水面蒸发量 $E_{测}=1650mm$，折算系数 $K=0.8$，水库蒸发分配百分比见表3.练.1。

表3.练.1　　水库蒸发分配

月　份	1	2	3	4	5	6	7	8	9	10	11	12	全年
水库蒸发分配百分比/%	6.8	5.3	7.1	7.6	9.3	8.3	10.4	9.8	9.7	9.8	8.8	7.1	100

（2）要求：对甲水库进行蒸发损失计算。

10. 试对年调节水库作兴利调节计算。

（1）资料1：某年调节水库死库容为 $5\times10^6m^3$，设计枯水年的天然来水及用水过程见表3.练.2。资料系按调节年度给出。

表3.练.2　　设计枯水年的天然来水及用水过程

月　份	5	6	7	8	9	10	11	12	1	2	3	4
天然来水流量/(m^3/s)	27.0	19.4	25.8	14.2	16.2	9.0	5.1	2.9	2.2	2.4	2.3	5.0
综合用水流量/(m^3/s)	8.0	8.0	10.0	10.0	8.0	8.0	8.0	6.0	6.0	6.0	6.0	6.0

（2）资料2：水库特性曲线见表3.练.3。

表3.练.3　　水库特性曲线

高程/m	405	410	415	420	425	430	435	440	445	450
面积/($\times10m^2$)	0.095	0.26	0.52	0.76	1.02	1.31	1.68	2.06	2.46	2.90
容积/[(m^3/s)·月]	0.114	0.419	1.142	2.361	4.036	6.244	9.099	12.564	16.866	22.082

（3）资料3：水库水量损失如下：

1）蒸发损失。坝址多年平均流量为 $14.61m^3/s$，多年平均降水量为1483mm，最大年蒸发量为1068mm，流域面积为 $360\times10^6m^2$，年蒸发损失月分配百分数见表3.练.4。

表3.练.4　　水库蒸发分配

月　份	1	2	3	4	5	6	7	8	9	10	11	12	全年
年蒸发损失月分配百分数/%	6.4	5.2	5.6	6.8	7.7	8.2	12.9	10.9	10.3	10.7	8.5	6.8	100
设计值/mm													

2）渗漏损失。库区属中等地质条件，渗漏损失按月平均蓄水量1%计。

（4）要求：

1）用时历列表法不计损失推求该水库的兴利库容和正常蓄水位。

2）用时历列表法计入损失推求该水库的兴利库容和正常蓄水位。

11. 多年调节水库兴利调节计算。

已知资料：水库特性曲线见表3.练.5；水库死水位142m；设计频率 $p=90\%$，经分析多年平均来水量 $W_{来}=6075$ 万 m^3，$C_V=0.30$，$C_S=2C_V$。多年平均年来水量分配百分比见表3.练.6，经分析，$p=90\%$的年用水量 $W_{用}=4920$ 万 m^3，该水库发电与灌溉用水分配无矛盾，采用等流量分配。

要求：（1）绘制水库特性曲线；（2）判断是否需多年调节；（3）不计损失计算 $V_{年}$ 与 $V_{多}$，并确定水库的正常蓄水位。

表3.练.5　　水库特性曲线资料

Z/m	131	132	134	136	138	140	142	144	146	148	150	152	154
F/万 m^2	0	2	8	18	37	57	75	89	108	135	168	198	229
V/万 m^3	0	1	10	35	90	183	315	479	676	918	1220	1586	2013
Z/m	156	158	160	162	164	166	168	170	172	174	176	178	180
F/万 m^2	260	286	329	362	403	425	445	463	483	507	536	562	590
V/万 m^3	2500	3047	3662	4352	5116	5944	6814	7722	8668	9658	10700	11800	12950

表3.练.6　　多年平均年来水量分配百分比

月　份	5	6	7	8	9	10	11	12	1	2	3	4
来水分配/%	11.3	13.7	19.6	13.8	10.2	9.4	4.9	2.7	1.9	1.9	4.1	6.5

12. 某年调节水库的流域面积为 $62km^2$，水库水位-曲线见表3.练.7，灌溉要求死水位53.32m。相应于灌溉设计保证率 $P_{灌}=80\%$的枯水代表年的来水过程及用水过程见表3.练.8，设计标准 $P=1\%$的设计洪水过程见表3.练.9，溢洪道为无闸门控制的实用堰，堰宽 $B=70m$，实用堰的流量系数 $M=1.77$，下游设有防护要求。要求：

（1）不考虑蒸发、渗漏损失，确定设计级保证率 $P_{灌}=80\%$的设计兴利库容和正常蓄水位。

（2）求设计标准为 $P=1\%$的下泄流量过程、水库蓄水过程、最大泄流量、设计调洪库容和设计洪水位。

表3.练.7　　某水库水位-库容曲线摘录

水位/m	50.5	51.0	52.0	53.0	54.0	55.0	56.0	57.0
库容/万 m^3	0.0	1.3	20.0	65.3	140.2	246.7	386.4	560.7
水位/m	58.0	59.0	60.0	61.0	62.0	63.0	64.0	65.0
库容/万 m^3	770.4	1016.8	1300.0	1620.7	1980.0	2378.3	2817.0	3297.0

表 3. 练 .8　　　　某水库 $P_{灌}=80\%$ 设计代表年来水、用水资料

月　份	4	5	6	7	8	9	10	11	12	1	2	3
来流量/万 m^3	136	197	117	78	79	360	436	203	85	63	62	79
用流量/万 m^3	181	335	483	502	148							

表 3. 练 .9　　　　某水库设计洪水过程线资料

时间 t/h	0	1	2	3	4	5	6	7	8	9	10
$Q_{1\%}$/（m^3/s）	0	390	770	1150	986	820	656	492	326	162	0

参 考 文 献

［1］ 拜存有，高建峰，张子贤，等．工程水文及水利计算［M］．3版．郑州：黄河水利出版社，2016.
［2］ 朱岐武，拜存有．水文与水利水电规划［M］．2版．郑州：黄河水利出版社，2008.
［3］ 黎国胜，王颖．工程水文与水利计算［M］．郑州：黄河水利出版社，2009.
［4］ 王燕生．工程水文学［M］．北京：水利电力出版社，1992.
［5］ 何俊仕，林洪孝．水资源规划及利用［M］．北京：中国水利水电出版社，2006.
［6］ 张子贤，工程水文及水利计算［M］．2版．北京：中国水利水电出版社，2008.
［7］ 刘洪波，水文水利计算［M］．3版．郑州：黄河水利出版社，2006.
［8］ 林辉，汪繁荣，黄泽钧．水文及水利水电规划［M］．北京：中国水利水电出版社，2007.
［9］ 崔振才．水文及水利水电规划［M］．北京：中国水利水电出版社，2007.
［10］《工程水文及水利计算》课程建设团队．工程水文及水利计算［M］．北京：中国水利水电出版社，2010.
［11］《工程水文及水利计算》课程建设团队．《工程文及水利计算》工学结合案例及技能训练项目集［M］．北京：中国水利水电出版社，2010.
［12］蒋金珠．工程水文与水利计算［M］．北京：水利电力出版社，1992.
［13］詹道江，叶守泽．工程水文学［M］．3版．北京：中国水利水电出版社，2000.
［14］叶守泽．水文水利计算［M］．北京：水利电力出版社，1987.
［15］叶秉如．水利计算［M］．北京：水利电力出版社，1991.
［16］季山，周倜．水利计算及水电规划［M］．北京：中国水利水电出版社，1998.
［17］《中国水利百科全书》编辑委员会．中国水利百科全书［M］．北京：中国水利水电出版社，2006.
［18］中华人民共和国水利部．中国水资源公报［M］．北京：中国水利水电出版社，2016.
［19］中华人民共和国水利部．中国水利年鉴［M］．北京：中国水利水电出版社，2015.
［20］国家质量技术监督局，中华人民共和国建设部．GB 50201—2014 防洪标准［S］．北京：中国计划出版社，2014.
［21］中华人民共和国水利部．SL 44—2006 水利水电工程设计洪水计算规范［S］．北京：中国水利水电出版社，2006.
［22］中华人民共和国水利部，SL 252—2017 水利水电工程等级划分及洪水标准［S］．北京：中国水利水电出版社，2017.
［23］中华人民共和国水利部．GB 50179—2015 河流流量测验规范［S］．北京：中国计划出版社，2015.
［24］中华人民共和国水利部．GB/T 50159—2015 河流悬移质泥沙测验规范［附条文说明］［S］．北京：中国计划出版社，2015.

附　　录

附表 1　　**P-Ⅲ型曲线的离均系数 Φ_p 值表**

C_S \ P/%	0.01	0.1	0.2	0.33	0.5	1	2	5	10	20	50	75	90	95	99	P/% / C_S
0.0	3.72	3.09	2.88	2.71	2.58	2.33	2.05	1.64	1.28	0.84	0.00	−0.67	−1.28	−1.64	−2.33	0.0
0.1	3.94	3.23	3.00	2.82	2.67	2.40	2.11	1.67	1.29	0.84	−0.02	−0.68	−1.27	−1.62	−2.25	0.1
0.2	4.16	3.38	3.12	2.92	2.76	2.47	2.16	1.70	1.30	0.83	−0.03	−0.69	−1.26	−1.59	−2.18	0.2
0.3	4.38	3.52	3.24	3.03	2.86	2.54	2.21	1.73	1.31	0.82	−0.05	−0.70	−1.24	−1.55	−2.10	0.3
0.4	4.61	3.67	3.36	3.14	2.95	2.62	2.26	1.75	1.32	0.82	−0.07	−0.71	−1.23	−1.52	−2.03	0.4
0.5	4.83	3.81	3.48	3.25	3.04	2.68	2.31	1.77	1.32	0.81	−0.08	−0.71	−1.22	−1.49	−1.96	0.5
0.6	5.05	3.96	3.60	3.35	3.13	2.75	2.35	1.80	1.33	0.80	−0.10	−0.72	−1.20	−1.45	−1.88	0.6
0.7	5.28	4.10	3.72	3.45	3.22	2.82	2.40	1.82	1.33	0.79	−0.12	−0.72	−1.18	−1.20	−1.81	0.7
0.8	5.50	4.24	3.85	3.55	3.31	2.89	2.45	1.84	1.34	0.78	−0.13	−0.73	−1.17	−1.38	−1.74	0.8
0.9	5.73	4.39	3.97	3.65	3.40	2.96	2.50	1.86	1.34	0.77	−0.15	−0.73	−1.15	−1.35	−1.66	0.9
1.0	5.96	4.53	4.09	3.76	3.49	3.02	2.54	1.88	1.34	0.76	−0.16	−0.73	−1.13	−1.32	−1.59	1.0
1.1	6.18	4.67	4.2	3.86	3.58	3.09	2.58	1.89	1.34	0.74	−0.18	−0.74	−1.10	−1.28	−1.52	1.1
1.2	6.41	4.81	4.32	3.95	3.66	3.15	2.62	1.91	1.34	0.73	−0.19	−0.74	−1.08	−1.24	−1.45	1.2
1.3	6.64	4.95	4.44	4.05	3.74	3.21	2.67	1.92	1.34	0.72	−0.21	−0.74	−1.06	−1.20	−1.38	1.3
1.4	6.87	5.09	4.56	4.15	3.82	3.27	2.71	1.94	1.33	0.71	−0.22	−0.73	−1.04	−1.17	−1.32	1.4
1.5	7.09	5.23	4.68	2.24	3.91	3.33	2.74	1.95	1.33	0.69	−0.24	−0.73	−1.02	−1.13	−1.26	1.5
1.6	7.31	5.37	4.80	4.34	3.99	3.39	2.78	1.96	1.33	0.68	−0.25	−0.73	−0.99	−1.10	−1.20	1.6
1.7	7.54	5.50	4.91	4.43	4.07	3.44	2.82	1.97	1.32	0.68	−0.27	−0.72	−0.97	−1.06	−1.14	1.7
1.8	7.76	5.64	5.01	4.52	4.15	3.50	2.85	1.98	1.32	0.64	−0.28	−0.72	−0.94	−1.02	−1.09	1.8
1.9	7.98	5.77	5.12	4.61	4.23	3.55	2.88	1.99	1.31	0.63	−0.29	−0.72	−0.92	−0.98	−1.04	1.9
2.0	8.21	5.91	5.22	4.70	4.30	3.61	2.91	2.00	1.30	0.61	−0.31	−0.71	−0.895	−0.949	−0.989	2.0
2.1	8.43	6.04	5.33	4.79	4.37	3.66	2.93	2.00	1.29	0.59	−0.32	−0.71	−0.869	−0.914	−0.945	2.1

续表

P/% C_S	0.01	0.1	0.2	0.33	0.5	1	2	5	10	20	50	75	90	95	99	P/% C_S
2.2	8.65	6.17	5.43	4.88	4.44	3.71	2.96	2.00	1.28	0.57	-0.33	-0.70	-0.844	-0.879	-0.905	2.2
2.3	8.87	6.30	5.53	4.97	4.51	3.76	2.99	2.00	1.27	0.55	-0.34	-0.69	-0.820	-0.849	-0.867	2.3
2.4	9.08	6.42	5.63	5.05	4.58	3.81	3.02	2.01	1.26	0.54	-0.35	-0.68	-0.795	-0.820	-0.831	2.4
2.5	9.30	6.55	5.73	5.13	4.65	3.85	3.04	2.01	1.25	0.52	-0.36	-0.67	-0.772	-0.791	-0.80	2.5
2.6	9.51	6.67	5.82	5.20	4.72	3.89	3.06	2.01	1.23	0.50	-0.37	-0.66	-0.748	-0.764	-0.769	2.6
2.7	9.72	6.79	5.92	5.28	4.78	3.93	3.09	2.01	1.22	0.48	-0.37	-0.65	-0.726	-0.736	-0.74	2.7
2.8	9.93	6.91	6.01	5.36	4.84	3.97	3.11	2.01	1.21	0.46	-0.38	-0.64	-0.702	-0.710	-0.714	2.8
2.9	10.14	7.03	6.10	5.44	4.90	4.01	3.13	2.01	1.20	0.44	-0.39	-0.63	-0.680	-0.687	-0.690	2.9
3.0	10.35	7.15	6.20	5.51	4.96	4.05	3.15	2.00	1.18	0.42	-0.39	-0.20	-0.658	-0.665	-0.667	3.0
3.1	10.56	7.26	6.30	5.59	5.02	4.08	3.17	2.00	1.16	0.40	-0.40	-0.60	-0.639	-0.644	-0.645	3.1
3.2	10.77	7.38	6.39	5.66	5.08	4.12	3.19	2.00	1.14	0.38	-0.40	-0.59	-0.621	-0.624	-0.625	3.2
3.3	10.97	7.49	6.48	5.74	5.14	4.15	3.21	1.99	1.12	0.36	-0.40	-0.58	-0.604	-0.606	-0.606	3.3
3.4	11.17	7.60	6.56	5.80	5.20	4.18	9.22	1.98	1.11	0.34	-0.41	-0.57	-0.587	-0.588	-0.588	3.4
3.5	11.37	7.72	6.65	5.86	5.25	4.22	3.23	1.97	1.09	0.32	-0.41	-0.55	-0.570	-0.571	-0.571	3.5
3.6	11.57	7.83	6.73	5.93	5.30	4.25	3.24	1.96	1.08	0.30	-0.41	-0.54	-0.555	-0.556	-0.556	3.6
3.7	11.77	7.94	6.81	5.99	5.35	4.28	3.25	1.95	1.06	0.28	-0.42	-0.53	-0.540	-0.541	-0.541	3.7
3.8	11.97	8.05	6.89	6.05	5.40	4.31	3.26	1.94	1.04	0.26	-0.42	-0.52	-0.523	-0.526	-0.526	3.8
3.9	12.16	8.15	6.97	6.11	5.45	4.34	3.27	1.93	1.02	0.24	-0.41	-0.506	-0.513	-0.513	-0.513	3.9
4.0	12.36	8.25	7.05	6.18	5.50	4.37	3.27	1.92	1.00	0.23	-0.41	-0.495	-0.500	-0.500	-0.500	4.0
4.1	12.55	8.25	7.13	6.24	5.54	4.39	3.28	1.91	0.98	0.21	-0.41	-0.484	-0.488	-0.488	-0.488	4.1
4.2	12.74	8.45	7.21	6.30	5.59	4.41	3.29	1.9	0.96	0.19	-0.41	-0.473	-0.476	-0.476	-0.476	4.2

续表

C_S \ P/%	0.01	0.1	0.2	0.33	0.5	1	2	5	10	20	50	75	90	95	99	P/% / C_S
4.3	12.93	8.55	7.29	6.36	5.63	4.44	3.29	1.88	0.94	0.17	-0.41	-0.462	-0.765	-0.465	-0.456	4.3
4.4	13.12	8.65	7.36	6.41	5.68	4.46	3.30	1.87	0.92	0.16	-0.40	-0.453	-0.455	-0.455	-0.455	4.4
4.5	13.30	8.75	7.43	6.46	5.72	4.48	3.30	1.85	0.90	0.14	-0.40	-0.444	-0.444	-0.444	-0.444	4.5
4.6	13.49	8.85	7.50	5.76	5.76	4.50	3.30	1.84	0.88	0.13	-0.40	-0.435	-0.435	-0.435	-0.435	4.6
4.7	13.67	8.95	7.57	5.80	5.80	4.52	3.30	1.82	0.86	0.11	-0.39	-0.426	-0.426	-0.426	-0.426	4.7
4.8	13.85	9.04	7.64	5.84	5.84	4.54	3.30	1.80	0.84	0.09	-0.39	-0.417	-0.417	-0.417	-0.417	4.8
4.9	14.04	9.13	7.70	5.88	5.88	4.55	3.30	1.78	0.82	0.08	-0.38	-0.408	-0.408	-0.408	-0.408	4.9
5.0	14.22	9.22	7.77	5.92	5.92	4.57	3.30	1.77	0.80	0.06	-0.379	-0.400	-0.400	-0.400	-0.400	5.0
5.1	14.40	9.31	7.84	5.95	5.95	4.58	3.30	1.75	0.78	0.05	-0.374	-0.392	-0.392	-0.392	-0.392	5.1
5.2	14.57	9.40	7.90	5.99	5.99	4.59	3.30	1.73	0.76	0.03	-0.369	-0.385	-0.385	-0.385	-0.385	5.2
5.3	14.75	9.49	7.96	6.02	6.02	4.60	3.30	1.72	0.74	0.2	-0.363	-0.377	-0.377	-0.377	-0.377	5.3
5.4	14.92	9.57	8.02	6.05	6.05	4.62	3.29	1.70	0.72	0.00	-0.358	-0.370	-0.370	-0.370	-0.370	5.4
5.5	15.10	9.66	8.08	6.08	6.08	4.63	3.28	1.68	0.70	0.01	-0.353	-0.364	-0.364	-0.364	-0.364	5.5
5.6	15.27	9.71	8.14	6.11	6.11	4.64	3.28	1.66	0.67	0.03	-0.349	-0.357	-0.357	-0.357	-0.357	5.6
5.7	15.45	9.82	8.21	6.14	6.14	4.65	3.27	1.65	0.65	0.04	-0.344	-0.351	-0.351	-0.351	-0.351	5.7
5.8	15.62	9.91	8.27	6.17	6.17	4.67	3.27	1.63	0.63	0.05	-0.339	-0.345	-0.345	-0.345	-0.345	5.8
5.9	15.78	9.99	8.32	6.20	6.20	4.68	3.26	1.61	0.61	0.06	-0.334	-0.339	-0.339	-0.339	-0.339	5.9
6.0	15.94	10.07	8.38	6.23	6.23	4.68	3.25	1.59	0.59	0.07	-0.329	-0.333	-0.333	-0.333	-0.333	6.0
6.1	16.11	10.15	8.43	6.26	6.26	4.69	3.24	1.57	0.57	0.08	-0.325	-0.328	-0.328	-0.328	-0.328	6.1
6.2	16.28	10.22	8.49	6.28	6.28	4.70	3.23	1.55	0.55	0.09	-0.320	-0.323	-0.323	-0.323	-0.323	6.2
6.3	16.45	10.30	8.54	6.30	6.30	4.70	3.22	1.53	0.53	0.10	-0.315	-0.317	-0.317	-0.317	-0.317	6.3
6.4	16.61	10.38	8.60	6.32	6.32	4.71	3.21	1.51	0.51	0.11	-0.311	-0.313	-0.313	-0.313	-0.313	6.4

附表 2　　**皮尔逊Ⅲ（P－Ⅲ）型曲线的模比系数 K_P 值表**

（1）$C_S=2C_V$

C_V \ P/%	0.01	0.1	0.2	0.33	0.5	1	2	5	10	20	50	75	80	90	95	99	P/% \ C_S
0.05	1.20	1.16	1.15	1.14	1.13	1.12	1.11	1.08	1.06	1.04	1.00	0.97	0.96	0.94	0.92	0.89	0.10
0.10	1.42	1.34	1.31	1.29	1.27	1.25	1.21	1.17	1.13	1.08	1.00	0.93	0.90	0.87	0.84	0.78	0.20
0.15	1.67	1.54	1.48	1.46	1.43	1.38	1.33	1.26	1.20	1.12	0.99	0.90	0.86	0.81	0.77	0.69	0.30
0.18	1.82	1.65	1.59	1.56	1.53	1.46	1.40	1.31	1.23	1.14	0.99	0.88	0.83	0.77	0.73	0.63	
0.20	1.92	1.73	1.67	1.63	1.59	1.52	1.45	1.35	1.25	1.16	0.99	0.86	0.81	0.75	0.70	0.59	0.40
0.22	2.04	1.82	1.75	1.70	1.66	1.58	1.50	1.39	1.29	1.18	0.98	0.84	0.79	0.73	0.67	0.56	0.44
0.24	2.16	1.91	1.83	1.77	1.73	1.64	1.55	1.43	1.32	1.19	0.98	0.83	0.80	0.71	0.64	0.53	0.48
0.25	2.22	1.96	1.87	1.81	1.77	1.67	1.58	1.45	1.33	1.20	0.98	0.82	0.76	0.70	0.63	0.52	0.50
0.26	2.28	2.01	1.91	1.85	1.80	1.70	1.60	1.46	1.34	1.21	0.98	0.82	0.76	0.69	0.62	0.50	0.52
0.28	2.40	2.10	2.00	1.93	1.87	1.76	1.66	1.50	1.37	1.22	0.97	0.79	0.73	0.66	0.59	0.47	0.56
0.30	2.52	2.19	2.08	2.01	1.94	1.83	1.71	1.54	1.40	1.24	0.97	0.78	0.71	0.64	0.56	0.44	0.60
0.35	2.86	2.44	2.31	2.22	2.13	2.00	1.84	1.64	1.47	1.28	0.96	0.75	0.67	0.59	0.51	0.37	0.70
0.40	3.20	2.70	2.54	2.42	2.32	2.15	1.98	1.74	1.54	1.31	0.95	0.71	0.62	0.53	0.45	0.30	0.80
0.45	3.59	2.98	2.80	2.65	2.53	2.33	2.13	1.84	1.60	1.35	0.93	0.67	0.58	0.48	0.40	0.26	0.90
0.50	3.98	3.27	3.05	2.88	2.74	2.51	2.27	1.94	1.67	1.38	0.92	0.64	0.54	0.44	0.34	0.21	1.00
0.55	4.42	3.58	3.32	3.12	2.97	2.70	2.42	2.04	1.74	1.41	0.90	0.59	0.50	0.40	0.30	0.16	1.10
0.60	4.85	3.89	3.59	3.37	3.20	2.89	2.57	2.15	1.80	1.44	0.89	0.56	0.46	0.35	0.26	0.13	1.20
0.65	5.33	4.22	3.89	3.64	3.44	3.09	2.74	2.25	1.87	1.47	0.87	0.52	0.42	0.31	0.22	0.10	1.30
0.70	5.81	4.56	4.19	3.91	3.68	3.29	2.90	2.36	1.94	1.50	0.85	0.49	0.38	0.27	0.18	0.08	1.40
0.75	6.33	4.93	4.52	4.19	3.93	3.50	3.06	2.46	2.00	1.52	0.82	0.45	0.35	0.24	0.15	0.06	1.50
0.80	6.85	5.30	4.84	4.47	4.19	3.71	3.22	2.57	2.06	1.54	0.80	0.42	0.32	0.21	0.12	0.04	1.60
0.90	7.98	6.08	5.51	5.07	4.74	4.15	3.56	2.78	2.19	1.58	0.75	0.35	0.25	0.15	0.08	0.02	1.80

续表

(2) $C_S=3C_V$

C_V \ $P/\%$	0.01	0.1	0.2	0.33	0.5	1	2	5	10	20	50	75	80	90	95	99	$P/\%$ / C_S
0.20	2.02	1.79	1.72	1.67	1.63	1.55	1.47	1.33	1.27	1.16	0.98	0.86	0.81	0.76	0.71	0.62	0.60
0.25	2.35	2.05	1.95	1.88	1.82	1.72	1.61	1.46	1.34	1.20	0.97	0.82	0.77	0.71	0.65	0.56	0.75
0.30	2.72	2.32	2.19	2.10	2.02	1.89	1.75	1.56	1.40	1.23	0.96	0.78	0.72	0.66	0.60	0.50	0.90
0.35	3.12	2.61	2.46	2.33	2.24	2.07	1.90	1.66	1.47	1.26	0.94	0.74	0.68	0.61	0.55	0.46	1.05
0.40	3.56	2.92	2.73	2.58	2.46	2.26	2.05	1.76	1.54	1.29	0.92	0.70	0.64	0.57	0.50	0.42	1.20
0.42	3.75	3.06	2.85	2.69	2.56	2.34	2.11	1.81	1.56	1.31	0.91	0.69	0.62	0.55	0.49	0.41	1.26
0.44	3.94	3.19	2.97	2.80	2.66	2.42	2.17	1.85	1.59	1.32	0.91	0.67	0.61	0.54	0.47	0.40	1.32
0.45	4.04	3.26	3.03	2.85	2.70	2.46	2.21	1.87	1.60	1.32	0.80	0.67	0.60	0.53	0.47	0.39	1.35
0.46	4.14	3.33	3.09	2.90	2.75	2.50	2.24	1.89	1.61	1.33	0.90	0.66	0.59	0.52	0.46	0.39	1.38
0.48	4.34	3.47	3.21	3.01	2.85	2.58	2.31	1.93	1.65	1.34	0.89	0.65	0.58	0.51	0.45	0.38	1.44
0.50	4.56	3.62	3.34	3.12	2.93	2.67	2.37	1.98	1.67	1.35	0.88	0.64	0.57	0.49	0.44	0.37	1.50
0.52	4.76	3.76	3.46	3.24	3.06	2.75	2.44	2.02	1.69	1.35	0.87	0.62	0.55	0.48	0.42	0.36	1.56
0.54	4.98	3.91	3.60	3.36	3.16	2.84	2.51	2.06	1.72	1.36	0.86	0.61	0.54	0.47	0.41	0.36	1.62
0.55	5.09	3.99	3.66	3.42	3.21	2.88	2.54	2.08	1.73	1.36	0.86	0.60	0.53	0.46	0.41	0.36	1.65
0.56	5.20	4.07	3.73	3.48	3.27	2.93	2.57	2.10	1.74	1.37	0.85	0.59	0.53	0.46	0.40	0.35	1.68
0.58	5.43	4.23	3.86	3.59	3.33	3.01	2.64	2.14	1.77	1.38	0.84	0.58	0.52	0.45	0.40	0.35	1.74
0.60	5.66	4.38	4.01	3.71	3.49	3.10	2.71	2.19	1.79	1.38	0.83	0.57	0.51	0.44	0.39	0.35	1.80
0.65	6.26	4.81	4.36	4.03	3.77	3.33	2.88	2.29	1.85	1.40	0.80	0.53	0.47	0.41	0.37	0.34	1.95
0.70	6.90	5.23	4.73	4.35	4.06	3.56	3.05	2.40	1.90	1.41	0.78	0.50	0.45	0.39	0.36	0.34	2.10
0.75	7.57	5.68	5.12	4.59	4.36	3.80	3.24	2.50	1.95	1.42	0.76	0.48	0.43	0.38	0.35	0.34	2.25
0.80	8.26	6.14	5.50	5.04	4.65	4.05	3.42	2.61	2.01	1.43	0.72	0.46	0.41	0.36	0.34	0.34	2.40

续表

(3) $C_S=3.5C_V$

C_V \ $P/\%$	0.01	0.1	0.2	0.33	0.5	1	2	5	10	20	50	75	80	90	95	99	C_S
0.20	2.06	1.82	1.74	1.69	1.64	1.56	1.48	1.36	1.27	1.16	0.98	0.86	0.81	0.76	0.72	0.64	0.70
0.25	2.42	2.09	1.99	1.91	1.85	1.74	1.62	1.46	1.34	1.19	0.96	0.82	0.77	0.71	0.66	0.58	0.88
0.30	2.82	2.38	2.24	2.14	2.06	1.92	1.77	1.57	1.40	1.22	0.95	0.78	0.73	0.67	0.61	0.53	1.05
0.35	3.26	2.70	2.52	2.39	2.29	2.11	1.92	1.67	1.47	1.26	0.93	0.74	0.68	0.62	0.57	0.50	1.23
0.40	3.75	3.04	2.82	2.66	2.58	2.31	2.08	1.78	1.53	1.28	0.91	0.71	0.65	0.58	0.53	0.47	1.40
0.42	3.95	3.18	2.95	2.77	2.63	2.39	2.15	1.82	1.56	1.29	0.90	0.69	0.63	0.57	0.52	0.46	1.47
0.44	4.16	3.33	3.08	2.88	2.73	2.48	2.21	1.86	1.59	1.30	0.89	0.68	0.62	0.56	0.51	0.46	1.54
0.45	4.27	3.40	3.14	2.94	2.79	2.52	2.25	1.88	1.60	1.31	0.89	0.67	0.61	0.55	0.50	0.45	1.58
0.46	4.37	3.48	3.21	3.00	2.84	2.56	2.28	1.90	1.61	1.31	0.88	0.66	0.60	0.54	0.50	0.45	1.61
0.48	4.60	3.63	3.35	3.12	2.94	2.65	2.35	1.95	1.64	1.32	0.87	0.65	0.59	0.53	0.49	0.45	1.68
0.49	4.71	3.71	3.42	3.18	3.00	2.70	2.39	1.97	1.65	1.32	0.87	0.65	0.59	0.53	0.49	0.45	1.72
0.50	4.82	3.78	3.48	3.24	3.06	2.74	2.42	1.99	1.66	1.32	0.86	0.64	0.58	0.52	0.48	0.44	1.75
0.52	5.06	3.95	3.62	3.36	3.16	2.83	2.48	2.03	1.69	1.33	0.85	0.63	0.57	0.51	0.47	0.44	1.82
0.54	5.30	4.11	3.76	3.48	3.28	2.91	2.55	2.07	1.71	1.34	0.84	0.61	0.56	0.50	0.47	0.44	1.89
0.55	5.41	4.20	3.83	3.55	3.34	2.96	2.58	2.10	1.72	1.34	0.84	0.60	0.55	0.50	0.46	0.44	1.93
0.56	5.55	4.28	3.91	3.61	3.39	3.01	2.62	2.12	1.73	1.35	0.83	0.60	0.55	0.49	0.46	0.43	1.96
0.58	5.80	4.45	4.05	3.74	3.51	3.10	2.69	2.16	1.75	1.35	0.82	0.58	0.53	0.48	0.46	0.43	2.03
0.60	6.06	4.62	4.20	3.87	3.62	3.20	2.76	2.20	1.77	1.35	0.81	0.57	0.53	0.48	0.45	0.43	2.10
0.65	6.73	5.08	4.58	4.22	3.92	3.44	2.94	2.30	1.83	1.36	0.78	0.55	0.51	0.46	0.44	0.43	2.28
0.70	7.43	5.54	4.98	4.56	4.23	3.68	3.12	2.41	1.83	1.37	0.75	0.53	0.49	0.45	0.44	0.43	2.45
0.75	8.16	6.02	5.38	4.92	4.55	3.92	3.30	2.51	1.92	1.37	0.72	0.50	0.47	0.44	0.43	0.43	2.63
0.80	8.91	6.53	5.81	5.29	4.87	4.18	3.49	2.61	1.97	1.37	0.70	0.49	0.47	0.44	0.43	0.43	2.80

续表

(4) $C_S=4C_V$

C_V \ $P/\%$	0.01	0.1	0.2	0.33	0.5	1	2	5	10	20	50	75	80	90	95	99	$P/\%$ / C_S
0.20	2.10	1.85	1.77	1.71	1.66	1.58	1.49	1.37	1.27	1.16	0.97	0.85	0.81	0.77	0.72	0.65	0.80
0.25	2.49	2.13	2.02	1.94	1.87	1.76	1.64	1.47	1.34	1.19	0.96	0.82	0.77	0.72	0.67	0.60	1.00
0.30	2.92	2.44	2.30	2.18	2.10	1.94	1.79	1.57	1.40	1.22	0.94	0.78	0.73	0.68	0.63	0.56	1.20
0.35	3.40	2.78	2.60	2.45	2.34	2.14	1.95	1.68	1.47	1.25	0.92	0.74	0.69	0.64	0.59	0.54	1.40
0.40	3.92	3.15	2.92	2.74	2.60	2.36	2.11	1.78	1.53	1.27	0.90	0.71	0.66	0.60	0.56	0.52	1.60
0.42	4.15	3.30	3.05	2.86	2.70	2.44	2.18	1.83	1.56	1.28	0.89	0.70	0.65	0.59	0.55	0.52	1.68
0.44	4.38	3.46	3.19	2.98	2.81	2.53	2.25	1.87	1.58	1.29	0.88	0.68	0.63	0.58	0.55	0.51	1.76
0.45	4.49	3.54	3.25	3.03	2.87	2.58	2.28	1.89	1.59	1.29	0.87	0.68	0.63	0.58	0.54	0.51	1.80
0.46	4.62	3.62	3.32	3.10	2.92	2.62	2.32	1.91	1.61	1.29	0.87	0.67	0.62	0.57	0.54	0.51	1.84
0.48	4.86	3.79	3.47	3.22	3.04	2.71	2.39	1.96	1.63	1.30	0.86	0.66	0.61	0.56	0.53	0.51	1.92
0.50	5.10	3.96	3.61	3.35	3.15	2.80	2.45	2.00	1.65	1.31	0.84	0.64	0.60	0.55	0.53	0.50	2.00
0.52	5.36	4.12	3.76	3.48	3.27	2.90	2.52	2.04	1.67	1.31	0.83	0.63	0.59	0.55	0.52	0.50	2.08
0.54	5.62	4.30	3.91	3.61	3.38	2.99	2.59	2.08	1.69	1.31	0.82	0.62	0.58	0.54	0.52	0.50	2.16
0.55	5.76	4.39	3.99	3.68	3.44	3.03	2.63	2.10	1.70	1.31	0.82	0.62	0.58	0.54	0.52	0.50	2.20
0.56	5.90	4.48	4.06	3.75	3.50	3.09	2.66	2.12	1.71	1.31	0.81	0.61	0.57	0.53	0.51	0.50	2.24
0.58	6.18	4.67	4.22	3.89	3.62	3.19	2.74	2.16	1.74	1.32	0.80	0.60	0.57	0.53	0.51	0.50	2.32
0.60	6.45	4.85	4.38	4.03	3.75	3.29	2.81	2.21	1.76	1.32	0.79	0.59	0.56	0.52	0.51	0.50	2.40
0.65	7.18	5.34	4.78	4.38	4.07	3.53	2.99	2.31	1.80	1.32	0.76	0.57	0.54	0.51	0.50	0.50	2.60
0.70	7.95	5.84	5.21	4.75	4.39	3.78	3.18	2.41	1.85	1.32	0.73	0.55	0.53	0.51	0.50	0.50	2.80
0.75	8.76	6.36	5.65	5.13	4.72	4.03	3.36	2.50	1.88	1.32	0.71	0.54	0.53	0.51	0.50	0.50	3.00
0.80	9.62	6.90	6.11	5.53	5.06	4.30	3.55	2.60	1.91	1.30	0.68	0.53	0.52	0.50	0.50	0.50	3.20

附表 3　　**三点法用表——S 与 C_S 关系表**

(1) $P=1\%\sim50\%\sim99\%$

S	0	1	2	3	4	5	6	7	8	9
0	0	0.03	0.05	0.07	0.10	0.12	0.15	0.17	0.20	0.23
0.1	0.26	0.28	0.31	0.34	0.36	0.39	0.41	0.44	0.47	0.49
0.2	0.52	0.54	0.57	0.59	0.32	0.65	0.67	0.70	0.73	0.76
0.3	0.78	0.81	0.84	0.86	0.89	0.92	0.94	0.97	1.00	1.02
0.4	1.05	1.08	1.10	1.13	1.16	1.18	1.21	1.24	1.27	1.30
0.5	1.32	1.36	1.39	1.42	1.45	1.48	1.51	1.55	1.58	1.61
0.6	1.64	1.68	1.17	1.74	1.78	1.81	1.84	1.88	1.92	1.95
0.7	1.99	2.03	2.07	2.11	2.16	2.20	2.25	2.30	2.32	2.39
0.8	2.44	2.50	2.55	2.61	2.67	2.74	2.81	2.89	2.97	3.05
0.9	3.14	3.22	3.33	3.46	3.59	3.73	3.92	4.14	4.44	4.90

例：当 $S=0.43$ 时，$C_S=1.13$

(2) $P=3\%\sim50\%\sim97\%$

S	0	1	2	3	4	5	6	7	8	9
0	0	0.04	0.08	0.11	0.14	0.17	0.20	0.23	0.26	0.29
0.1	0.32	0.35	0.38	0.42	0.45	0.48	0.51	0.54	0.57	0.60
0.2	0.63	0.66	0.70	0.73	0.76	0.79	0.82	0.86	0.89	0.92
0.3	0.95	0.98	1.01	1.04	1.08	1.11	1.14	1.17	1.20	1.24
0.4	1.27	1.30	1.33	1.36	1.40	1.43	1.46	1.49	1.52	1.56
0.5	1.59	1.63	1.66	1.70	1.73	1.76	1.80	0.83	1.87	1.90
0.6	1.94	1.97	2.00	2.04	2.08	2.12	2.16	2.20	2.23	2.27
0.7	2.31	2.36	2.40	2.44	2.49	2.54	2.58	2.63	2.68	2.74
0.8	2.79	2.85	2.90	2.96	3.02	3.09	3.15	3.22	3.29	3.37
0.9	3.46	3.55	3.67	3.79	3.92	4.08	4.26	4.50	4.75	5.21

(3) $P=5\%\sim50\%\sim95\%$

S	0	1	2	3	4	5	6	7	8	9
0	0	0.04	0.08	0.12	0.16	0.20	0.24	0.27	0.31	0.35
0.1	0.38	0.41	0.45	0.48	0.52	0.55	0.59	0.63	0.66	0.70
0.2	0.73	0.76	0.80	0.84	0.87	0.90	0.94	0.98	1.01	1.04
0.3	1.08	1.11	1.14	1.18	1.21	1.25	1.28	1.31	1.35	1.38
0.4	1.42	1.46	1.49	1.52	1.56	1.59	1.63	1.66	1.70	1.74
0.5	1.78	1.81	1.85	1.88	1.92	1.95	1.99	2.03	2.06	2.10
0.6	2.13	2.17	2.20	2.24	2.28	2.32	2.36	2.40	2.44	2.48
0.7	2.53	2.57	2.62	2.66	2.70	2.76	2.81	2.86	2.91	2.97
0.8	3.02	3.07	3.13	3.19	3.25	3.32	3.38	3.46	3.52	3.60
0.9	3.70	3.80	3.91	4.03	4.17	4.32	4.49	4.72	4.94	5.43

续表

(4) $P=10\%\sim50\%\sim90\%$										
S	0	1	2	3	4	5	6	7	8	9
0	0	0.05	0.10	0.15	0.20	0.24	0.29	0.34	0.38	0.43
0.1	0.47	0.52	0.56	0.60	0.65	0.69	0.74	0.78	0.83	0.87
0.2	0.92	0.96	1.00	1.04	1.08	1.13	1.17	1.22	1.26	1.30
0.3	1.34	1.38	1.43	1.47	1.51	1.55	1.59	1.63	1.67	1.71
0.4	1.75	1.79	1.83	1.87	1.91	1.95	1.99	2.02	2.06	2.10
0.5	2.14	2.18	2.22	2.26	2.30	2.34	2.38	2.42	2.46	2.50
0.6	2.54	2.58	2.62	2.66	2.70	2.74	2.78	2.82	2.86	2.90
0.7	2.95	3.00	3.04	3.08	3.13	3.18	3.24	3.28	3.33	3.38
0.8	3.44	3.50	3.55	3.61	3.67	3.74	3.80	3.87	3.94	4.02
0.9	4.11	4.20	4.32	4.45	4.59	4.75	4.96	5.20	5.56	—

附表 4　　三点法用表——C_S 与有关 Φ 值的关系表

C_S	$\Phi_{50\%}$	$\Phi_{1\%}-\Phi_{99\%}$	$\Phi_{3\%}-\Phi_{97\%}$	$\Phi_{5\%}-\Phi_{95\%}$	$\Phi_{10\%}-\Phi_{90\%}$
0	0	4.652	3.762	3.290	2.564
0.1	0.017	4.648	3.756	3.287	2.560
0.2	0.033	4.645	3.750	3.284	2.557
0.3	0.052	4.641	3.743	3.278	2.550
0.4	0.068	4.637	3.736	3.273	2.543
0.5	0.084	4.633	3.732	3.266	2.532
0.6	0.100	4.629	3.727	3.259	2.522
0.7	0.116	4.624	3.718	3.246	2.510
0.8	0.320	4.620	3.709	3.233	2.498
0.9	0.148	4.615	3.692	3.218	2.483
1.0	0.164	4.611	3.674	3.204	2.468
1.1	0.179	4.606	3.656	3.185	2.448
1.2	0.194	4.601	3.638	3.167	2.427
1.3	0.208	4.595	3.620	3.144	2.404
1.4	0.223	4.590	3.601	3.120	2.380
1.5	0.238	4.586	3.582	3.090	2.353
1.6	0.253	4.586	3.562	3.062	2.326
1.7	0.267	4.587	3.541	3.032	2.296
1.8	0.282	4.588	3.500	3.002	2.265
1.9	0.294	4.591	3.499	2.974	2.232
2.0	0.307	4.594	3.477	3.945	2.198

续表

C_S	$\Phi_{50\%}$	$\Phi_{1\%}-\Phi_{99\%}$	$\Phi_{3\%}-\Phi_{97\%}$	$\Phi_{5\%}-\Phi_{95\%}$	$\Phi_{10\%}-\Phi_{90\%}$
2.1	0.319	4.603	3.469	2.918	2.164
2.2	0.330	4.613	3.440	2.890	2.130
2.3	0.340	4.625	3.421	2.862	2.095
2.4	0.350	4.636	3.403	2.833	2.060
2.5	0.359	4.648	3.385	2.806	2.024
2.6	0.367	4.660	3.367	2.778	1.987
2.7	0.376	4.674	3.350	2.749	1.949
2.8	0.383	4.687	3.333	2.720	1.911
2.9	0.389	4.701	3.318	2.695	1.860
3.0	0.395	4.716	3.303	2.670	1.840
3.1	0.399	4.732	3.288	2.645	1.806
3.2	0.404	4.748	3.273	2.619	1.772
3.3	0.407	4.765	3.259	2.594	1.738
3.4	0.410	4.781	3.245	2.568	1.705
3.5	0.412	4.796	3.225	2.543	1.670
3.6	0.414	4.810	3.216	2.518	1.635
3.7	0.415	4.842	3.203	2.494	1.600
3.8	0.416	4.837	3.189	2.470	1.570
3.9	0.415	4.850	3.175	2.446	1.536
4.0	0.414	4.863	3.160	2.422	1.502
4.1	0.412	4.876	3.145	2.396	1.470
4.2	0.410	4.888	3.130	2.372	1.440
4.3	0.407	4.901	3.115	2.348	1.408
4.4	0.404	4.914	3.100	2.325	1.376
4.5	0.400	4.924	3.084	2.300	1.345
4.6	0.396	0.943	3.067	2.276	1.315
4.7	0.392	4.942	3.050	2.251	1.286
4.8	0.388	4.949	3.034	2.226	1.257
4.9	0.384	4.955	3.016	2.200	1.229
5.0	0.379	4.961	2.997	2.174	1.200
5.1	0.374		2.978	2.148	1.173
5.2	0.370		2.960	2.123	1.145
5.3	0.365			2.098	1.118
5.4	0.360			2.072	1.090
5.5	0.356			2.047	1.063
5.6	0.350			2.021	1.035